青岛理工大学学术著作出版基金资助

旧金山城市形态演变与城市设计

蒋正良　裘耐冬　著

东南大学出版社　·南京·

图书在版编目（CIP）数据

旧金山城市形态演变与城市设计 / 蒋正良，裘耐冬著. —南京：东南大学出版社，2021.8

ISBN 978-7-5641-9670-7

Ⅰ. ①旧… Ⅱ. ①蒋… ②裘… Ⅲ. ①城市规划-建筑设计-研究-旧金山 Ⅳ. ①TU984.712

中国版本图书馆CIP数据核字（2021）第187028号

书　　名：**旧金山城市形态演变与城市设计**
著　　者：蒋正良　裘耐冬
责任编辑：魏晓平
出版发行：东南大学出版社
社　　址：南京市四牌楼 2 号　邮编：210096
出 版 人：江建中
网　　址：http://www.seupress.com
电子邮箱：press@seupress.com
经　　销：全国各地新华书店
印　　刷：江苏凤凰数码印务有限公司
开　　本：889 mm×1194 mm　1/16
印　　张：17.75
字　　数：412 千
版　　次：2021 年 8 月第 1 版
印　　次：2021 年 8 月第 1 次印刷
书　　号：ISBN 978-7-5641-9670-7
定　　价：79.00 元

（若有印装质量问题，请与营销部联系。电话：025-83791830）

前　言

旧金山的自然地理条件得天独厚。鲜明的城市特色首先来源于大自然的禀赋——太平洋东岸巨大的“圣安地列斯断层”亿万年的地质变迁，创造出罕见的狭长海湾，使旧金山成为典型的“滨海山地”城市。“滨海”是指旧金山被金门海峡和旧金山湾在北方和西侧“包裹”。“山地”是指49座大大小小的山丘散落装点在起伏的旧金山半岛上。

旧金山的历史文化也独一无二。在我国，各种世界地图中一直以来都保持着“圣弗朗西斯科（旧金山）”的双重称谓。“括号”中的名称旧金山或广东话里的“三藩市”，在华人社会中流传广泛，乃至于英文音译的“圣弗朗西斯科”在中国人中知之甚少。这一复杂多元的名称中本就蕴藏着旧金山西班牙殖民历程、近代华人拓展以及淘金时代等丰富的历史和文化意味。

本书对旧金山自然要素并未太多涉及，而是重点关注“城市形态”，讨论旧金山城市发展历程、规划设计以及建筑传统和创新，探讨其中诸多杰出的建筑师、规划师、官员、艺术家以及各类团体对城市的奉献和影响。从书中可以看到旧金山规划部门历年来的丰厚成果，也可以看到作者行走其中的所见所闻和内心感受。此外，书中还会谈及城市面对如此美景，如何做到“山海城”浑然一体。

本书包含全面、系统的与旧金山的城市形态有关的内容。对于旧金山中心区演变历程、传统山地住区的形成过程、1971年著名的旧金山城市设计规划前后“曼哈顿化”等城市更新问题，以及近年来旧金山冲破偏保守的城市保护氛围，大力发展中心区超高层建筑和滨水区更新建设等话题，书中都准备了经过仔细甄别梳理的丰富素材。

很荣幸我们能够在此共同探索旧金山优美城市形态的奥秘。旧金山的美并不是依赖哪一栋杰出建筑，也并无多少精彩出众的城市设计项目——尽管旧金山以城市设计闻名。它真正依靠的是旧金山独特的城市文化渗透到城市血液中的理性精神……我们也在最后进行讨论，并姑且称之为旧金山的“形态密码”。显然这些所谓的“密码”并不神秘，但却因融入城市的精神层面，变为一种人们共有的、集体无意识的城市文化。长久形成的城市精神极为珍贵，以至于影响到城市的方方面面，笼罩着“你、我、他”的所思所想。当代不乏湾区硅谷创新特点同旧金山城市精神关系的讨论。当然城市形态是城市精神最宏大的表达、最雄辩的证明，是谁也离不开、绕不过的，如同空气一样的存在……这也是本书撰写的初衷和动力，以期借鉴旧金山城市形态形成的思想理念，在我国塑造更多的精彩优美的城市形态。

旧金山虽然已赢得了世人赞叹的目光，但本书并不是一味地对其进行褒奖，而是包含更多的讨论和质疑，这是城市形态发展的本质驱动力。从本书的内容中可以看到，旧金山城市发展历史上各种城市形态的争论一直伴随着旧金山城市发展的全历程。也正是在争论中携带着理念碰撞的火花，使得旧金山获得了更有效、更适合自己的发展道路。因此，本书不仅关注旧金山城市形态问题的争论，而且关注旧金山如何从争论中走出，并从争论中获得真知和发展自信的过程。在争论中，旧金山将城市美、技术、创新和精英商业化结合在一起，塑造了优美独特的城市景观和形态。

“城市是建筑学的资料库”，而旧金山作为深受赞誉的城市，对其城市形态进行研究、梳理和引介显然具有建筑学上的价值，建筑学和城市规划相关学者想必可以从中获取各自所需的信息。笔者从“演变”的视角,为“城市形态”这一具有较多“物质”“建成环境”性质的概念，引入历史发展的维度和人文特征，增加了受众面。书中包含大量图片，做到“图文并茂”，即使没有建筑学和艺术基础的读者，也能从中欣赏到“城市美”，这符合旧金山将艺术置于较高地位的特点，尤其是书中包含的笔者自己拍摄的以及转载的其他作者的空中俯瞰视角照片，能让读者更多地领略旧金山的空中美景。笔者著书的初衷是介绍旧金山优秀的城市形态做法，所涉及的内容和图片无论怎样周全，也替代不了读者身临其境、亲身体验到的城市之美，因此，笔者希望书中的内容能够成为您旅行的提示，伴您前去实地体验。

目　录

第一部分
旧金山城市发展历史概览

旧金山是最晚被西方文明发现的地区之一。在来到美洲大陆 100 多年后的 1769 年，西班牙殖民者才第一次来到这里，而 1906 年烧毁 2/3 城市的大火又将旧金山的发展又一次推后。但也如同涅槃重生一般，从此开始，旧金山真正进入了现代化进程，甚至成为 20 世纪美国最时尚、前卫，最具多元文化吸引力的当代城市。

旧金山的城市形态演变历程，既特立独行，又具有典型的美国城市形态特征。就“特立独行”来说，这里的人们看惯了山海自然美景，偏爱小尺度和精致感，同美国东海岸大城市的“摩天楼化”截然不同。而就所谓的“典型的美国城市形态”来说，看过大部分美国城市后，人们会发觉美国大城市相对较少，典型的有纽约、洛杉矶和芝加哥，更多的是中小城市，具有单一化、小规模中心区，以及周边广袤低矮的居住郊区，较典型的有辛辛那提、堪萨斯城、小石城等。旧金山虽是不折不扣的大城市，但却保持着与中小城市更近似的模式——旧金山严控中心区规模和形态，至今仍保持着单中心、小规模的中心区，将严格控制下的数量有限的高楼置于约 3% 的城市用地内。因此，从美国范围内看，旧金山的城市形态既典型又少见，具有鲜明的特色和很高的艺术价值。

在城市设计、区划等城市政策的支持下，旧金山市政府与非政府组织、群众社团紧密配合，统筹考虑了中心区和周边社区、建筑和环境、城市功能与城市艺术、大量化的住宅和地标性公共建筑等多方面的平衡协调，创造了优美的城市形态和环境（图 1）。

本书第一部分将简要介绍旧金山城市的发展历程，侧重对整体和各时期概况的审视。对 20 世纪后的城市发展，将以 10～20 年为单元，概览 200 多年来的旧金山城市形态演变。

图 1　旧金山中心区全景
图片来源：作者摄于 2018 年

第一章　20 世纪前的城市规划建设

当 1776 年西班牙探险者胡安·巴蒂斯塔·德·安札率领的殖民队伍发现旧金山时，当地生活着印第安耶拉姆人，他们在此打鱼、狩猎、采摘已经长达几千年，居住在印第安传统的普韦布洛村落。

1776 年对于西班牙殖民者来说，已经是殖民晚期了。旧金山迟迟未被外界所知，通常认为是因为春季和夏季时，旧金山的上空长期笼罩着大雾，这段时间恰好是殖民者探险的最佳季节，这个判断相当可信。当时整个北美太平洋沿岸成为一处公开的探险地带，而探险的最重要目的之一是寻找大规模海湾，以容纳舰队停泊，并据此开展后续的殖民拓展。拥有完美海湾的旧金山缺席这次“殖民竞赛”，正是大雾遮蔽了开拓者的视野。

旧金山湾南北两端都已汇集了各方势力。从北而来的俄国人，跨过白令海峡和阿拉斯加后一路南下，但最南停止在加利福尼亚州（以下简称加州）最北侧的密林和雪山边。西班牙殖民者在 1602 年就已经发现了旧金山湾区南侧的滨海城市蒙特雷，然而 173 年里，西班牙人仍然对旧金山湾一无所知。

迷雾下的寻找 [1]

西班牙殖民者将加州最南端的圣迭戈作为大本营，长期以来他们在北加州一直没有探寻到理想的海港，包括作为首府的蒙特雷也存在缺少发展空间和优质港口等问题。直到 1770 年秋季，一支探险队达了紧邻旧金山湾南侧的圣克拉拉山谷，并沿着旧金山东湾线路，一路到达今天的奥克兰、伯克利和最远的里士满。此时正值加州旱季，流入海湾的水量很小，探险队面对圣华金河谷散乱细密且浅浅的水网，认为并没有泊船的条件，或许又是因大雾天气，更没有辨识出他们已经身临一处巨大的优质海湾，反而认为此处距离蒙特雷太远，并无殖民价值，因此决定返回。

1772 年春季，西班牙官方决定在蒙特雷以北选址建港，名为“圣弗朗西斯港”[2]。军官佩德罗·法格斯奉命带队远征，此前发现的位于蒙特雷以北 100 多千米远的圣华金河口被寄予厚望。这次法格斯在伯克利山顶发现了远处的海湾，并向东北进一步跨越休森湾，最终抵达今天的康科德和匹兹堡（即圣华金三角洲的核心位置）。但法格斯认为休森湾已经是殖民拓展的极限，大船无法再进一步逆流而上。探险队放弃穿越遍布沼泽的萨克拉门托三角洲，决定返回。

法格斯队伍返回蒙特雷后，随即向西班牙政府汇报了这个巨大而遥远的领域。此后，法格斯和他的团队成员又多次往返于蒙特雷—圣克拉拉基地—休森湾一线。尽管旧金山湾被发现，但居于海湾湾口的旧金山半岛却仍没有被人提及。

历史学者对此也满怀疑惑。如果今天爬上休森湾的山顶，可以遍览整个旧金山湾的海湾全貌，向东也能远眺更加平坦广袤的加州中央山谷，但这些都没有被人们发现。人们在解释这个疑惑时认为，或许是因为受蒙特雷作为基地的禁锢，对太过遥远的地点本就心存疑惑，判断也就加倍严苛，抑或是由于旧金山湾富饶的海湾资源，每每使探险者急于返回汇报新的发现……总之，旧金山半岛仍笼罩在雾中，一直没有被辨认出。旧金山在等待着人们沿着另一条方向（旧金山半岛）探索，走向未来的新路径。

1775年，胡安·曼努尔·德·阿亚拉带领的队伍最终完成了整个旧金山湾的探险，完整地发现了旧金山湾和旧金山半岛。他的队伍同另一支来自亚利桑那州图森的探险队汇合，另一支队伍的首领是前线指挥官胡安·巴蒂斯塔·德·安札。最终，这次探险获得了突破性进展，即确认了旧金山湾作为一系列复杂海湾的基本认识，而非是寻常的海岸线。报告中写道："这里不是一个简单的港口，而是有很多处港口。"通过探险，旧金山湾最早的测绘图——《阿亚拉地图》被绘制出来。从此，西班牙人的战略中增加了对旧金山整个湾区的重要认识。

旧金山的传教团[3]

完成探险后，1776年安札率领的240人的探险队重回旧金山湾，西班牙开始了对旧金山湾区的殖民统治。队伍最初驻扎在今天要塞公园南侧的山坡上。安札看中了这里的"方山"地貌，这里有开阔的射击距离，是美国西南部常见的城堡选址，适合扼守金门海峡。飞机出现前，这一要塞一直都是美军在旧金山地区最重要的军事据点。

在探险队抵达旧金山的第三天，安札和海军中尉荷西·华金·莫拉伽陪同方特神父寻找未来传教团的建设位置。在距离要塞4.8千米之外，一处优美的河谷内从山丘流出的一条细细的溪流给方特神父留下了深刻的印象，溪流足以给将来传教团提供灌溉的动力。为了测试土壤的肥力，莫拉伽种下了玉米和豌豆。通过一段时间的考察，他们三人一致同意在这里建设传教团。该地即今天的多罗丽地区，用地东侧濒临一处狭小的海湾。此后，西班牙人在多罗丽传教团东侧海湾建设了运输城镇，将之命名为"耶尔巴布埃纳"（也意译为"芳草地"）。

生活所必需的物资给养以及农业生产的牲畜直到1776年6月才运达该地区，西班牙传教团随后正式建立。有趣的是，多罗丽传教团建立的时间同美国独立宣言的签署时间几乎一致（1776年7月4日），这注定了西班牙在旧金山的统治必然短暂。独立宣言开启了美国西部拓荒的历程，也就是说，当西班牙人还在谋划着多罗丽传教团规划时，美国拓荒者的马队已经跨过阿勒格尼山，进入中部的俄亥俄山谷，指向当时西班牙人的领地，包括今天美国西部大部分地区，当然也包括加州。他们迈出了美国人漫长的西部拓荒之旅的第一步。最终在70年后，星条旗飘扬在旧金山湾的西班牙要塞上空。

在多罗丽传教团选址一个月后，西班牙人在整个旧金山湾区的战略布局即开始实施。旧金山湾区第二处传教团在圣塔克拉拉北侧的瓜达卢普溪（临近今天的硅谷和圣何塞）选址。在此后的多年里，多罗丽传教团和圣塔克拉拉传教团展现出出众的农业禀赋，肥沃富饶的圣塔克拉拉不仅实现了自给自足，同时也接济了相对贫瘠的旧金山多罗丽传教团。这两个相距70多千米的传教团联系紧密，物资、人员来往频繁自然——圣塔克拉拉传教团仰仗自然农产品物资，多罗丽传教团则具有更多信息和更丰富的潜在机会（如淘金）。在这个最初的湾区，或者说是仅有两个城镇的原始城市群，大量设施都用于两地的基本联系，此后湾区的第一条铁路就是为运送彼此的人员而修建的。

从《印第安法案》网格到维欧盖网格

与洛杉矶、圣达菲等早先的西班牙殖民城市一样，旧金山最初的规划遵从了 1573 年的《印第安法案》。城市反映出《印第安法案》中对殖民城市物质形态组织的明确目标：军队（要塞）、教会（传教团）和平民清楚地被分隔开。因此，城市公共设施围绕两处殖民中心布局——要塞和传教团。两者的选址都充分考虑了自然景观，临近水源，也避开了加州北部大片的干旱沙丘。一方面，要塞需要保护海湾，且能够眺望金门海峡；另一方面，传教团需要种植作物，提供生活所需的农产品。传教团选址尽量避开了加州阳光过分暴晒和草原化的地段，而选择更有利于农业种植的山谷地段。

随着墨西哥的独立，西班牙将加州的控制权移交给新墨西哥政府并实行土地私有化。1834 年，旧金山第一处世俗土地出现，多罗丽教堂所属的一处土地从教会名下转移至私有牧场。一年后，墨西哥政府在今天的旧金山中心区所在地成立了世俗化牛油贸易城市，名称沿用“耶尔巴布埃纳”。

1839 年的耶尔巴布埃纳城镇虽小，但结构清晰完整。为进一步拓展城市用地、规范土地管理，政府首脑德・哈罗命令瑞典船长维欧盖编制规划。维欧盖的规划提出了一个中规中矩的网格，包含 12 个街坊。规划布局道路为科尔尼街、格兰特街、杰克逊街、华盛顿街、科雷街和萨克拉门托街。

1848 年加州独立和淘金热下的城市

墨西哥政府深知，法国、英国和美国都对加州垂涎已久。尤其是俄勒冈小径的开通，从北向南将大量美国拓荒者引入加州。但墨西哥政府羸弱的国力对美国的野心无可奈何。当 1846 年美国总统波尔克听闻加州将移交给英国，以抵偿墨西哥巨额债务时，波尔克总统立即决定不顾一切争夺加州，5 月美墨战争爆发。

战争爆发一个月后，美国人梅里特和艾德发动“熊旗反叛”，攻克了墨西哥统治下的耶尔巴布埃纳城镇，升起白色“熊旗”，成立“加利福尼亚共和国”，艾德当了一个月的共和国总统。此后，美军战舰朴次茅斯号开进传教团湾，艾德率守军投降。尽管加州被纳入美国版图，“熊旗”被更换为美国联邦旗帜，但这段独立的历史被加州人们自豪地牢记，“熊旗”也被永远作为加州州旗，当然，加州不时激起的独立议题，也通常被认为是“熊旗反叛”的当代演绎。

1847 年 1 月，耶尔巴布埃纳（图 2）更名为圣弗朗西斯科。1848 年 2 月，美墨战争结束，双方签署了《瓜达卢佩—伊达尔戈条约》，加利福尼亚成为美国国土。1850 年加州被纳入美国，成为第 31 个州。

随之而来的淘金热在几年内把旧金山从一个海港小镇变成了一个成熟的商业城市。太平洋海港成为淘金热的门户、集结地、商业中心和财富分配点。这座“年轻”的城市的常住人口从 1848 年的不足 1 000 人猛增到 1852 年的 36 000 人，1860 年更是达到 57 000 人，包含商人、劳工、仆人、艺人等各种职业人群，也有许多被社会所不容、作奸犯科或根本无人雇佣的人混迹于此。人们无不看中旧金山交通的便利，此外，人们也看重旧金山宽松的社会氛围，各色人等都混迹于此，“也不怕再多我一个”……逐渐地，旧金山突出的多元文化和宽松氛围开始显现。

在上面的人口扩张过程中，城市边界也相应地发生了变化。在第一份《旧金山市宪章》（1850 年）中，拉金街和第九街作为边界，相对偏远的多罗丽

图 2　淘金热前的耶尔巴布埃纳海湾
图片来源：http://artwanted.com

传教团区农场曾尝试单独设市，但没有成功。因为城市立法机构通过连续的立法法案，有意识地纳入这些用地，扩大了城市边界。

在城市范围拓展的过程中，出现了大量墨西哥时代的农场土地争议。由于西班牙和墨西哥时期近 200 年的历史中，相应土地产权证明不完整，大量产权证明自相矛盾，因而几乎所有农场的权属都存在争议。农场主们如果经不起旷日持久的诉讼和昂贵的律师费的折腾，通常选择放弃农场而将其并入城市，因此只有少数农场可以得到法律的承认。

这一过程影响了此后的旧金山城市形态。未受到法律承认保护的农场很快被并入城市，分解为细密路网和众多开发用地，成为开放社区或商业地段，如“新波托雷罗牧场”1867 年被分解开发。少数得以承认的农场最初保持完整，直到多年后才进行整体开发建设，包括诺伊农场、波托雷罗—伯纳尔牧场（1857 年）、多罗丽传教团牧场（1858 年）的 3.4 公顷的小牧场（1858 年）。这些地段今天仍是旧金山相对完整的居住社区。

1849 年开始的淘金热不仅带来了大量人流和财富，催生城市膨胀，也影响了旧金山的岸线。

淘金热后，一股“自发的”填海活动兴起。在旧金山湾泥泞的海湾沿岸，远道而来的水手义无反顾地加入淘金大军，率性地将自己的船丢弃在海湾中，扬长而去。久而久之，海湾内挤满了没人要的旧船，加上海湾渐渐淤塞，旧船被固结在地面动弹不得。

与此同时，旧金山十分缺少住房，建材昂贵，人们想到在这些被遗弃的旧船基础上建设房屋（图 3）。如此一来，房屋基础、土地都有了，而城市的岸线也就这样一点点地向外延伸，大量填海土地便形成了。

坦布勒网站记者大卫·雅各布斯将发现的 60 艘船只的位置标注出来

图 3 淘金热后，旧金山岸边被扬长而去的水手遗弃的船只被改造旅馆和商铺
图片来源：大卫·雅各布斯

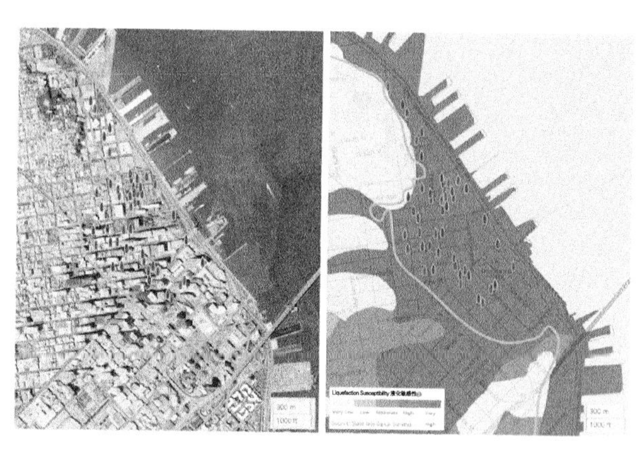

图 4 60 艘分散在旧金山各地的船只的确切或近似位置已经绘制出来，同时这些填海地在地震时地质“液化”的可能性也更高，引自加州地理调查局。
图片来源：大卫·雅各布斯

（图 4），其中千禧塔正位于沉船较密集的海湾中心。

奥法雷尔规划和市场街

耶尔巴布埃纳市成为美国旧金山市后，城市面临新的发展需求。旧金山第一位市长贾斯帕·奥法雷尔，通过调查确定了延续维欧盖规划的城市发展理念，将城市范围一直扩建到南侧和西侧的山体脚下（图 5）。

奥法雷尔规划最初的目的较单纯。对于已经形成的中心区，尽管他也认为街坊尺度过小，不利于组织城市功能，但当时的土地所有者却认为小尺度用地更有利于出售。因此，对于中心区西侧的用地，奥法雷尔屈从于当时的土地主，延续了原来的小网格。而在市场街以南的新建区域中，奥法雷尔引入更大的街坊尺度，希望能在中心区和港口之间形成相对独立、尺度更大的工业仓储区，所形成的街坊面积大约比市场街以北的区域大四倍。

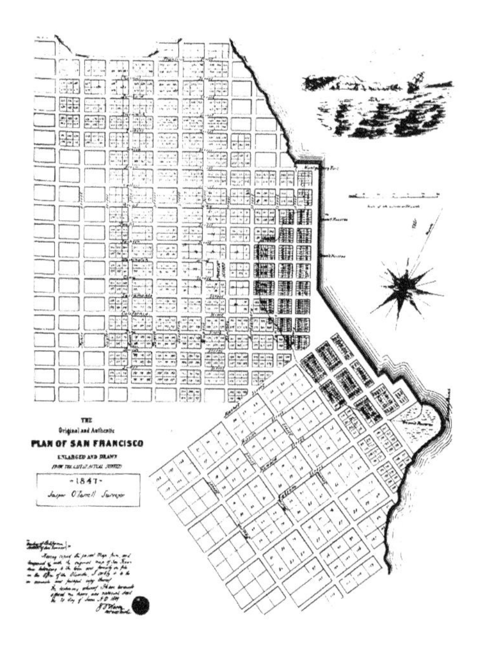

图 5 奥法雷尔规划
图片来源：旧金山规划局

在城市空间格局方面，市场街以南的工业仓储区形成 45° 转角，与海岸线、教堂的方向相协调。两套网格相交之间的市场街成为旧金山最重要的街道，也是城市发展的主轴。街道一直延伸到遥远的双峰（Twin Peak，城市中心次高峰仅次于戴维森山，但距城市中心更近），为旧金山多年来的城市建设提供了持续的发展用地。

同时奥法雷尔在规划中还确定了另一条重要的道路——范尼斯街，并用自己的名字命名“奥法雷尔街”。

1850 年，结合奥法雷尔规划的格局，旧金山吞并了周边土地，形成了由西侧拉金街、南侧第九街构成的城市边界。1851 年，旧金山进一步拓展到位于今天太平洋高地的迪威萨德罗街，将大部分菲尔莫尔区，也称为“西增区”纳入城市范围。1852 年，旧金山又进一步将西侧的日落区、里奇蒙德区和帕克默赛德区纳进。1866 年，经过了漫长的法律诉讼过程，其他用地依法被纳入旧金山城市用地范围，今天的旧金山城市范围基本确定。

《范尼斯条例》

土地政策对旧金山城市形态的形成起到了关键作用。早期旧金山湾区的土地所有权政策很不稳定，处于易变状态。来自各州的人们，各级官员、上访者、当地民众领袖等等，都影响着土地这一关键的生活和社会要素的政策走向。

从印第安人聚居区性质的普韦布洛村落，到传教团时期的共有土地以及此后家族拥有的农场，再到美国式的个人土地投机，各个时代的土地政策都在当时的社会中占有一席之地，而且没有哪类所有权形式占据主导。此外，各个时代都存在相当多的非法占有土地的行为，主要位于当时城市边界之外的约翰逊街和拉金街之间，用地内聚居着富有且性格刚烈的人们，他们无视城市用地政策，浑身充满美国人特有的“天不怕，地不怕”的开拓精神，遇到问题常付诸争执，时常与他人爆发冲突甚至闹出人命。

1852 年，旧金山市一项看似蛮横的政策理顺了诸多土地权属的羁绊。旧金山市长詹姆斯·范尼斯划定并宣布了 4 平方里格（里格：旧的墨西哥度量单位，合 4.8 千米）的土地管辖范围，并配以《范尼斯地图》，该政策被称为《范尼斯条例》。当时，今天主管土地问题的美国土地委员会还没有成立，旧金山城市范围内有多个普韦布洛村落，在法律上拥有西班牙和墨西哥政府的授权，旧金山市将所有普韦布洛村落纳入了城市范围。同时，对于范围内被查明的非法占有土地行为，尽管不能马上制止占有者使用，但可以征收重税予以惩戒，显然旧金山市政府不仅通过这一政策规范了各项土地管理，而且获得了一笔持续且丰厚的税收。

1854 年，4 平方里格的旧金山市范围被美国土地委员会认可，美国土地委员会划定了瓦莱霍线以北的所有土地为旧金山市用地范围。这个范围就是今天旧金山市通用边界的前身——从汽船点到孤山的迪威萨德罗。

《范尼斯地图》有助于今天旧金山特色街区的形成，集中体现在“西增区”。《范尼斯条例》中的规划延续了维欧盖规划的正交网格形态路网。西增区网格城市形态无视起伏的地形，公共广场的分布体现了维欧盖的规划特点和旧金山的城市传统，被誉为旧金山最优美的公共空间的广场公园都出自这一时期，包括阿拉莫广场、汉密尔顿广场公园等。

港口之城

此前，萨克拉门托，而非旧金山等其他加州城市，被作为美国铁路大动脉的西部终点，雄心勃勃的旧金山遗憾地错失了铁路大发展的红利。

紧接着，港口时代开启。旧金山紧紧抓住了这个时机，通过对港口的扩建，重新聚集了大量工人和水手。市场街和城市东南海岸线之间的用地被迅速填满，人们在这片狭长但平坦的地区中十分拥挤。

今天的学者将旧金山城市自然岸线形态同 20 世纪初的岸线形态进行比较（图 6），河口、滩涂都被填埋成港口岸线。尽管填海规模很大，但由于城市位于海湾内侧，潮差风浪小而不必砌筑高大堤坝，因此经过填海后的岸线，不论是城市东北侧的电报山，还是西南角的蜡烛台点，都保持了自然顺畅甚至有很好亲水性的岸线特点。

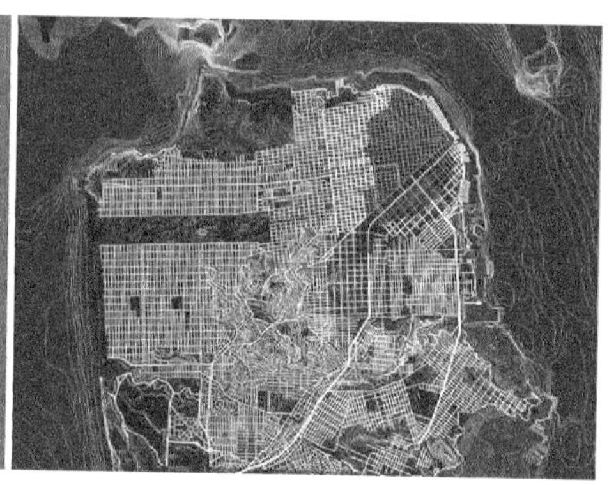

图 6　旧金山地形——图形转换网站展示的旧金山最初海湾岬角形态和此后填海造地后的形态差异
图片来源：topographicalshifts.org

现代交通和造港技术给城市建设的突破性发展带来了决定性的影响。1873 年，世界上第一辆电缆车于克莱街上首次行驶，预示着大量诺布山、俄罗斯山等高耸的城市山丘可以被征服，曾经难以逾越的城市发展障碍，在电缆车出现后将成为坦途。一时间，山包顶部的用地被新兴的富有阶层哄抢一空，用于修建他们的豪宅。

旧金山的美景已经得到广泛的认可。山顶的美景吸引了富豪建设私宅，以安妮公主风格（图 7）、史迪克风格等住宅最具特色。同时，这些拥有大范围山城海景的地段也吸引了很多酒店、公寓的建设者。

1887 年，市场街轻轨开通，带动了市场街南侧以及近郊的卡斯特罗街一带的发展。1890 年，旧金山有了第一座高层建筑——芝加哥建筑师丹尼尔·伯纳姆设计的旧金山纪实报大厦（图 8）。

本章注释

1. 资料来源：SCOTT. The San Francisco Bay Area: a metropolis in perspective[M]. London：University of California Press，1985.
2. 圣弗朗西斯港：英文为 Port of San Francisco，作者译为“圣弗朗西斯港”，旨在区别于今天的“旧金山港”。
3. 资料来源：SCOTT. The San Francisco Bay Area: a metropolis in perspective[M]. London：University of California Press，1985.

图 7　旧金山维多利亚风格晚期的典型住宅，安妮公主风格
图片来源：http://www.housekaboodle.com

图 8　1890 年芝加哥建筑师丹尼尔 · 伯纳姆设计的旧金山纪实报大厦
图片来源：左图：《旧金山金门报》；右图：自摄

第二章　20 世纪初的城市美化运动

美国在 20 世纪初有着浓厚的城市美化运动氛围，而运动的旗帜性人物——丹尼尔·伯纳姆，不远万里来到旧金山，给城市带来了一份未能实现的规划以及长久的城市艺术影响。

当时的伯纳姆长期驻扎在可以俯瞰城市全景的双峰山巅，多日揣摩出的方案也令市长舒尔茨激动不已并立志按此规划谋求长久发展。但是后来，这个方案被突如其来的地震搅乱了。

城市美化运动的火种已经播下，并长久地影响了旧金山的城市品位，促进了巴拿马—太平洋博览会、市政广场等带有城市美化运动特点的诸多项目逐步付诸实施。

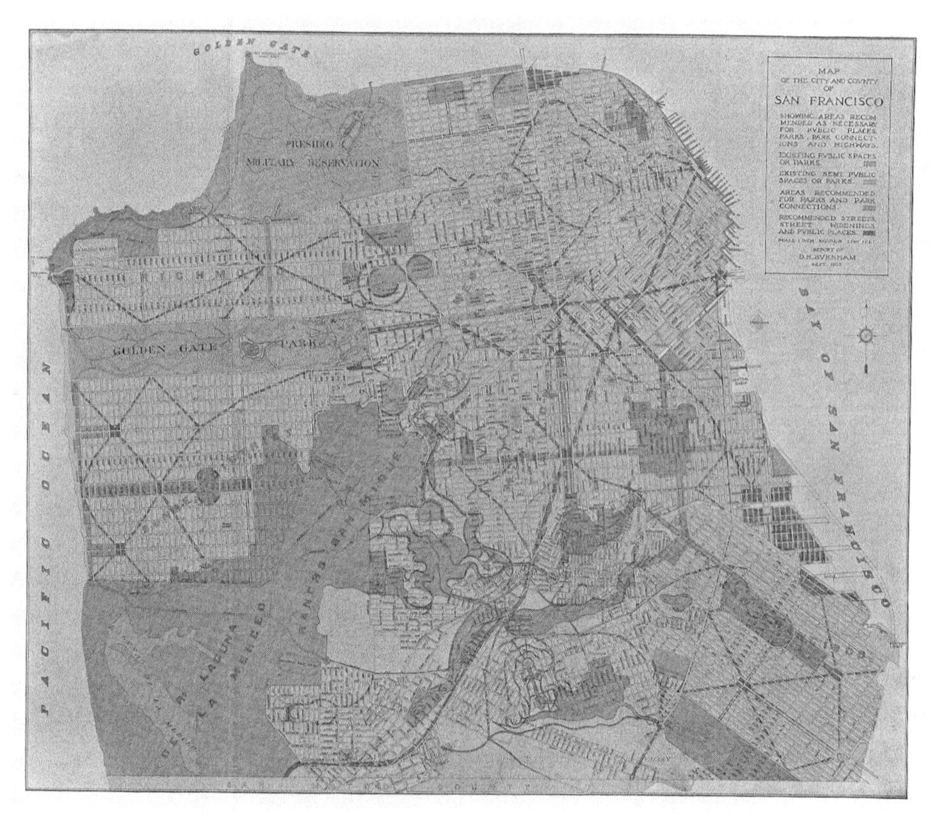

图 9　伯纳姆的 1905 年旧金山规划

图片来源：《关于旧金山规划的报告》，丹尼尔·伯纳姆，1905 年

伯纳姆和 1905 年旧金山规划

人们在介绍美化运动城市设计大师伯纳姆时，会提到他的 3 个主要成就，按时间先后顺序 3 个成就依次为华盛顿、旧金山、芝加哥城市设计。前后两个实践都获得了巨大的成功，唯独中间的旧金山城市设计因突如其来的大地震而搁置。这或许又一次体现了旧金山的与众不同——既追逐艺术潮流，又绝对倡导贴近实际需求，即使是大师的作品也可以因情况变化而被忽略（图 9）。

因在华盛顿的规划实践而享有盛誉的伯纳姆于 1904 年来到旧金山，满怀热情地构想这座伟大城市的未来，它濒临浩瀚的太平洋，具有无比美好的前景。此前的华盛顿规划已经为伯纳姆奠定了城市设计权威的地位，被冠以城市美化运动旗手的声誉。

伯纳姆接受了旧金山城市提升和装饰协会会长詹姆斯•费兰的邀请。此前，费兰担任过旧金山市市长，熟悉城市政界，他向伯纳姆提出的目标是将旧金山从一个荒芜的海岸转型为“太平洋沿岸的巴黎”。

伯纳姆对旧金山充满热情。一方面他承诺为旧金山提供免费服务，只需要费兰负担他在旧金山工作期间的花销即可；另一方面，他为未来的旧金山倾注了理想城市的宏观愿景。伯纳姆承担了旧金山设计任务后并没有马上赶到旧金山，而是专程去往与旧金山地形环境类似的意大利和希腊，研究欧洲传统山城的设计特色，寻找欧洲古典精神，呼应旧金山理想主义城市精神。此后，伯纳姆满怀信心地来到旧金山，旧金山当地著名建筑师威利斯・波尔克为伯纳姆提供顾问工作。伯纳姆选择城市西南端的双峰山顶作为工作地点。波尔克在双峰为伯纳姆建造了一个简单的木屋工作室，包括办公室和生活区。小屋面向东方，能一览整个市场街和城市中心，也能眺望东侧和西侧海湾岸线，这注定是一次宏伟广袤的蓝图，整个旧金山半岛被纳入伯纳姆的视野中。

伯纳姆制定了清晰的规划：城市将由各功能区组成——市政中心、商业、金融、住宅、娱乐和工业区。所有区域都彼此分隔，但也有干道，使不同区域间的交通更加便利。城市规划了大量的公园，并通过绿树成荫的林荫大道彼此相连。

伯纳姆希望城市的道路布局是“同心圆 + 放射”的模式，放射形态道路是以城市中心内的一个小型中央环路为起点并逐渐通往外圈的环路。同时代的巴黎、柏林、维也纳、莫斯科和伦敦的道路布局都是如此，在当时的城市规划行业被称为“周边布局”，尤其被当时话语权与日俱增的道路交通工程师奉为当代城市路网的准则。美国城市设计学者肯尼思・哈尔彭认为：“今天旧金山的较多道路与伯纳姆规划的结构大致相同，但同时忽略了伯纳姆的城市美化运动思想下的构图形态，包括比例的匀称与结构的优美等因素。”

在城市景观方面，伯纳姆希望体现旧金山新时代精神。他设想将城市山顶作为关键的视觉标记，构建了网格和地形的关系，并在网格中增加了开放空间和欧洲风格的台地分层街道、公共纪念碑等丰富城市景观的元素。

对于双峰西侧的郊区，在伯纳姆看来，或许城市东侧足够繁华了，双峰西侧（图 10）应该返回到安静的田园状态。因此，从双峰到默塞德湖，被改造成一片广阔的公园，与城市东半部的闹市环境形成鲜明对比。

伯纳姆于 1905 年 9 月将完成的规划方案和图纸交给旧金山市政厅。市长舒尔茨代表城市接受了规划，并说：“就对优美城市的追求而言，它们（规划）将永远成为我们的指引蓝图。”

在着手实施规划方案的过程中，围绕高昂造价的争议不断，但支持者仍在不断努力争取。

规划方案完成一年后，突如其来的地震和大火使旧金山大部分地区烧毁（图 11）。原本认为是伯纳姆规划方案实施的大好机会，但迫在眉睫的灾后重建工作使精雕细刻、讲求品质的伯纳姆规划方案成为其巨大的政治压力。灾后的首要任务是恢复火灾前各个业主的物业财产，人们对“商业的需求更加迫切，此时已经不再需要林荫大道和公园”。伯纳姆理想主义的伟大愿景只能被搁置

图 10　从双峰向西看的景色照片，由伯纳姆的助手摄于 1904 年
图片来源：原始图片来自《关于旧金山规划的报告》，丹尼尔・伯纳姆，1905 年；电子版照片来自《大卫・鲁姆西地图集》（*David Rumsey Map Collection*）

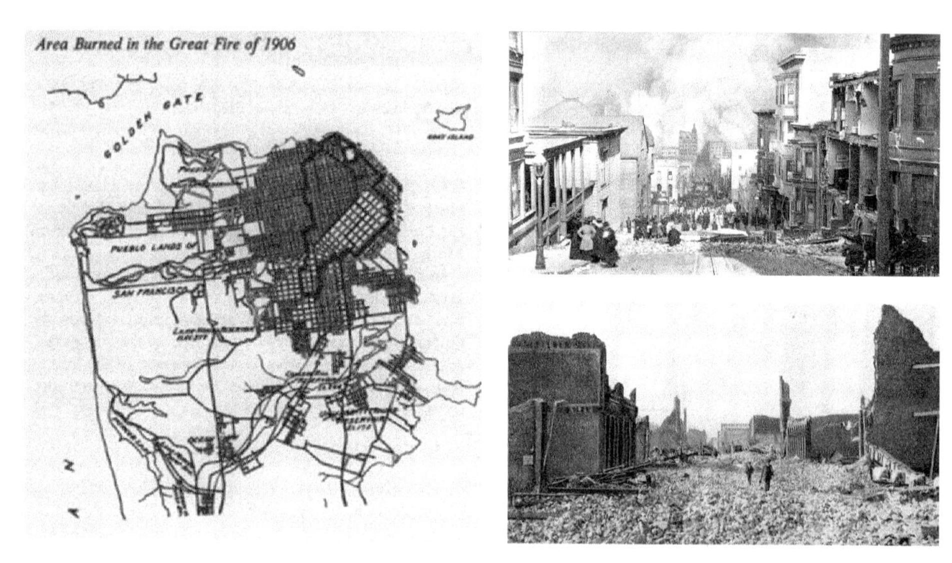

图 11　1906 年旧金山大火的着火范围和受灾情况
图片来源：左图：梅尔・斯科特；右上图和右下图《旧金山纪实报》

一边，常规做法虽然简陋但实用高效，能够以最短的时间实现灾后恢复。这同此前的伦敦大火重建何其相似。

四年后的 1909 年，作为某种对伯纳姆工作的认可和补偿，旧金山市政府委托伯纳姆编制市政中心规划设计方案，他的部分城市设计理念得以实现。市政中心位于范尼斯大道和市场街的东北侧。伯纳姆此次的规划于 1912 年得以实施，他将一个宏伟的市政中心同当时即将举办的滨水区世界博览会的规划整合起来，两者具有近似的城市美化运动风格，并在城市东西两侧遥相呼应。在今天，这两处城市节点也仍然是最能代表旧金山城市美化运动的时代遗产。

1906 年旧金山大火

1905 年，伯纳姆规划方案顺利完成并得到了市长的认可，城市美化运动风格的壮丽景观近在眼前，但 1906 年突如其来的灾难使一切努力付之一炬。

1906 年的旧金山地震和随后的大火对城市造成了毁灭性的破坏。不仅失火面积大，且破坏得彻底。此前，旧金山对地震和火灾的发生也有预期和预测，正因为如此，在历史上，学者们建议将湾区中心置于更靠内陆一侧的奥克兰和伯克利一带。美国铁路线终止于这里，不再向旧金山连通就是基于这个预期。

1906 年 4 月 21 日，灾后的旧金山成了一片焦土。持续三天的大火造成超过 3 000 人丧生，41 万居民中一半以上的人流离失所。

灾后，人们向周边地区疏散，主要是两个地区——奥克兰和西增区，其中又以奥克兰难民最多，包括大量华人。勤劳的华人几个月后就建成了奥克兰唐人街，就此安顿下来，不再返回旧金山。

另一处疏散地西增区邻近帕纳索高地的加州大学旧金山分校医学院（图 12），该医学院因灾后救治了大量伤者而成为城市中心，周边聚集了超过 4 万人在此搭设临时帐篷。

灾难重创了城市，但也考验和提升了城市管理能力。旧金山市政府确定了灾后建设的 4 个阶段：救险、救济、物质重建和经济、文化恢复。最初的“救险”状态持续到 1906 年 7 月 1 日，随后军队撤离了城市，城市进入“救济”阶段，包括大规模建造难民住房和分发粮食，并于 1908 年年中结束。

“物质重建”的结果我们已经知道，伯纳姆规划方案被否决。这符合此前欧美城市的惯例，1666 年伦敦和 1871 年芝加哥大火都是如此。后人评价认为，“灾后城市的一个特点是，它们往往会复制以前的自己……其他特点是产权仍然神圣不可侵犯”。旧金山灾后重建富有成效，3 年后，几乎所有受灾地区得以重建。更有甚者，到 1909 年，美国一半以上的钢筋混凝土建筑矗立在旧金山。一座规模更大、更坚固、更现代化的旧金山城市就此形成（图 13）。

火灾促使旧金山市政府出台了更严格的消防和建筑规范，这将使建筑变得更加坚固和昂贵，从而使重建后的旧金山社会差距加大。富有的人们很快

图 12 加州大学旧金山分校的医学院在 1906 年旧金山地震发生后因救治了大量伤者而成为城市中心，用地周边聚集了超过 4 万人在此搭设临时帐篷

图片来源：加州大学旧金山分校官网 https://www.ucsf.edu/about/history-1

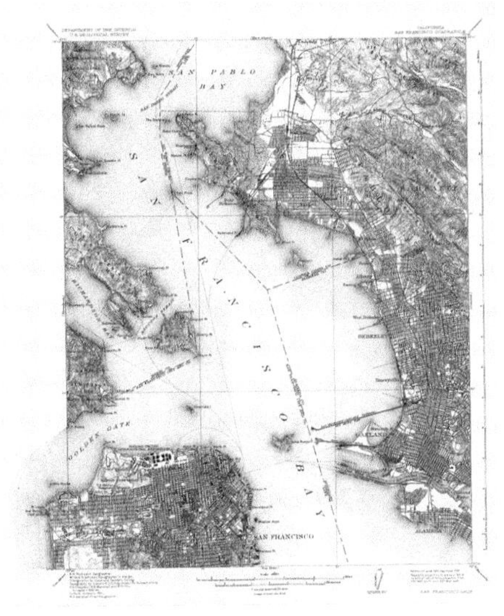

图 13 20 世纪初的旧金山和奥克兰

图片来源：加州大学伯克利分校

安顿下来，而蓝领在多年后仍然苦于生计。新建的房屋现代而舒适，吸引了更多的服务业企业进入，而原来的工厂只能迁到偏远的郊外。

此次大火对旧金山乃至整个湾区影响深远。一方面，整个湾区大的格局由此确定，奥克兰的兴起构成了与旧金山一湾相隔的双中心，推动了 30 年后海湾大桥的建设；同时，旧金山绝美壮丽的景色在历史上各个时期都吸引了众多的资源，一直是整个湾区的核心。另一方面，城市对地震的恐惧持久不散，不相信大体量和高层建筑，更偏爱顺应地形和便于疏散的小建筑；住宅建筑多采用预制化、现场组装的结构，“湾区住宅”正是在这一背景下产生的；城市坚定建设医院等公共设施，在此后的城市建设中必定将公共设施放在首位，公私之间的关系从未倒置。

近代旧金山住宅模式和形态

从 19 世纪后期到 1910 年代灾后重建完成，旧金山进入“镀金时代”，崇尚奢侈和彻头彻尾的资本主义在城市形态上体现为通往郊区的有轨电车系统，并催生了长达几十年的郊区化历程。奢华的豪宅在这一时期大量出现，此时也是住宅形态最具多样性的时期。

1880 年代至 19 世纪末，人口增加，土地短缺，相比以往建设的独立式住宅，此时的住宅建筑临街面越发缩小，出现了更多“窄面宽、大进深”的形态。建筑的前院需要遵从城市的统一要求，形成美观和整齐划一的形象，后院仍然保持乡村生活状态，设置水井、风车、酿造罐和谷仓等设施。

旧金山“窄面宽、大进深”的住宅建筑适合采用山墙作为正立面。住宅结构为木框架结构，典型住宅多为方形平面，主要入口位于建筑正立面的一侧。在住宅和公寓设计中，通过“镜像”或“复制”标准单元的方式，形成两个或更多的单元。

此时的旧金山住宅反映出 19 世纪的维多利亚风格特点。住宅整体风格保持统一，但细节经历多次变迁，朝着更加细致精美的方向发展，这是城市不断富裕的象征。

图 14　旧金山最早的哥特复兴住宅样式
图片来源：猫头鹰出版社

旧金山最早的住宅样式尽管被称为“哥特复兴”风格，但仅有哥特尖塔的抽象感觉，建筑整体十分简单，缺少装饰（图 14）。

维多利亚风格最初以意大利风格为主，1860 年代中期被引入旧金山。1860—1870 年代后期，意大利风格成为旧金山住宅的主流风格，其主要特征是围绕檐口和窗套进行变化（图 15）。在意大利风格中，传统的正面山墙面被一个高高的垂直的立面和栏杆遮住了，强调了带线脚的飞檐和窗套。早期的意大利住宅是平顶的，而后来的形式在窗套上做了变化，增加了上下通高的半六角形窗台。

意大利风格在 1880 年代后衰落，它被更精致的以木构件为主的史迪克风格和伊斯特莱克风格所取代。史迪克风格（图 16）的出现，是由于当时蒸汽动力的木工工厂技术的发展。利用机械加工制成的精美木构件，其成本大大降低。线锯和窄锯能产生自由形态的曲线式样，车床能切削出立体形状的木件，如旋转楼梯及其栏杆。垂直方向的木质细部更多地应用到住宅建筑上。由于史迪克风格和伊斯特莱克风格介于哥特复兴和安妮女王风格之间，因此它们也有“木质安妮女王风格”的雅号。

这些木质住宅以色彩艳丽、门面装饰精美而著称。住宅建造方式深受伦敦联排房屋布局的影响，其中旧金山的房屋较多采用预制方法和现场安装的理念。

当时的住宅建设仍然是业主的自发行为，房地产开发商整体开发的现象仍然很少，但材料商已经能提供“菜单式立面模式”和多种可选的建筑平面图，为建造住宅的人们带来多样的选择，也给旧金山带来了多样化的建筑材料、式样以及丰富的住宅建筑形态。

旧金山当代的山林为住宅提供了高品质的木材，包括道格拉斯冷杉木和红杉木。为此，原来旧金山郊外茂盛的红杉林甚至被夷为平地。旧金山住宅建筑很少采用砖石，仅在建筑基础和面层使用砖石。

安妮女王风格住宅（图 17）是 1890 年代后英国安妮女王执政时期的式样。但旧金山的安妮女王风格住宅同英国的同名称住宅却十分不同，其更接近于此前旧金山流行的史迪克风格和伊斯特莱克风格，或者说是“褪去了木构件的”史迪克风格和伊斯特莱克风格。旧金山安妮女王风格住宅更加富有

图 15 意大利风格住宅
图片来源：猫头鹰出版社

图 16　精致的以木构件为主的史迪克风格住宅

图 17　安妮女王风格住宅

创造力，最突出的特征是平面上的不对称，普遍有尖顶和塔楼，入口处常常保持史迪克风格和伊斯特莱克风格的木构件细部。

旧金山安妮女王风格住宅是适应大规模生产的结果：长方形门廊和窗台采用史迪克风格和伊斯特莱克风格；正面采用山墙形式，带有圆形隔间和装饰塔楼；屋顶和外立面常采用华丽的木瓦面材，并配以装饰性的饰带。

“罗密欧平层”是灾后重建地区的主要建筑类型。该建筑的高密度形态有助于旧金山形成更加紧凑的城市肌理。“罗密欧平层”是多户家庭的住宅形式，通常是六户，少数情况是四户。其形态特点是：立面中央有一个内部楼梯间，垂直分隔立面。楼梯间的类型有两种，最常见的一种楼梯间作为立面上的开敞元素，在阳台上设有熟铁栏杆装饰。第二种楼梯间不包含阳台，是封闭的空间，在交错的楼梯平台上有一个中央窗户，带有一系列细部装饰。

“罗密欧平层”具有古典复兴风格的特色装饰，包括圆柱入口和门廊、对称入口、带花边的帽檐和有块状装饰的檐口、突出的锯齿形檐口和厚重的块状或卷轴装饰。这些建筑规模通常比火灾前旧金山的建筑规模大很多。中央楼梯间两侧的单元又小又窄，为单身汉或小家庭提供了一个合适的空间。

“罗密欧平层”集中建在旧金山受 1906 年火灾影响的重建地区，包括传教团区、市场街南部、西增区、海斯谷和北滩。1909 年这类住宅因密度过高以及缺少日照、通风性差而受到了住房改革者的批评，尤其是在富人聚集的北滩地区。

批评者认为，“罗密欧平层”能够规避《物业单位住房法》的强制性要求，如建筑物后部 10 英尺（1 英尺 ≈ 0.3 米）本应该布置开放空间，却被建设成了住宅。《旧金山纪实报》（1909 年）的一篇文章认为，建造这类住宅最初的愿望是给更多中低收入人群提供住房，但给他们提供通风采光条件差的住宅，显然带有歧视性。

建筑历史学家迈克尔·科贝特则持相反意见。科贝特认为“罗密欧平层”

图 18　“罗密欧平层”

是理想的住宅形式，“这些建筑……都是按照最好的式样建造的，坚固、结实、整洁，每一个细节都很现代，而且外观令人赏心悦目……这些建筑在完工之前就已经被租赁或销售出去，这是一个有把握的事实，因为它们是很好的投资”。1910 年，在争论声中，“罗密欧平层”（图 18）的建设在全市范围内逐步停止。

1910 年灾后重建结束后，旧金山中心区的住宅建设基本完成，最烦琐精美的各类维多利亚式住宅也不再出现。旧金山的一批年轻建筑师吸收了东海岸的木瓦风格和英国工艺美术运动思潮，大胆自由地用于旧金山较小的住宅中，创造了人们常说的“湾区住宅”的建筑风格。这种风格的特征为布局简单，采取红杉木为主要建筑材料，引入此前史迪克风格等当地木构装饰性图案，并且强调室外空间的创造，获得室外开敞感。

促成“湾区住宅”出现的因素有多种：一方面，在灾后城市重建的过程中，建筑师有条件且有必要选择更加简洁高效的建造模式；同时，整个社会也不再对建筑式样和烦琐装饰有过多的苛求。另一方面，随着城市平坦用地的枯竭，城市范围开始不断向周边山林和滨海岬角等具有自然特征的用地拓展，建筑师面对树林遮蔽和海浪礁岩环顾的景观，刻意避免沿用传统的单调刻板的外形模式。

“湾区住宅”风格是旧金山当地建筑师的群体追求。从 20 世纪初的伯纳德・梅贝克、威利斯・波尔克、考克斯・海德、莱莉亚・摩根到 1930—1950

图 19 查尔斯·摩尔的自宅——奥林达之家，体现了湾区住宅形态
图片来源：socks-studio.com

年代的沃特斯、伊谢里克、戴利，从 1960—1980 年代的查尔斯·摩尔（图 19）、特恩布尔、卡利斯特到活跃在今天湾区的丹·所罗门和科斯塔等，他们有着共同的理念和形式追求。“湾区住宅”风格的建筑掺杂了史迪克、安妮女王等维多利亚风格的比例和无尽的装饰素材，适应了旧金山湾区独特的社会审美及施工材料惯例等。

巴拿马—太平洋博览会影响下的流行时尚和郊区开发

在大火结束几年后，旧金山城市奇迹般地得以重建，此后人们又开始憧憬如何“装扮”这个素有“太平洋皇后”或“西部皇后”之称的城市，巴拿马—太平洋博览会为此迎来了契机。

1911 年，加州的两个城市——旧金山和圣迭戈，获得了 1915 年巴拿马—太平洋（图 20）和巴拿马—加州博览会的举办权。巴拿马—太平洋博览会因茅台、张裕等国货品牌在此摘得金奖而为国人熟知。巴拿马运河的开通对加州意义重大，运河开通后，大运量的物资，尤其是加州的农产品（特别是牛皮和牛油）可以通过海运，穿过巴拿马运河和加勒比海，运抵遥远的大西洋沿岸，实现加州农产品和东部商业中心的贸易互通。

为准备博览会，旧金山开始在全市范围内开展城市美化运动和公共设施建设，包括建造一个市民中心、一个南太平洋客运站，以及在多罗丽街中间地带种植棕榈树。

在旧金山展区的 5 个主题展馆中，中国馆作为唯一一个美洲之外文化的展馆，给在海外的旧金山华侨带来了久违的家乡感受，大量来自国内的商品受到热烈欢迎，中华文化也在旧金山市民中得以传播。

1915 年，巴拿马—太平洋博览会按照久违的城市美化运动风格，建设了博览会场地，大量的尖塔穹隆也使会场被称为“穹隆之城”。

图 20　1915 年巴拿马—太平洋博览会现场
图片来源：William Lipsky

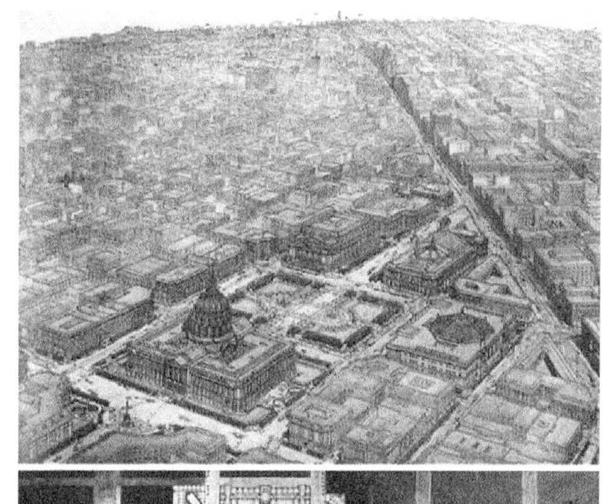

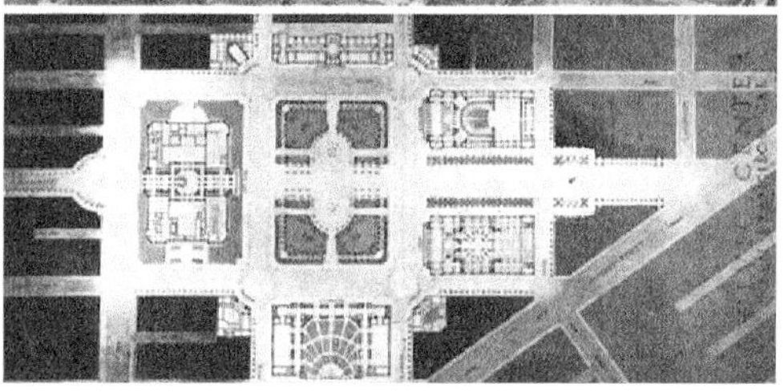

图 21　伯纳姆市政广场规划
图片来源：旧金山规划局

博览会历时 280 余天，在展会结束后不久，1917 年所有穹隆建筑被拆除，但城市美化运动的内核精神从此长存于旧金山。

巴拿马—太平洋博览会令旧金山的人们大开眼界，整个城市的风气被引向开放自由的方向。在博览会结束后的几年里，旧金山成为整个美国最令人向往之地。

在城市建设中最直接的体现是，1918 年，双峰隧道贯通，带动城市向西侧拓展，大量郊区城镇和高品质山地住区形成。带有城市美化的审美，富有特色的湾区住宅依山而建，旧金山城市整体格局从此基本确立。

当今对美国城市美化运动普遍存有褒贬不一的争论。对其的批判不少，批判者认为尽管城市美化运动的目的是创造一种新的物质空间环境和秩序，但由于其具有局限性，被认为是特权阶级为自己在真空中做规划，具有装饰性而并未解决城市的要害问题，未给予整体良好的居住、工作环境。他们认为城市美化运动犹如“昙花一现”，将“很快在历史舞台逝去”。

仅从旧金山的建设情况来看，伯纳姆规划虽然并未实现，但直接影响了博览会用地和市政广场设计（图 21），其间接影响更加深远。从此，在旧金山城市文化中，人们的品位得以提高，为城市建设奠定了一种“高大上”的模式。不论此后的精雕细刻的高层建筑以及烦琐精美的装饰，还是郊区居住区的花园环境，都体现了城市美化运动的影响。

博览会后的新装饰风格——地中海复兴

旧金山博览会的举办和现代摩登文化的传播除了使此前的维多利亚风格和“湾区住宅”风格得以延续之外，也使城市住宅建设时期出现了新的建筑风格——地中海复兴风格。

一方面，东海岸殖民复兴作为流行风尚，唤起了加州对西班牙殖民文化传统的重新审视。人们越发感到，富有阴影变化、覆盖黏土瓦屋顶式样的中庭和拱廊，似乎适合气候温和的加州室内外生活方式。另一方面，1915 年，圣迭戈的巴拿马—加州博览会与旧金山博览会同年举行，两者遥相呼应。圣迭戈的博览会在巴尔博公园内修建了西班牙风格的休闲设施（图 22），使整个加利福尼亚文化中的西班牙文化元素重新回到人们的视野中，人们认为有必要展示和宣扬加州建筑文化的特色。

地中海复兴风格成为加州和美国西南部广泛传播的地区性建筑风格词汇，具体包括西班牙殖民复兴风格、摩尔人复兴风格和丘里格拉风格（或译为西班牙墨西哥巴洛克风格，图 23）。

1920 年代后的摩登时代

第一次世界大战结束后，正如小说《了不起的盖茨比》中所描述的，所有美国人都迎来了一种难以置信的繁荣。尽管的确是通过战争获得不少的收益，但此后的成就让人感到更加夸张而不真实，旧金山的人们沉浸在这样的

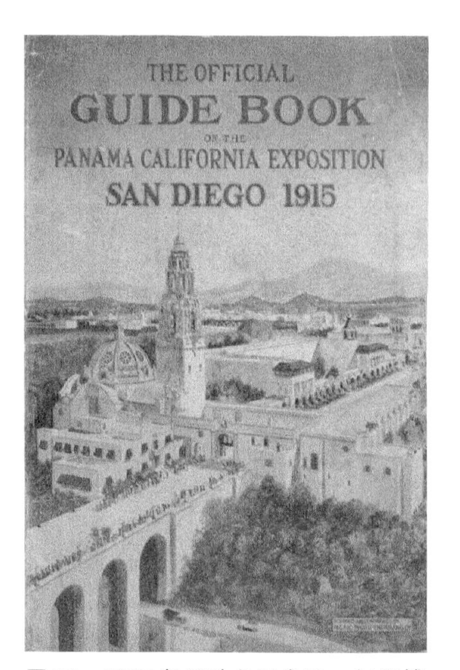

图 22　1915 年圣迭戈巴拿马—加州博览会在巴尔博公园内修建了西班牙风格的休闲设施
图片来源：sandiegouniontribune.com

图 23　地中海复兴风格范畴的丘里格拉风格建筑细部
图片来源：noehill.com

乐观情绪中。在 1921 年旧金山城市庆典时，报纸的一篇评论谈到："……经过 75 年的发展，我们已经成为太平洋沿岸的大都市，西部的女王城市，拥有 60 万人口，拥有富丽堂皇的住宅和宏伟的公共建筑。"

艺术方面，装饰派摩天楼发展到高峰，伴随着建筑学领域方兴未艾的现代主义风潮。在建筑领域两种潮流转换交接的时间节点上，旧金山艺术装饰主义建筑也不例外地开始盛极而衰，现代主义通过各种方式展示自己的时代魅力。

天际线的提升

乐观情绪消除了恐惧。在 1906 年的地震和火灾之后，建筑物的高度曾被限制在街道宽度的 1.5 倍以内。但 1920 年代后，这一高度限制被取消。这一变化突出体现为城市天际线的急剧增长。一些著名的老建筑开始成为天际线的背景，如建于 1891 年的 10 层的米尔斯大厦、建于 1898 年的 15 层的渡轮大厦，以及建于 1907 年的 18 层的洪堡银行大楼。

一众新一代更大、更高的办公大楼拔地而起。沿着市场街，10 层楼高的南太平洋大厦（1917 年）、16 层楼高的马特森大厦（1924 年）和相邻的 17 层楼高的太平洋燃气电力大厦（1925 年）组成了一面巨大的墙壁，墙上装饰着富丽堂皇、富有古典风格的建筑立面。在市场街西面和南面的几个街区里，26 层的太平洋电话电报公司大厦（1925 年，图 24）突然从一个 5 层和 10 层大楼林立的地区突起，其独特的后退轮廓在几英里外都能被看到。

在金融区，这种变化同样明显。22 层的萨特大厦（1927 年，图 25）、竖线条哥特风格装饰的 31 层的鲁斯大厦（1927 年）（被称为"太平洋沿岸最高的建筑"）和 22 层的谢尔大楼（1929 年）形成了一个特别引人注目的城市壁垒。

天际线变得更加独特，更新、更高的塔楼，精美装饰的飞檐，以及与天空相映成趣的后退轮廓，丰富了城市的天际线。1924 年美国商会的小册子里的一句话，在后来的岁月里同样适用："天际线突出了旧金山的地平线，在那里，摩天大楼在群山中矗立，在山谷中隐退，呈现出梦幻般的景象。"

图 24　1927 年的旧金山（从双峰方向）。太平洋电话电报公司大厦已经建成，位于市场街以南；另一侧的鲁斯大厦正在建设中

沙里宁的现代摩登高层建筑

纽约分区法的出台，使高层建筑可以在符合法案的基础上减少对历史样式的依赖，并鼓励采用现代艺术方式。1930 年代初，从芝加哥和纽约传播而来的现代艺术，影响了旧金山的高层建筑审美。人们似乎找到了从以石材精雕细刻的艺术装饰主义风格，向以玻璃、金属为特色的简洁现代主义高层建筑转换的途径。有人评论道："我们开始认识到玻璃是一种有价值的元素，可以让玻璃代替石材，发展具有形态的体量。"

东海岸的城市建设历来对旧金山有直接影响，旧金山的建筑师们在倍感羡慕的同时，也尝试效仿。汤默斯・弗卢格是旧金山成名已久的建筑师，他推崇芝加哥沙里宁风格，也是旧金山建筑师中模仿此类风格最娴熟且成功的一人。不仅如此，弗卢格又能加入本土化的美洲传统主题（图 26），包括阿兹特克元素和西班牙殖民复兴主题。他在旧金山中心区曾设计了多栋位置显著的高层建筑，包括最高的太平洋电话电报公司大厦以及矗立在塔楼顶部的 8 座高达 4 米的雄鹰雕塑。

图 25　靠近联合广场的萨特大厦

图片来源：萨莉・B. 伍德布里奇

图 26　1930 年代的旧金山轮渡滨水区

图片来源：萨莉・B. 伍德布里奇

从大萧条走向湾区时代（1930 年代）

1930 年代，旧金山又一次经历了一场"淘金热"。海湾大桥的建设使旧金山的人们对城市的未来充满期待。旧金山在 1936 年和 1937 年相继建成的两座海湾大桥在美国是令人赞叹的成就，要知道这两个成就同最先进的纽约同步——纽约建于 1936 年的罗伯特・肯尼迪大桥，也被称为"三地连通大桥"，因为桥梁连通了纽约最主要的三个区：曼哈顿行政区、皇后区和布朗克斯区。相比而言，旧金山接连建成两座大桥使区域联系更加集中，其工程建设的难度更大。

旧金山艺术委员会

旧金山市于 1932 年成立了旧金山艺术委员会，其目的是进行城市设计审查。从那时起，旧金山市政府又增加了多种职责和新权力，例如管理城市的艺术收藏，支持举办流行音乐系列音乐会，管理公共场所的艺术安排，甚至审核街头艺术家许可等。自从艺术委员会成立以来，艺术和城市的需求、环境都产生了巨大的变化。

旧金山艺术委员会的工作持续至今，其于 1976 年建设了五处邻里艺术设施以及城市历史遗迹和地标。旧金山艺术委员会还关注地标性建筑设计以及建筑内的艺术作品的创作，例如科伊特塔（电报山）的壁画等。

两座海湾大桥的建设

“对海湾大桥的渴望”热潮席卷旧金山全城。“海湾大桥”成为旧金山未来增长和繁荣的象征，给经济大萧条时期的人们带来了巨大的信心。

汽车工业和城市道路体系已经成熟，此时的驾驶者和汽车经销商都渴望更多、更好的道路。同时，旧金山成为当时美国的摩登文化中心，汽车必不可少，轮渡已经过时，驾驶者在轮渡滑道排队等候时的焦虑和失落可想而知。当时，旧金山著名建筑师波尔克总结了许多人的感受，他明确地说：“旧金山的渡船应该和马车、鹅卵石、缆车放在一起，还有那个下巴上有胡子的老人。”换句话说，现代城市应该是汽车城——平坦、宽阔的道路向四面八方延伸，不受地形的限制。1921 年春天，旧金山汽车经销商协会购买了一系列《旧金山公报》的广告版面以宣传跨海湾大桥的必要性。为此，《旧金山公报》请波尔克设想未来的跨海大桥，而波尔克不负其专业声誉，绘制的旧金山—奥克兰大桥（图 27）十分接近实际建成的大桥，或许他图中的设想真正影响到了未来桥梁的设计。

在两座大桥的建设过程中，旧金山展示了在财政上的支持力度、工程设计方面的领先水平以及技术工人们的技能和胆识。摄影记者拍摄的施工现场照片成功地捕捉到建筑和工程的宏伟、壮观。

工程师和画家都在极力渲染当时的建设成就。图 28 描绘了金门大桥的桥墩和桥墩之间的关系。渲染画师和建筑师切斯利·博纳斯特尔受旧金山规划局委托，展示了一个巨大的从海底升起的鼓形围堰。阳光照射下的剖面图揭示了抵御洋流力量的多层防护层：非常厚的混凝土外墙、多层检查井和交叉支撑的钢结构上层（图 28）。渲染师展示出了旧金山的技术、自信和力量。

经过十多年的准备，三年半的建设，旧金山—奥克兰海湾大桥（图 29）终于在 1936 年 11 月 12 日竣工。六个半月后，金门大桥建成，在当时引起了更大的轰动。

图 27 建筑师波尔克设想的未来的跨海大桥，十分接近实际建成的大桥
图片来源：萨莉·B. 伍德布里奇

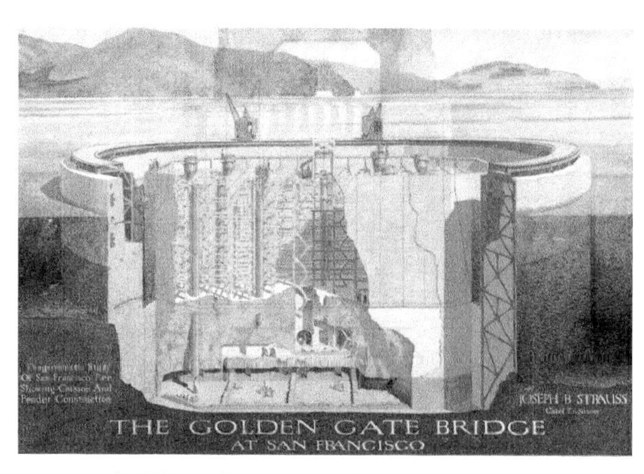

图 28 渲染师和建筑师切斯利·博纳斯特尔完成的金门大桥渲染图，这个码头较深的水下深度和周围快速的潮汐流，给施工带来了巨大的挑战
图片来源：萨莉·B. 伍德布里奇

图 29 建设中的旧金山—奥克兰海湾大桥
图片来源：萨莉·B. 伍德布里奇

金门大桥建设历时四年半，是当时世界上最大、最高的单跨悬索桥，不仅采用了先进的技术，更具有典雅的红色桥体形态，人们称之为“歌唱的桥”“金色的天桥”。它的红塔由四根门柱组成，比位于旧金山金融区中心的最高楼罗斯大厦更高。金门大桥的出现，宣告了一个“技术美”的时代（具有更先进的工程技术，而非华丽烦琐的细部装饰，并更能造就威严和壮丽的时代）的来临。

在 1930 年修建海湾大桥的必要性论证报告中曾提到，大桥“最终的设计应该与旧金山海湾的美景相一致”。著名建筑师汤默斯·弗卢格是三人顾问建筑师团队的主席，他是旧金山成名已久的建筑师，以芝加哥沙里宁风格见长。对于金门大桥，弗卢格主张对装饰加以限制。

图 30 金门大桥的简洁现代形态

旧金山另一位著名的建筑师伯纳德·梅贝克也针对金门大桥的造型提出了建议，他建议在桥梁与城市的连接处建造巨大的凯旋门。该建议被采纳后成为金门大桥的经典细部（图 30）。

早期现代主义建筑形态在旧金山的发展和挫折

1930 年代末，美国现代主义风尚盛行。大量汽车公司、石油公司赞助支持下的 1939 年纽约世博会上出现了旨在推动汽车交通发展的城市形态展览。

当时十分有影响力的工业设计师和舞台布景大师诺曼·贝尔·格迪斯得到壳牌公司和福特、通用等汽车公司的赞助和支持。他作为舞台布景大师，将未来的城市形态愿景作为一个大型化的舞台布景，在 1939 年纽约世博会上，布置了一个名为“Futurama”的汽车大都市（图 31）的展览，受到了纽约参观者的好评并引起了舆论的轰动。

图 31　“Futurama”汽车大都市
图片来源：Leonard Wallock

在美国另一侧的旧金山，同年的金门博览会上，勒·柯布西耶理念的信徒沃尔特·道文·蒂格也尝试了同样的主题。蒂格同样是美国设计界的名人，他的题为“1999 年的旧金山”设计方案（图 32）在金门博览会分会场——“美国钢铁展览会”中展出。蒂格提出的方案展示出柯布西耶风格的放射形态城市，一根轴线汇集了所有交通设施，码头集中在一个栈桥上，机场和跑道位于轴线尽端。但蒂格的作品在旧金山反响平平。

柯布西耶的现代主义城市理念在美国是有市场的，如在纽约、费城……但旧金山不同于其他美国城市，不仅城市中类似的高层建筑群绝无仅有，就连形态相同的两栋高层建筑都难以找到。显然柯布西耶式的城市形态同旧金山算是暂时“绝了缘分”。

究其原因，由于当时的旧金山中心区已经完全建成，原有的城市风格也已成熟并具有鲜明的特色，逐渐被人们喜爱和接受，因此新的风格格局难以跻身进来。

同时期的旧金山主流建筑师弗卢格采取了更加“平衡的风格”。对比弗卢格对相同地段的南侧中国盆地滨水区的设计（图 32），能看出弗卢格的设计尺度比蒂格的柯布西耶风格的小很多，也更加顺应已有的旧金山城市肌理结构。弗卢格是沙里宁风格的建筑师，他的风格更多地掺杂了加州文化的西班牙和印第安文化特点元素。他的影响持续深远，或者说弗卢格抓住了旧金山本应该有的地域特点，他的建筑风格直到今天仍然深受人们喜爱。

正如当时的旧金山报纸专栏作家赫伯·凯恩的评论：“1939 年的旧金山看起来很完整。一个新的交通网络明显地将湾区的社区联合成一个一体的区域，且在如画的风景中融汇了现代的城市天际线。”“金融区壮观的摩天大楼林立建在曾经是水的土地上，对我来说，它们的布局恰到好处，看起来就像一座城市应该有的样子。”在旧金山，“未来派和熟悉的事物似乎一度达到了一种平衡”。

1940 年代，尽管旧金山城市形态从整体上看小巧精致，但如果走入其中，旧金山市仍然是典型的现代城市。其中，蒙特雷街（图 33）被称为美国“西部的华尔街”，狭窄的街道两侧建筑高耸。

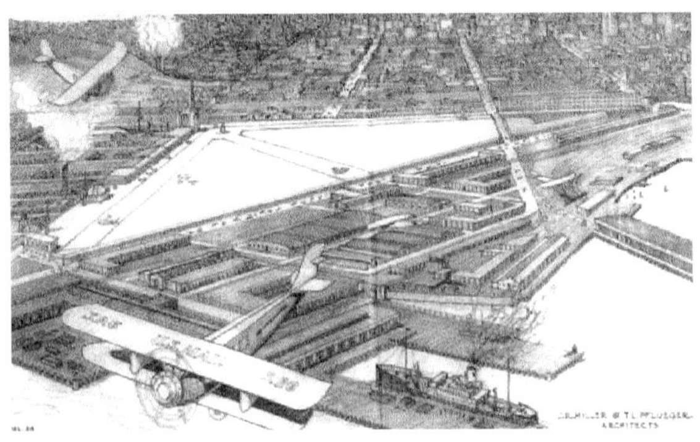

图 32　蒂格和弗卢格对中国盆地滨水区的设计对比——“1999 年的旧金山”（上），机场规划（下）
图片来源：萨莉・B. 伍德布里奇

第二次世界大战结束前的郊区住区

第二次世界大战结束前，旧金山双峰周边已经基本建设完成，其中包含了大量旧金山著名居住社区，如森林山和日落区。

从图 34 可以看出，除了山顶的极为陡峭的少量用地外，大部分用地已经建设完成，旧金山双峰以西的大片山地显现出浑然一体的格局。

由于距离城市中心区较远，这里建设的住宅主要有两类：一类是位于山地用地的精致大宅，住区也冠以“庭院”“台地”等别致名称；另一类则位于平缓地段，住宅用地面积较小，为街坊周边模式布局。

图 33　1940 年代的蒙特雷街，被称为美国“西部的华尔街”，狭窄的街道两侧建筑高耸
图片来源：萨莉・B. 伍德布里奇

图 34　1948 年的戴维森山周边，图片近处是斯特恩树林公园
图片来源：西部邻里项目专题网站 http://www.outsidelands.org

第三章　第二次世界大战后的旧金山发展

第二次世界大战后，大量太平洋战区的军人途经旧金山返乡，相当一部分人滞留在此，一时间造成住房短缺。当地政府通过大量建设郊区住区来应对这一问题。1960 年代后，旧金山的城市建设重点转向城市更新，大拆大建的建设模式使旧金山的小尺度滨海城市特色面临危机。1971 年著名的旧金山城市设计规划界定了“城市格局”，并详细出台了有关城市景观和城市形态塑造的原则和政策，推动了旧金山城市设计的有序进行。

第二次世界大战后初期的郊区建设

早在 1939 年，美国就颁布了联邦住房法案（Federal Housing Act，FHA），依托该法案的旧金山帕克默塞德社区于 1950 年代初开始兴建。

帕克默塞德社区是由当时美国大地产开发商——大都会生命保险公司主导进行的项目。该公司在纽约布鲁克林区帕克切斯特住区取得成功后，按照类似模式在全美各地复制进行。帕克默塞德社区是三个复制住区之一，其他两个为洛杉矶的帕克拉布雷亚和弗吉尼亚的帕克费尔法斯特。但在这四个同时代、类似模式的居住区中，旧金山帕克默塞德最具特色，它是唯一一个邻近风景区、高校等自然、文化资源的项目，因此，被普遍认为有资格列入加州历史资源登记册作为历史街区。

由建筑师莱尔纳德·舒尔茨（1877—1951 年）和景观设计师彻驰设计的帕克默塞德社区（图 35），被称为“城市中的城市”，最初用地 77.5 公顷，住宅 3 480 户，容纳超过 8 000 人。社区为组团式布局，每个组团内部都设计了精美而引人入胜的庭院，所有庭院都由景观设计师精心设计。也许最重要的是，景观被视为以住房为主要用途的功能区的一个组成部分，它的设计因其“简约、实用和美丽”以及可作为“未来的现代社区”的必要元素而受到称赞。

长期以来，帕克默塞德社区相对低廉的租金和优质的社区环境为旧金山中低收入家庭提供了物美价廉的居住选择。此外，它的当地吸引力还体现在能容纳多代家庭比邻而居，不少家庭的三代人都能在社区内拥有适合自己的住宅。在某种程度上，社区的多种住宅户型设计为住户在此长久居住提供了可能性，也间接赋予了社区长久的生命力，并使社区成为具有历史意义的社区景观。

图 35　帕克默塞德社区被 1971 年旧金山城市设计规划认为是“高大或更具突出识别性的建筑，能提供导向点，并能增强形态的清晰性、多样感，能与大规模极度枯燥的单一形态形成对比”这一城市设计原则的典型

1948 年 3 月的石镇购物中心（图 36）是美国最早的郊区购物中心之一，其采取的模式是当时美国乃至整个世界都流行的形态，与当

时著名的瑞典魏林比郊区中心十分相似，即商业居中、高层公寓周边布置的形式。开发商斯通森兄弟还采取了文化路线，他们将旧金山州立大学引入社区周边用地。

从 1950 年代到 1960 年代末，戴维森山和双峰周边除山巅和山脊少数用地外，已基本完成开发。同一时期，位于圣萨特山和双峰之间的两个住区——中城台地和森林土丘开始建设，并向更多的中产阶级买家推销，两个住区形成了特色景观（图 37）。

图 36　1948 年 3 月建设的石镇购物中心

图 37　第二次世界大战后的山地居住区

1960 年代——反对声中的城市更新和高层建筑控制

今天旧金山的城市建设成就得益于旧金山自 1960 年代开始拒绝来自东海岸纽约的摩天楼"曼哈顿化"风潮。与纽约的做法相反，旧金山更愿意立足自身城市特色，通过城市设计和中心区规划，对拟建设的高层建筑进行严格筛选，并在高度体量、功能和布局方面以尊重城市整体格局为首要条件，走出一条具有旧金山特色的城市高层建筑发展道路。

纽约和旧金山一直是美国东西两岸的金融中心，但在 1960 年代初美国城市更新的热潮中，两者的城市形态差距逐渐增大：旧金山中心区仅散落着五栋超过 100 米的高层建筑，最高的建筑是 26 层的太平洋电话电报公司大厦（140 米）；而纽约的帝国大厦在 1930 年代就达到了 103 层（塔顶高度 443 米）。

这主要源于旧金山同纽约的文化差异。旧金山历来有强大的民众呼声，城市小巧、以人为本的风貌一直被保护在民众随时而起的抗议风潮中；而此时

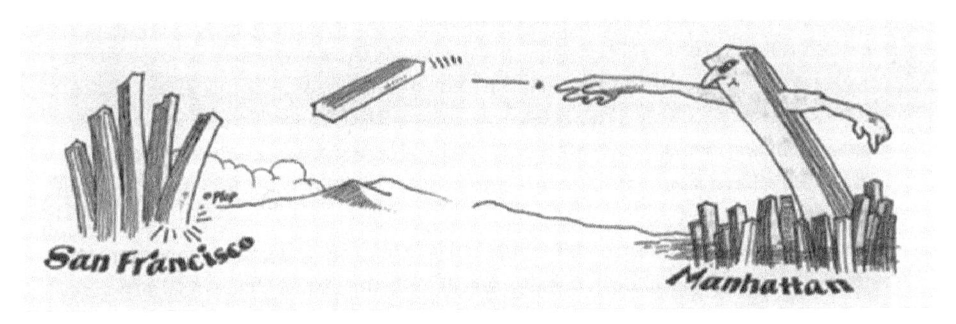

图 38　旧金山在 1960 年代感受到席卷美国的“曼哈顿化”的危机，即“区划支持下”的现代主义摩天楼对旧金山小尺度城市形态的冲击
图片来源：艾莉森・伊森伯格

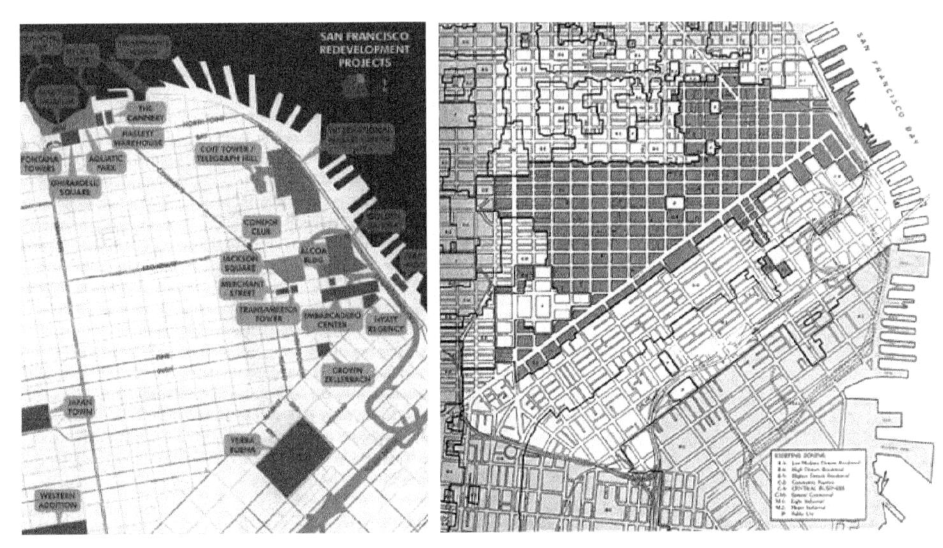

图 39　旧金山 1960 年代初确定的城市更新项目选址（左图），以及当时旧金山中心区范围和单一的区划用地性质（右图）
图片来源：左图：艾莉森・伊森伯格；右图：旧金山规划局

的纽约，反而仅靠简・雅各布斯等少数人凭借报端同纽约规划者唇枪舌战。

在美国城市更新热潮下，“曼哈顿化”的压力明显（图 38）。联邦政府认为旧金山城市建设工作不积极，1960 年曾警告和敦促旧金山市政当局加紧城市更新建设，否则将停发和收回城市扩建费用。作为应对和整改，旧金山重建局确定了一揽子城市更新项目（图 39），它们主要分布在三个地区：一是旧金山金融中心区；二是北部滨水区；三是西增区。此后，民间人士鲁斯购买了吉拉台里巧克力厂项目，并通过适应性更新策略，为北部滨水区提供了保持历史风貌的推广范例。西增区通过政府强力主导,很快便开工建设。因此，唯有旧金山中心区是矛盾的焦点，当时面临几个突出的矛盾。

首先，城市美景和更新改造之间存在矛盾。旧金山精巧宜人的城市景观深入人心。不仅旧金山市民看惯了起伏山地和滨海美景，反对高层建筑对城市景观的遮挡，建筑设计行业也对此形成共识。1960 年，联邦政府发出警告的当年，或许是为旧金山即将来临的大规模城市更新造势，美国建筑师协会（AIA）年会在旧金山举行，参会的东海岸业内人士都赞叹旧金山对人性尺度的留存[1]，以及广大公众积极维护背后的城市理想。

面对如此状况，旧金山重建局首先借鉴纽约等地的经验，增加区划技术的运用。1966 年，旧金山重建局通过了“旧金山中心区研究”，开始讨论中心区区划修改问题，认为轨道站点的“极化效应”将促使区内的蒙特雷街、加州街以及轮渡三处站点周边成为潜在的增长中心，并在区划中进一步规定了市政中心、商业中心和旅馆等细化功能。

其次，旧金山重建局开始解决活跃的城市设计与单调区划之间的矛盾。旧金山单一的区划，使重建局缺少对未来城市更新的新功能和业态的控制。所有中心区用地统统划为市级公共设施用地（C–3）[2]，具体用地的规划功能和体量形态，需要在土地竞标过程中由各个投标企业各显其能，提出更能满足公众需求的想法。也就是说，并非实力雄厚的企业靠出价更高中选，如果一些不知名的小企业能拿出好的设计方案，也能因此胜出。但当时的本地建筑师、规划者和竞标评审团成员都不相信现代建筑设计方案，尤其是怀疑效果图的真实性。最典型的是当时的轮渡中心项目，亚特兰大建筑师波特曼在知名画师的帮助下评审获胜（图 40）。

已经在旧金山独特城市文化下深耕 20 多年的 SOM 设计公司同样反对这些带着东海岸区划思维、依靠漂亮效果图和模型的闯入者。其建筑师巴西特认为，“如果你把这些建筑单独放在一张桌子上，它们在我们看来是完全合理的，然而，它们一起放在城市中却是另一回事”。巴西特的判断得以应验——轮渡中心一期建筑建成后，马上招致旧金山民众的反对浪潮，相邻的高层住区项目被改为多层建筑。

一切都预示着旧金山急需一套城市整体景观角度的控制文件，以便能全面、真实和客观地应对当时的城市更新热潮，给民众关切以交代。旧金山规划局最初的工作分为三部分：第一，确定了地标和历史建筑（1965—1967 年），将城市中最宝贵的遗产划定出来，确保城市更新过程中的留存底线（图 41、图 42）；第二，在借鉴美国城市更新区划技术的同时，加入旧金山自身的特殊措施。如针对旧金山中心区用地区划类型单一的问题，1966 年进行了“商务用地”专题研究，进一步细分为四种用地功能类型；第三，艾普尔亚德等人组成的专家小组在 1968—1970 年完成了“充满智慧”的 11 份城市设计专题研究，其中既包含了现状绘图等基础性工作，又有关于城市设计目标、原则的研究，还包括了将城市设计纳入总体规划的操作建议[3]。

旧金山大量的城市设计准备工作在 1970 年已经完成，但自 1910 年芝加哥伯纳姆规划后，总体规划已经在美国消失 60 多年，旧金山这一系列工作急需一个契机加以整合，以形成更具控制力的法定文件。

图 40　波特曼的轮渡中心模型体现了和谐的形态，但旧金山建筑师巴西特却不以为然
图片来源：艾莉森・伊森伯格

图 41　旧金山 1957 年和 1969 年轮渡码头外的城市天际线。1957 年城市最高建筑为 140 米的太平洋电话电报公司大厦；其间建成了 8 栋超高层建筑，其中 237 米加州街 555 号建筑成为最高点，而三年后建成了更高的泛美金字塔

图片来源：艾莉森・伊森伯格

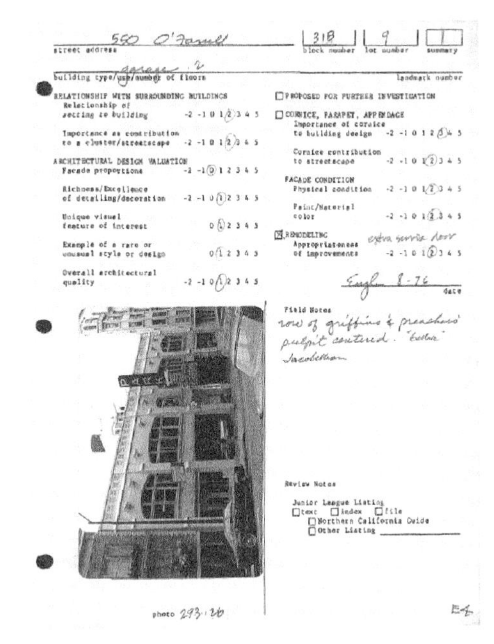

550 O'Farrell — street address | 318 — block number | 9 — lot number | 1 — summary

garage 2 — building type/use/number of floors | landmark number

RELATIONSHIP WITH SURROUNDING BUILDINGS
Relationship of setting to building -2 -1 0 1 (2) 3 4 5
Importance as contribution to a cluster/streetscape -2 -1 0 1 (2) 3 4 5

ARCHITECTURAL DESIGN VALUATION
Facade proportions -2 -1 (0) 1 2 3 4 5
Richness/Excellence of detailing/decoration -2 -1 0 (1) 2 3 4 5
Unique visual feature of interest 0 (1) 2 3 4 5
Example of a rare or unusual style or design 0 (1) 2 3 4 5
Overall architectural quality -2 -1 0 (1) 2 3 4 5

☐ PROPOSED FOR FURTHER INVESTIGATION

☐ CORNICE, PARAPET, APPENDAGE
Importance of cornice to building design -2 -1 0 1 2 (3) 4 5
Cornice contribution to streetscape -2 -1 0 1 (2) 3 4 5

FACADE CONDITION
Physical condition -2 -1 0 1 (2) 3 4 5
Paint/Material color -2 -1 0 1 (2) 3 4 5

☒ REMODELING extra service door
Appropriateness of improvements -2 -1 0 1 (2) 3 4 5

Engl. 8-76 — date

Field Notes
row of griffins & preachers' pulpit centered. "Eclectic" Jacobethan

Review Notes
Junior League Listing
☐ text ☐ index ☐ file
☐ Northern California Guide
☐ Other Listing

photo 293-26

E4

图 42　奥法雷尔街的两层工业建筑，1976 年被作为旧金山地标建筑，规划部门形成的认定资料

图片来源：艾莉森・伊森伯格

住宅方面——湾区住宅的发展

湾区住宅在 1960 年代得到更进一步发展。查尔斯・摩尔完成了海滨大牧场的公寓建筑设计（图 43），他创造性地将湾区住宅模式引入公寓建筑，将以往奢华精美的建筑形态用于 10 户家庭的公寓综合体，得到了整个美国建筑界的极高评价。

此后，他被耶鲁大学建筑学院聘为院长，成为该校历史上最年轻的院长。人们评价说："这就像是一股来自西部的清新、令人振奋的微风。"摩尔将旧金山倡导的实干精神带到耶鲁大学，耶鲁大学建筑学专业的学生从一年级就投身于真实的设计任务，同业主交流，调查实际的建筑设计需求。

图 43　旧金山两位大师，建筑师查尔斯・摩尔、景观师哈普林合作设计的"海滨大牧场"是湾区建筑的代表。

1964 年，摩尔按照哈普林设计的市区规划，其中规划占地 25 平方千米的巨大住宅区位于旧金山北部的海滨，原始的树林在 19 世纪末被砍伐

1970 年代——城市设计和城市艺术的兴起

1960 年代后期，伴随着 260 米高的泛美金字塔（1969 年）为代表的旧金山摩天楼建设热潮的来临，人们开始对宝贵的历史街区和优美的城市形态满心担忧。加上美国城市更新和高速公路政策终止，旧金山规划管理的核心问题顺势转向对城市品质的追求。

在这一背景下，旧金山规划部门 1967 年制定了历史保护法规[4]，划定了城市“地标和区域”，由此开始了一系列环环相扣的城市设计相关工作。1968—1970 年，专家小组完成了高质量、“充满智慧”的城市设计专题研究。1971 年旧金山城市设计规划一方面是对加州 1970 年关于每个城市必须编制总体规划新法规精神的响应[5]；另一方面，尽管该法规并未对编制城市设计做任何要求，正如 1971 年旧金山城市设计规划的成果名称“为旧金山总体规划而做的城市设计规划”所体现的，但城市设计成果实践了专题研究中“将城市设计纳入总体规划”的策略，成为影响深远的创新之举。次年，规划的主要内容以“城市设计要素”的形式纳入总体规划，并一直以旧金山总体规划作为平台，行使法定文件的效力。加上此后城市设计要素陆续衍生出艺术要素等内容，当代旧金山总体规划具有了侧重于景观质量的鲜明特点[6]。

1971 年旧金山城市设计规划的理念基础是对城市“永恒品质”（timeless qualities）的坚信。文中将其概括为，“因位于海湾半岛处，拥有独一无二的地理位置和气候——海湾、城市山丘、远山；人们在城市中遵守了统一的尺度，这些又赋予城市兼具端庄美丽、感染力、城市活力、热情友善等诸多具有差异性的景观特质，动与静罕见地共存……这里的人们珍视景观，布满山丘和低谷的街道，紧凑的建筑群使城市远景明亮而富有质感，近观也有令人愉悦的感官体验。总之，旧金山的城市意象平衡了优异的自然禀赋和人类创造：它在易于观察、感知和体验方面是无与伦比的”[7]。这段饱含深情的描述正是制定 1971 年旧金山城市设计规划的出发点，即面对这样一座美好的城市，城市设计绝不是要彻底改造城市，而是寻求保护其现有的肌理和必要的物质特性，在广阔的城市景观中控制引导新的开发建设，并提

图 44　1960 年代末的旧金山中心区

供美化后的街道等人性化设施（图 44）。

1971 年旧金山城市设计规划内容主题明确，逻辑清晰简洁。其不同于美国区划等面向实际建设的传统规划工作，而是更加“务虚”的政策[8]层面内容，文件表述符合美国规划文件的惯例，所包含的目标（objective）、政策（policy）和原则（principle）是通用的三个政策层次，由粗到细并环环相扣。4 个目标、45 个政策和 67 个设计原则梯度展开。4 个目标可以归结为“三个保护，一个发展——保护城市格局、特色资源和邻里环境，协调新的开发（发展）项目与城市的关系”，当时的旧金山同样面临着“保护和发展”这对城市永远绕不开的话题，需要在城市增长和衰退的矛盾中，解决城市景观的保持和更迭的问题。

1976 年，在旧金山市决定建立 10 个邻里艺术中心后，房地产部将翻新后的贝维尤歌剧院移交给旧金山市艺术委员会进行规划使用。自 1976 年以来，旧金山市艺术委员会还购置和翻修了三座建筑，用作文化中心：传教团区文化中心、市场街南部文化中心、西加文化中心。除此之外，旧金山市政府同中国文化基金会一道，在假日酒店共建了唐人街邻里艺术项目。

1980 年代——中心区规划

1980 年代后，旧金山城市设计工作开始简化，规划编制以城市各局部地区为单位进行。规划局首先组织了城市中心区的下城区规划，因其丰富的城市形态控制细节，被誉为当时美国城市设计规划的最前沿成就，并因此荣获美国建筑师协会优胜奖。此后各个邻里社区规划也效仿下城区，主要由各个社团组织主导进行。由此形成了旧金山比较完善的从区划到总体规划，再到详细规划和城市设计的工作体系。次区域地区规划在衔接总体规划和区划、落实城市设计政策方面作用突出，尤其是在用地高度控制和城市整体格局保护方面。

1985 年下城区规划是一项多方面的综合规划。同时，由于针对中心区有限的规划范围，其规划内容也更加细致，包含 23 个目标和 162 项政策。其中，规划增加了少数定量的控制，如通过确定每年的建设量的，以控制来推动商业空间的合理发展（目标 1）；各项目标和政策也包含了更详细的解释，如当提到“排除不良增长模式”时，文件中详细列出了包括“超大办公楼对城市格局的破坏”等 9 种不良增长模式（目标 2）。

规划将城市设计最为关注的“城市形态”作为一个相对独立的单元，其包含 4 个方面，分别是高度体量、日照通风、建筑外观和街景，共 15 项政策，以控制新楼宇、达到远处美好轮廓线、和谐建筑群及立面，以及方便行人体验街道为目标。在“高度体量”方面，规划将高度体量所影响的旧金山城市形态提升到“世界上最具吸引力的城市”的高度。具体政策包括：将城市格局和高度体量结合起来；通过更细密的高度分区，将城市形态控制细化到每个地块和建筑；强化新建筑形态的雕塑感，禁止简单的大体量和方盒子以及过分夸张的造型，增加头部的趣味性。此后，区划工作进行了专项研究以落实规划理念，形成了区划用地高度分区控制图（图 45）。

该规划还是美国城市历史保护运动中具有里程碑式地位的案例。规划不仅成功保留了 250 栋历史建筑，还开创了开发权转移程序的先河，即将保留这些用地因历史建筑保护所牺牲的潜在开发权，并可以再转移到下城区内任一相同功能用地内。这样既保留了珍贵的历史建筑，同时又能体现 1971 年城市设计“大尺度建筑集中布置，并能逐级向低层小尺度地区过渡”的原则，

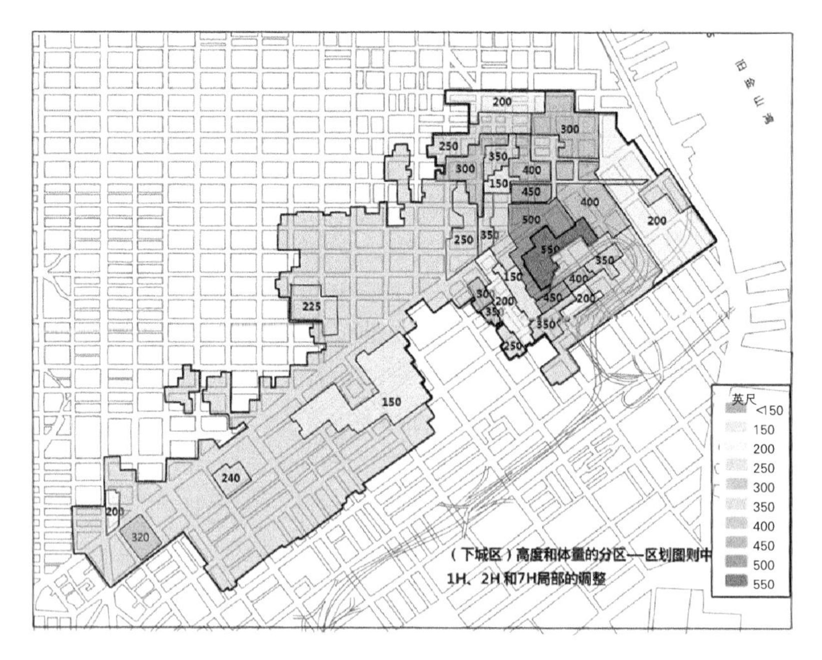

图 45　下城区规划区划工作实施了专项研究以落实规划理念，形成了区划用地高度分区控制图

图片来源：依据 1984 年通过的“为适应下城区规划的城市规划法案修改”中插图绘制

保持下城区较高的建筑密度，避免出现松弛散乱的城市形态。

此后，下城区规划作为一个次区域专题被纳入旧金山城市设计要素。这种做法被其他邻里广泛效仿，目前城市设计要素中已经包含了 20 个类似的次区域专题，成为城市设计走向深入细化的有效途径。

中心区位于半岛的东北端，西侧、西南侧的景观占大多数，因此，从城市整体空间布局方面看，不论是金融区和周边林孔山、市政中心南侧的高度协调，还是金融区同俄罗斯山、太平洋高地和市政中心高层群的层次关系，都是最重要的高度控制依据。

近年来，城市中心位置的市政中心南部规划建设了高层建筑集群，从城市的南侧看，拉长了城市中心区的尺度，同 1971 年城市设计规划历来强调的“高层建筑集中发展”“避免各处开花”的城市设计原则相抵触。

1980 年代后期——艺术导则下的城市品质提升

1980 年代，旧金山 149 号法案将艺术要求写入法律，从而给城市带来了最牢固的艺术属性。在旧金山城市设计限制高层建筑的背景下，城市建设的重点转向城市艺术的创造和品质提升。

149 号法案规定，在“中心区商业用地（城市中心区范围），引入建筑师和艺术家认可的艺术作品”。这一规定包含了四层含义：第一，如果中心区内新建建筑或扩建规模超过 2 300 平方米，需要将建筑造价的 10% 用于建筑艺术品的投资，包括雕刻、浮雕、壁画、马赛克以及附在建筑物或其地面上的装饰性的水景、绒毡层或其他艺术品，或以上形式的组合等。同时，要将艺术品固定设置在酒店大堂等公共空间，以提升公众的体验感受。第二，在中心区内新建建筑或扩建规模超过 2 300 平方米的建筑中，需要建筑师和艺术家确认艺术品的形式和摆放位置。第三，在中心区内新建建筑或加建高度超过

40 英尺的建筑中，需要提交两类模型，包括 1:100 的建筑模型和 1:32 的街坊模型。第四，未经完成上述要求，规划局不予核发用地许可证明。149 号法案确定了艺术品“最大可见性”的原则——不影响公众视线和可达性、公共安全，考虑与建筑学和自然特色紧密相关。

图 46　芝加哥证券交易厅大门

1986 年旧金山规划局依据 149 号法案，编制出台“艺术导引”，从“种类”“位置”“财政事务”“过程”四个方面对 149 号法案的规定进行“解释和引导”。“种类”方面，鼓励在各种媒体进行艺术诠释，展示高艺术品质和想象力。艺术作品可能包括仅仅是装饰性的艺术，或者既是装饰性的又是功能性的艺术。鼓励新材料和艺术形式的发展，具体包括雕塑、装饰水景、绘画、壁画、墙壁或天花板绘画装饰、摄影作品、挂毯、彩色装饰玻璃、原创性的平面艺术、设计作品。作为历经时间检验的公认艺术作品，如导则认为达到路易斯 • B. 沙利文设计的芝加哥证券交易所电梯门的品质（图 46），就属于艺术品范畴。艺术作品的材质多种多样，可能包括但不限于：油漆、黏土、木材、金属、纸、玻璃、纤维、纺织品、塑料、壁画、马赛克、大理石、石膏、霓虹灯、石头、摄影、胶片、视频、电子、混合媒介，或任何其他适合于艺术作品的材料或材料组合。

“艺术导引”也界定了不属于“艺术品”范畴的 5 项：一是由项目建筑师为项目设计的装饰性或功能性元素；二是工厂化大量生产的作品，或按标准设计的物品；三是导向性要素，如标识或颜色代码；四是复制原艺术作品；五是建筑物的建筑特色。

“艺术导引”强调艺术品的“永久放置”特征，充分保证艺术家最初的理念，并同建筑长久共存，不可分割。但这一要求并不排斥“可移动”艺术品的存在，如悬挂方式设置的艺术品。

2005 年后——卷土重来的中心区摩天楼

1989 年 10 月的旧金山大地震致使高速公路断裂，城市交通瘫痪，对旧金山高层建筑建设是一次“急刹车”。除了在建工程外，1990 年后的 10 年内，旧金山没有再建成一栋百米以上高层建筑。区划工作重视平衡增长和保护社区特色，但也因此限制了中高收入人群对住房品质的需求。1990 年代末，旧金山开始有超高层建筑陆续建成，并突破了 1984 年中心区规划控制指标。

在旧金山，区划指标并非不可更改，只要程序合法和理由恰当，能证明设计方案可以保持城市设计原则，仍可以依法通过重新区划的策略修改相关指标。这给建设更高摩天楼建设“留了口子”——而对设计方案是否“保持城市设计原则”的证明，来自规划部门的自由裁量权。人们嘲讽旧金山区划为“逐案修改区划的遗憾传统”[9]，公众更愿意看到区划光明正大地变更，而非成为规划部门自由裁量权下“说不清道不明”的结果。规划专家则更愿意从规划制度方面加以改善。原旧金山规划局城市设计师伊文・罗斯[10]建议加强区划定量控制，但同时要避免从定量控制落入一个静态愿景的固化思维，从而导致城市难以发展。1971 年旧金山城市设计规划的领导者阿兰・雅各布斯同样批评自由裁量权的存在，认为它颠覆了以定量、透明为目标的区划法案。这看似同他毕生投入的城市设计事业相矛盾，但正如他所言，“当自由裁量权可以行使，获胜者总是强权一方，而绝不会是规划师”[11]。此后旧金山中心区的城市设计工作也如上述学者所言，加强了具体局部地区的定量控制，在 2005 年林孔山规划和 2012 年交通中心次区域规划中体现得尤其明显。

中心区居住区的整体高度控制同 1971 年旧金山城市设计规划的城市格局（图 47）统一考虑。2012 年交通中心地区规划中，在保持旧金山传统城市形态“山丘形”（这一理念也是 1971 年旧金山城市设计规划的重点思想）（目标 2.2）的基础上，形成以中心区金融区为中心、以电报山和林孔山为两翼的“一主两次”三个高潮。

同时，规划重新定义了旧金山中心区城市形态，对城市天际线（图 48）进行整体提升（政策 2.3）。这样的高度提升依托于当时城市发展的客观需要。一方面，旧金山已经不再限于传统的半岛地域，而是需要放眼整个湾区，包括东湾的整体景观形态，视距的加大为建筑尺度的提升提供了条件。另一方面，整个旧金山中心区的传统高度以 50~100 英尺为间距控制，形成的阶梯形城市轮廓线变化从远距离观察已经显得过于平坦，缺少生动性。因此，规划将赛尔斯弗斯大厦作为整个中心区的中心点（目标 2.3），用地高度提升到 1 000 英尺，最顶部构件高度为 1 200 英尺，确定了赛尔斯弗斯大厦作为整个旧金山中心区轮廓线最高点“皇冠”（政策 2.1～2.2）（图 49）。

规划中制定了“允许在高密度肌理中，有少量更高建筑，并以赛尔斯弗斯大厦为中心逐级跌落”（政策 2.3），同时规定，有限的几栋同赛尔斯弗斯大厦相呼应的超高层建筑，需要有 10 年以上的决策周期，以便供社会各界充分酝酿。高度控制跌落的“台阶”分为间隔 150 英尺的几个梯度，550、700、850、1 000 英尺。相对于已经形成的高密度中心区，本次规划确定的 600 英尺以上的每一栋建筑都需要有细长的比例和优美的形态。

依据 2012 年规划，从 2014 年开始建设的 12 栋高层建筑，逐渐修复和塑造了更完整的天际线。

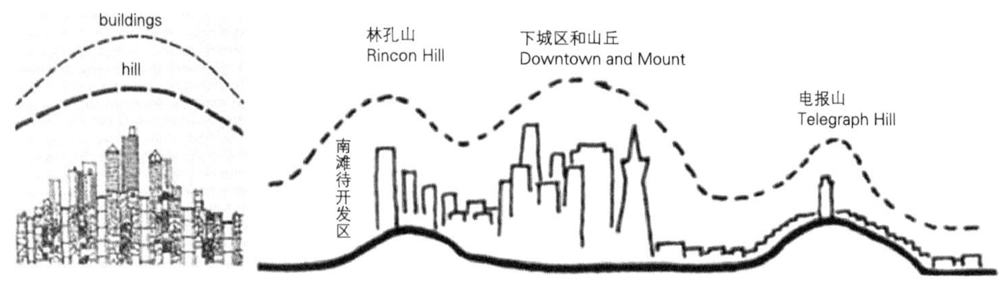

图 47　旧金山规划部门将林孔山规划整合到了 1971 年旧金山城市设计规划确定的城市格局中

图片来源：旧金山规划局

2019 年旧金山中心区天际线，沿海湾大桥滨海方向

从林孔山一侧看旧金山今天的中心区

图 48　旧金山的城市天际线
图片来源：作者摄于 2019 年

图 49　2012 年交通中心次区域规划用地高度控制图，最高建筑为赛尔斯弗斯大厦
图片来源：作者根据不同规划拼合改绘

根据规划，在未来的 20～30 年，赛尔斯弗斯大厦周边仍然会出现与其高度相仿、彼此呼应的超高层地标建筑，但需要在足够长的时间后才能实施，确保在未来各项规划措施和规划管理技术提升后，能够支持城市密度的进一步提升。

当前的奖励性低标准住宅开发

当代旧金山住宅建筑的核心问题是“低收入者保障性住宅建设”。

尽管 1979 年加州就推出了围绕低收入者住宅提供开发奖励的政策，但直到 2014 年底旧金山才投票通过了针对性的城市政策，提出将低收入者住宅量提升到总住宅建设量的 33%。次年，李孟贤市长向城市监事会汇报了政府拟定的《负担得起的住房密度奖金立法草案》，简称为“AHBP”。

旧金山城市规划针对这项低标准住房政策，推出了相应规划措施。规划部门编制了旧金山住房规划（HOME-SF），侧重于在各类住宅商业用地中，混入一定数量的低收入者住宅，它的目的是通过分区修改，激励在社区商业和商业走廊中建造价格更低廉的住房。旧金山住房规划的适用区域见图 50。

在旧金山住房规划下，新住房项目中，根据情况差异，规定了必须提供 20%～30% 的中低收入者住宅，每套中低收入者住宅必须满足至少配有两间卧室。作为回报，加入住房计划的开发企业将依法获得“密度奖金”和“分区奖励”——开发者可以获得更多住房开发权，增幅最高达 40%~50%。

2018 年 7 月，旧金山市政府通过了一项试点计划，为旧金山住房规划创建了等级（表 1）。从图 51 可以看出旧金山市规划中的区域划分。

表 1　HOME-SF 等级

<table>
<tr><th></th><th>区划修改奖励</th><th>额外高度
（超过现有高度限制）</th><th>低标准、低收入者住宅
比例</th></tr>
<tr><td>第 1 层级</td><td rowspan="3">（特定地区）建筑密度控制豁免，从密度限制减少
7 个预定的分区修改</td><td>无</td><td>20%～23%</td></tr>
<tr><td>第 2 层级</td><td>1 层</td><td>25%</td></tr>
<tr><td>第 3 层级</td><td>2 层</td><td>30%</td></tr>
</table>

图 50　旧金山住房规划的适用区域

图片来源：旧金山规划局

图 51 从美景峰看向传教团湾滨水区
主要的建筑形态类型，分别是代表旧金山传统住区特色的各类“湾区住宅”、市场街两侧及其以南的大体量建筑（图片中景的联邦铸币厂），以及图片远景的滨水区小高层凸起建筑——这张图说明整体显然分区

在旧金山住房规划中，获得开发奖励的 4 个条件是：（1）不得拆除任何住宅单元；（2）如果仅有新建建筑，则不会享受奖励（即必须有旧住宅的再利用）；（3）必须有超过 3 个住宅单元；（4）不得拆除或显著改变历史资源。显然此项旧金山住房规划是在保持旧金山传统风貌、保留历史和现状建筑的基础上，以增加现有用地开发密度的群体建筑项目为重点对象。

在旧金山住房规划的适用地域方面，可以看出，除了规划部门划定了明确的区域外，其主要针对市场街以北的传统风貌特点更明显的地带，市场街以南以双峰周边的卡斯特罗等特色街区为主的地带，也包括猎人点和蜡烛台点等少量城市更新地段。

同时，旧金山住房规划也划定了不适用的地方情况。区划中的独栋别墅用地（RH–1，每套住宅占用一个完整地块）和双拼独栋住宅用地（RH–2，每两套住宅占用一个完整地块）不适用于此计划。即此次微更新并不针对这些低密度、环境优越的地段，而是更加侧重于中高密度地区，重点是各类商业混合用地，结合中低收入者住宅的混合功能建设，适当提升用地开发强度。

一些区域最近编制了综合规划，例如东部社区计划、市场和明锐区域计划以及巴尔博亚公园站区域计划等，因此也不具备 AHBP 的资格，以避免两者相互矛盾。

本章注释

1. 1960 年美国建筑师协会年会上，《纽约时报》的建筑评论家赫克斯特布尔对旧金山进行了评价。他认为，旧金山的建筑虽然“普通”，但保留了“人的尺度、愉悦的感受，是这座城市最大的财富”。赫克斯特布尔指出，这座城市几乎没有摩天大楼，“对今天的建筑师来说，旧金山是一个打破所有规则的城市，它几乎只关注抽象的设计标准和社会认可的规划”。
2. 市级公共设施用地（C–3）：在 1954 年旧金山城市总体区划（Comprehensive Zoning Ordinance）中，C–3 为城市级，区别于邻里级的 C–1 和社区级的 C–2。
3. 1968—1970 年旧金山城市设计报告：1968—1970 年完成了 8 份城市设计报告和 3 份特别研究，分别是：（1）环境现状的绘图；（2）现有法规调查；（3）社区和城市设计目标和政策建议；（4）已有形式和形象，对城市形象的优劣势评估；（5）城市设计原则，强调街道、沿街立面、地形三者的协调关系建议；（6）社会调查，对 13 个社区居民进行的问卷调查；（7）执行方案；（8）总体规划的内容建议，以及 3 份特别研究。
4. 旧金山 1967 年历史保护法规和主管部门：从 1967 年开始，出于保护濒危历史建筑和特色街区的需要，通过城市规划法案，成立城市地标保护咨询委员会，负责历史建筑保护工作。2008 年通过了提案，用一个新的历史保护委员会取代了地标保护咨询委员会，由规划监督委员会主管，由包含六名保护专业人员的七人构成。
5. 1971 年旧金山城市设计规划是有意识地融入总体规划而设立的，从最初研究到正文的题目《为总体规划的城市设计》，再到后来成为城市设计要素，至今旧金山城市设计工作都是将总体规划作为最重要的工作平台。此后的局部城市设计同样都成了总体规划的一部分。1968—1970 年旧金山城市设计报告的 3 份特别研究中，由著名学者艾普尔亚德（知名学者英文名 Appleyard）牵头进行的“街道的居住适宜性”研究，说明了交通对环境质量和社交活动的重要影响。城市设计学者约翰·彭特认为“旧金山 1971 年的区域评估是最佳范例，是有史以来城市设计研究中最彻底、在专业性和聪明才智方面最先进的研究系列”。11 份报告完成后，相应的城市总体规划和城市设计要素也很快形成。而从上述调查报告的内容看，城市设计显然是此次总体规划的核心内容。
6. 当代旧金山城市总体规划：如今可以很方便地在旧金山规划局网站中查询到城市总体规划。1971 年旧金山城市设计规划被纳入城市总体规划，作为城市设计要素。1970 年加州新增的法律要求了 7 个基本“要素”（element）——土地利用、交通、住房、保护、开放空间、噪声、安全（land use, circulation, housing, conservation, open space, noise and safety），旧金山又特别增加了城市设计要素，共 8 项。2011 年的旧金山总体规划仍旧保持了这样的结构，只是在城市设计要素基础上又分解出一项城市艺术，同时在土地利用基础上分解出一项商业和工业要素。从城市设计角度看，商业和工业用地在视觉景观角度有特殊的控制需要。最终形成了今天旧金山总体规划的 11 项要素。因此，40 年来的旧金山总体规划的框架结构是不变的，坚持对景观和城市设计的强调，更新的只是框架内的具体内容。

7. 1971 年旧金山城市设计规划中对“城市特色”的描述：原文较长，本书里的中文译文有一定的概括。原文如下：“The greatness of San Francisco's character has been described in many ways over the years, in terms of beauty, charm, urbanity, warmth, pleasing contrasts, and vitality strangely woven with stillness. The setting at the head of a dramatic peninsula is unsurpassed, and the combination of sea and bay, urban hills, distant mountains and stimulating climate is surely unique. Man's treatment of the landscape has been benign, as he has imposed on the hills and valleys a sweeping street pattern and tightly knit buildings, giving his city a bright and textured quality in panorama and pleasant intimacy near at hand. In total impression, the city's image depends upon its natural setting and its human creations in equal measure: the city can be seen, felt and experienced as few others can.”。
8. 美国城市规划工作中的政策含义：相对于狭义理解的“政策”，广义来说的“政策”还包括“目标、政策、原则、导则和支持要点（support text）”等内容。上述内容的共同特点是都属于价值观层面的各种判断（旧金山城市设计导则听证会内容）。
9. 约翰·帕曼所称的旧金山规划的“遗憾”传统：约翰·帕曼在评论文章《城市性，并非仅是密度那么简单》（urbanity, not just density）中提及 1971 年旧金山城市设计规划原则之一的“要塑造中心高、四周低的整个形态”。并认为如果在周边无节制地修改区划，增加建筑密度和高度，将给周边开发带来压力，长期坚持的紧凑中心区将可能面临失控风险。因此，他诟病这一做法是旧金山“逐案修改区划的遗憾传统（sorry tradition of case-by-case rezoning）”。意思是，规划管理者一面向 1971 年旧金山城市设计规划说“抱歉”（sorry），一面习惯性地增大建筑高度而一再修改区划指标。这一观念得到了公众的认可。旧金山城市规划的专业组织“宜居城市”（livable city）此后也引用约翰·帕曼“遗憾传统”的概念，批评对华盛顿街 555 号用地的区划调整。
10. 伊文·罗斯对旧金山城市设计建议的出路：曾在旧金山规划局工作过的学者伊文·罗斯则建议主要从两方面寻找出路。一是将区划工作做好，但这意味着走向定量领域，并将城市格局的愿景更加固化，无论如何，都必将充满争议。二是以旧金山的细化分区为单位重新进行城市设计。
11. 雅各布斯对自由裁量权的批评：“More and more things are being done by discretion rather than by what the zoning laws say. That is always a mistake because when you do that, the party with the most power always wins. And that party is never the city planner.”。

第二部分
旧金山的城市形态

在探究旧金山复杂多样的城市细节之前，先梳理一下本书研究写作的思路方法。下面要做的工作用如今常用的词可归纳为“城市阅读”，要思考对于旧金山这样独具特色的城市如何进行阅读。

旧金山城市的独特性，给我们增加了不少独特的阅读方式，如能从环抱其周围的海湾远眺，从城市周边连绵高耸的山顶遍览，走入街巷体味，甚至在旧金山还有更多的机会从苍穹遥望，从书籍文字和电影艺术中品读。

对于“城市阅读”，城市设计学者有成熟的方法，如凯文・林奇的城市意象“五要素”、科斯托夫的“四种模式”等等。笔者近年来习惯于一种较独特的思路，始于城市阅读，先遍览城市全貌，牢记城市总体结构和整体印象后，通过作者自己概括的“五要素”（尽管的确从林奇五要素中吸取了一定的方法，但却与其不同）方法，将所见所闻的城市分解开来，形成“分区 / 形状、质地 / 肌理、结构 / 走廊、边界 / 边缘、特殊形态要素”五种要素。

下面就来谈谈这样的“城市阅读”及其各种要素，也先入为主地对旧金山城市形态进行一个概览和粗略解读。

第四章　旧金山城市形态格局解读

旧金山的城市阅读视角

从海湾处所见

城市宏大的尺度，有些方面已经超出了人们有限的生理认知能力，导致了对其“阅读”也需要有一些独特的方式。但旧金山的自然和文化特点却也给这方面提供了比一般城市更多的便利，可谓是世上众多优美城市中最易于阅读体验的一个。

因位于旧金山湾的核心位置，旧金山的整体轮廓可以从湾区显现多处能够清晰辨识的岸线，它赋予整个湾区较明显的方位感和尺度。如从奥克兰到阿拉曼达的东岸地区远眺，高耸的中心区显得并不遥远。从伯克利到旧金山约 10 千米的距离，但在工作日上午的高峰时段，车流拥挤，沿着北加州少有的堵车路段，只能缓慢地向旧金山中心区移动，此时驾驶者视线所及，最鲜

图 52　位于电报山东侧的旧金山海滨
图片来源：marina.com

图 53　2012 年交通中心地区规划和赛尔斯弗斯大厦实施后对旧金山整体轮廓线尺度的扩大。照片视点为东湾伯克利的恺撒・E. 查韦斯公园，也是在伯克利高速公路堵车时所看到的远景

明的景观也是旧金山中心区（图 52、图 53）。从 80 号公路到海湾大桥，从中心区天际线到远处双峰等山峦逐渐清晰可见，终于到达了城市目的地。

从山丘上所见

旧金山有丰富的高地和山峦，置身各处高丘之上，便能环顾城市四周，感受城市整体形态和气氛，体察总体秩序和突出节点。旧金山高丘观景点和山顶公园类型多样。双峰和伯纳尔高地胜在境域宏大，是总揽城市形态的绝佳位置；而电报山则是细观城市核心景致的地方。

双峰作为仅次于旧金山山脉主峰戴维森山的次高点，能俯瞰旧金山市中

图 54　从双峰看到的卡斯特罗街区

图 55　从山丘上所见的旧金山——从伯纳尔高地看中心区

心区方向的所有区域（图 54），也是著名建筑师伯纳姆选择的城市阅读地点。

伯纳尔高地是另一处城市全景观景点（图 55），比利羊山—伯纳尔高地是旧金山中心区的南部边界，在这里可以远眺整个中心区，尤其是从金融区到太平洋高地这一连续的北部高地区域，能在伯纳尔高地，如同“立面图”一般完整连续地展现，体现出整个旧金山中心区天际线从东北侧金融区制高点逐渐向西降低和平缓的整体变化。

电报山则紧邻金融区，是细观城市形态的位置。从电报山顶的科伊特塔观看，金融区高层建筑群近在眼前，可以看到建筑的每个细部；可以平视俄罗斯山，山顶的玫瑰花街和高层群清晰可见；能看到渔人码头等滨水区的平面肌理，大尺度的厂房建筑同周边小体量别墅的形态对比鲜明。

此外，旧金山还包括多处视点较低，但仍能获得连续完整的城市天际线的观景点，包括太平洋高地、安札风景高地等，能获得城市东侧金融区的完整天际线，阿拉莫广场、阿尔塔广场公园和要塞公园能获得完整的城市南部景观，而位于中心区西侧的旧金山市立大学内的奥林波斯山则可以获得城市西北侧的景观。

此外，波托雷罗山可以俯瞰滨水工业区和展示广场等地区全貌；最南侧的戴维森山，则能看到南部山地居住区，尤其是山腰处如“多彩腰带”般的爬山住宅所形成的独特肌理秩序。

从街巷中所见

旧金山另一个便于阅读的优势，在于街巷系统的秩序以及身处其中的方向感和导向性。有序的街巷系统十分有助于人们依据其界定的空间逻辑更便利地进行解读。

旧金山主要交通干道方向感极强。市场街分隔城市——市场街西北侧的城市中心区肌理主要通过东西方向的主要街道组织空间体系；而市场街东南侧的居住区则相反，主要通过南北方向的卡斯特罗街、多罗丽街、范尼斯大道等几条主要道路组织空间体系。城市中心区所在的市场街西北侧部分，也是早期城市建设的主要地区。因此，早期的城市地图更习惯于顺时针旋转 90°，这样主要城市岸线在地图底部舒展延伸，同时南北方向作为城市主要的空间骨架，利于人们通过地图联想不同的区域及其联系，也更符合人们心中真实的“城市意象”。

生活性道路方面，平坦贯通的街巷能连通多片住区，联结整体城市空间。沿着街道也能遥望山头或地标建筑，而沿着陡峭迂回的街道则能俯瞰蔚蓝的大海和散布其间、逐级跌落的街道绿化和别致的房屋（图 56）。

图 56 沿着陡峭迂回的街道能俯瞰蔚蓝的大海

图片来源：托比 · 哈里曼

更加细密的小巷是闹市地区的特色，人们在遍布行人的步行街巷两侧，围坐聊天、聚餐饮酒等。

旧金山通过规划，进一步强调围绕山地布局、尊重地形的理念。城市设计中规划布置视线通廊和景观秩序，使人们能够通过主要街道构成的景观视廊阅读城市。如在 1971 年旧金山城市设计规划中就布置了“远距离通廊”“近距离通廊”等，如太平洋高地北侧的杰克逊大道（图 57、图 58），由于建于山脊高处，能作为联结东西两侧金融区和要塞公园的景观通廊。而南北方向的范尼斯大道及其西侧的高夫街和富兰克林街都是通往南侧伯纳尔高地等景观的观景通廊。

图 57 从街巷所见的旧金山——横贯中央高地山脊位置的杰克逊大道

图 58 从千禧塔看向旧金山中心区

图片来源：旧金山规划局

图 59 从民航飞机上看旧金山中心区

图 60 从旅行直升机上拍摄的金门大桥和北湾区
图片来源：托比·哈里曼

从苍穹上所见

此外，旧金山以城市整体形态为荣，各类旅游项目都能以展现城市形态为主旨。例如在千禧塔、赛尔斯弗斯大厦等制高点顶部设置观景平台可以远眺城市美景（图 59）。每日两班的红色直升机旅游观景飞行，路线从金门大桥飞向海湾大桥，并在太平洋高地上空盘旋数分钟，所及之处都是以俯瞰城市整体形态为特色。

往来于世界各地的航班，似乎也不放过如此优美壮观的城市美景。从大洋彼岸飞来的航班，为避开高耸的蒙塔拉山而降落在紧邻旧金山湾的旧金山国际机场，需要先沿旧金山湾山谷地带一路南飞至硅谷一带，一面降高度一面掉头，旅客会在这个难得的机会下饱览旧金山和整个湾区的美景（图 60）。

从艺术作品中阅读

旧金山是美国文化的一个符号，时常作为艺术主题或剧情所需要的背景，出现在歌曲、电影、文学、绘画等艺术形式中。

在艺术作品中，旧金山的特色被提取强化。

其一，旧金山代表了“异域华埠”意味的文化剪影。如《叶问 4》中也能看到 1960 年代的旧金山——在叶问初次造访抵达，途径金门大桥，俯瞰整个旧金山中心区全貌的镜头中，高度最高的美国银行大厦赫然在列，显然电影制作者关注了旧金山的近代历史，也准确地复原了当时的城市形态。

其二，旧金山成为嬉皮士的“反主流圣地”。如 1950 年代，“垮掉的一代”运动在旧金山爆发，他们执着地反抗中产阶级价值观，由此形成了旧金山迷幻流派音乐和艺术，出现了诸如“杰斐逊飞艇”乐队等。今天这一“旧金山”音乐符号仍然兴盛不衰，某音乐平台中以“旧金山”为标题的音乐多达上百首，但都有一个共同的主题“爱和友善”——这也是旧金山 1960 年代嬉皮士运动的主题，在斯都·拉森《旧金山》的歌词“在旧金山，也许我会找到真爱”以及电影《阿甘正传》中的主题歌“如果你到旧金山，总会遇到很多友善的人”中都能看到这样的主题。歌中还唱到“不要忘记带上一朵鲜花”，头戴鲜花正是嬉皮士有别于他人的装扮。他们对抗着当代美国主流的商业文化，在冰冷的玻璃和混凝土之外，如同街道上咖啡馆飘出的香气，向人们传递温暖，让人们找寻到自我。

其三，旧金山成为“时尚之都”。威廉·曼彻斯特在《光荣和梦想》中写到当时旧金山时尚，那种随意轻松、富有创意的城市生活对整个美国文化的贡献，如穿着便装参加宴会，在旧金山沙滩上穿着比基尼休憩运动等。书后还提到了美国第一个郊区购物中心出现在旧金山，名为“水晶购物中心”，尽管从城市设计领域的文献中并没有找到其确切的位置。但第二次世界大战以后出现的旧金山石镇购物中心，其模式布局影响深远，至今仍然是旧金山西部住区较奢侈的购物场所。石镇购物中心周边的电影院，仍然保持着鲜明的1960年代的特色，保持至今的立面细节令人赏心悦目。

旧金山的“分区”及其他——对城市形态的五要素提取

旧金山庞大的城市尺度，使我们必须将其分解为若干个片区，以便在后文中进行详述。凯文·林奇的城市意象“五要素”有区域和边缘等相关概念。林奇通过加入心理学理念，在1953—1954年期间创造了“体验化的城市形态”。他在获得了洛克菲勒基金会支持以及麻省理工学院心理学系教授利克里德的帮助下，通过创造具有心理学词汇和语法含义的语言，解释城市形态。笔者的研究方法参考了林奇的理念，但笔者更希望能在保留对城市形态的分析认识的同时，剔除掉林奇方法中复杂难懂的心理学因素，回归建筑学的形态本源，将认识复原到更加客观浅显的观察结果中。

如果追根溯源，城市形态的思维源于文艺复兴时期。历史上关注城市形态的人不仅仅限于建筑师和规划师，早在欧洲文艺复兴时期的著名启蒙思想家孟德斯鸠曾写道：“当我第一次来到一个城市，在欣赏它各个部分的风貌之前，我总是登上最高的尖塔或者塔楼顶端，一览城市全貌，将要离开时，我会做同样的事情来确定最初的印象。”人们将此定义为启蒙思想家的理性思维方法，即“在感知事物各个部分之前必须把握整体”，代表了从整体到局部再回到整体的思维方法。

我感兴趣的是，孟德斯鸠在尖塔上看到了什么？我们又拿来他生活时代的理想城市——临近意大利威尼斯的帕尔曼诺伐（图61），来假想孟德斯鸠

图61　孟德斯鸠生活的时代——文艺复兴时期的理想城市：意大利古城帕尔曼诺伐

图片来源：S. 科斯托夫，2010

站在中心的高塔，眺望城市所能看到的情景。

第一，他看到了城市的边界和边缘：城市边缘那一圈高耸的、用于军事防御的城墙；第二，他看到了城市的形状和轮廓，当时人们推崇维特鲁威和斯卡莫齐等人倡导的有图形特点的城市，称之为“理想城市”，通常是六边形或八边形；第三，他还看到了城市的质地和肌理，城市中代表当时的时代生活品位、排列整齐的低矮建筑；第四，他看到了城市的结构和走廊，城市内部的主要通道，可能是放射式的，也可能是网格，这些通道甚至通往城门之外的很远处；第五，他看到了城市的特殊局部，最中心有十分特别的广场和教堂。所有这些加在一起，可以形成对城市的一个总体印象，使一个城市区别于其他城市，并可将之概括为：分区 / 形状、质地 / 肌理、结构 / 走廊、边界 / 边缘、特殊形态要素等五要素。

今天的城市已经与孟德斯鸠生活的城市相比有了巨大的变化，旧金山的城市尺度已大到不再有高塔能俯瞰它的全貌。但这并不妨碍我们采取相同的城市体验方法，因为人们的思维方法没变，我们仍然需要从整体到局部再到整体的体验方法。我们身边也出现了比高塔更便利的制高点、谷歌地图、GPS卫星定位系统等等，技术提供的便利超过了以往任何时代。因此，我们观察城市的“高塔”还在，只是这个“塔”成为虚拟的高空视角。因此，上述的“五要素”仍然可以作为我们认识城市及其要素的依据。

无独有偶，1971 年旧金山城市设计规划也有类似理念。“城市格局”概括为几方面：“各邻里间分区（分区 / 形状）”明确并各具特色，自然环境和人工环境统一协调；为做到“分区明确”，既要保持各分区之间的自然景观间隔（边界 / 边缘），还须能强化各分区自身的形态特色（质地 / 肌理）；为“统一协调”，需要加强道路绿化、亮化、旅游线路等系统性形态（结构 / 走廊），从而获得整体感；同时加强重要节点（特殊形态要素）间的联系。因此，本书中我们也从旧金山的城市分区开始介绍。

核心问题是“分区”。因此，这里接着将对旧金山城市分区进行讨论，提取出涵盖城市全部地区的分区方式。

旧金山的各种城市分区方式

旧金山在人们日常生活中，同其他历史城市一样，被划分为很多朗朗上口的地段名字——电报山、北滩、日落区等。但与其他城市不同的是，自 1971 年旧金山城市设计规划开始，旧金山有意识地强化了这样的分区和邻里或地段的概念，将其作为城市格局的一部分，体现“既有整体协调的城市形态，又包含各具特色的城市分区和邻里”这一核心理念。

我们这里将讨论一系列影响旧金山城市分区的因素，如历史传统、规划设计、地理地形、交通和社会演变等多种因素以及它们的交叠作用。

行政分区

美国素来有划分社区的传统。每一块住宅用地都会归类于一个社区，社区之间不存在交叠或模棱两可状况。每户人家只有属于一个社区才能让孩子上学，才能到管理部门缴纳水电费。而每个社区的公共活动也会选举专人负责，并为此收缴一定的资金。收齐的资金通常会用于举行野餐联谊，也会用于割草和种植等环境美化方面。社区因此增加了凝聚力，并常常出现社区首领。

旧金山的社区划分可以通过邮编区号得以体现，从 94102 到 94134，包括海湾大桥下的金银岛，共 26 个邮编分区（图 62）。邮编分区基本体现出旧金山城市形态的差异，划分的依据包括主要的山体地形、市场街等主要的街道以及传统上约定俗成的社区等因素。

社会分区

从另一个角度来看，由于美国具有多元文化社会的特点，文化在城市分区的划定方面具有更明显的作用，并在非洲裔人社区中会体现得更加激进和极端。

尽管美国素以民主开明著称，但非洲裔人和白人因文化性格和社会组织等的极端对立，使得城市中出现社会分隔的现象。旧金山作为加州温和派城市，历来在种族社会方面的包容度远远好于美国南部和东部地区。这种温和的政治氛围一方面会导致旧金山城市中出现更多、规模更大的非洲裔人聚居区，另一方面也使这里的非洲裔人社团组织超乎美国其他地区得以发展壮大。如近代曾经发生在湾区的非洲裔人社团组织黑豹党，以暴力团体著称，总部设在与旧金山隔湾相望的奥克兰，在 1960—1970 年代黑豹党的一系列暴力活动曾将旧金山地区推到整个美国种族问题的最前沿。

奥克兰黑豹党的势力渗透到城市社会分区领域。他们为警局提供了分区管理的建议图（图 63），希望警方按照图中所示分区进行针对不同人种的分区，采取相应不同的治理方式，旨在尊重不同社会区域中人们的文化传统，避免因种族差异而产生分歧对立。

图中十分清晰地表达了这种社会分区现象，甚至与 1966 年黑人骚乱地区——湾景区和猎人点、菲尔莫尔区等完全一致。青年黑人游行队伍在这些地区的街上游荡，打碎窗户，抢劫商店。

黑豹党的绘图反映了 1960 年代旧金山社会的分布形态：华人和西班牙人相对集中在唐人街和传教团区，嬉皮士处于从北部滨水区向双峰南侧的卡斯特罗街区集体迁徙的过程中，而非洲裔人在上述骚乱期间区域。这一十分

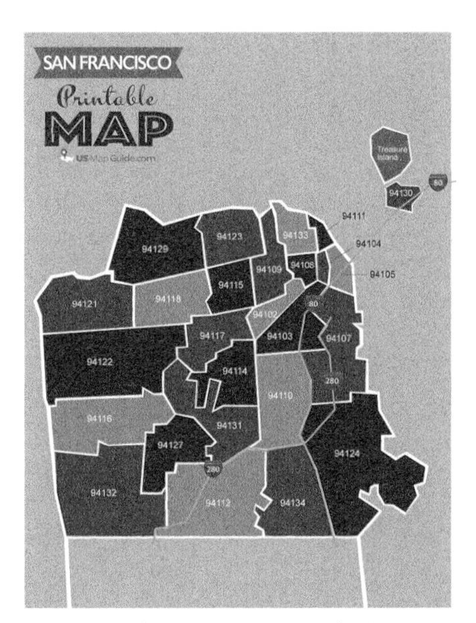

图 62　旧金山的行政分区，邮编区号从 94102 到 94134

图片来源：旧金山市政府网站

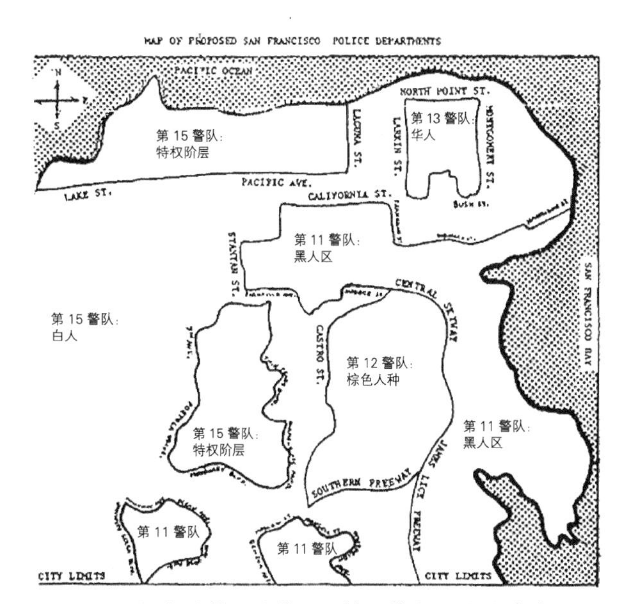

图 63　黑豹党对基于种族区的社区警务系统的建议

图片来源：http://www.foundsf.org/i

特殊的形态反映出第二次世界大战后不久的社会状况。第二次世界大战期间，原来的菲尔莫尔区被日本人收归为集中的居住地，空置的区域引来原来东侧滨水区的大量非洲裔人工人，形成了一个“L”形非洲裔人集聚区，而白人则分布在其他区域。

因山地地形等形态显著差异构成的分区

旧金山 49 座山丘中，人们耳熟能详的是最初的“七山”，包含电报山、诺布山、俄罗斯山、林孔山、双峰、萨特山、戴维森山。七座山丘都是沿着市场街方向，呈东北—西南走向。东北端的四座山丘（电报山、诺布山、俄罗斯山、林孔山）紧邻中心区，呈现出相对低矮的小山包形态，而最低的林孔山只有 30 米高，建筑可以布满山顶，地形变化基本不影响网格的完整性；而其他三座——双峰、萨特山、戴维森山，相对高大雄伟，道路形态也更为自由。

随着城市发展，更多的近郊区出现了城市住区，使原来的郊区山体公园演变为住区。最初一气呵成的大型山体，被住区切割成众多的山丘，形成了今天旧金山市的 49 处高低不同的山丘。

本书的旧金山分区

综合上述提及的旧金山总体规划相关的 20 个次级分区、邮政编码分区和社会种族分区，本书将按照以下 8 个分区（图 65）介绍详情。

（1）城市中心——将市场街以北，旧金山大学以东、锅柄公园以北为界的三角形范围作为一个整体。

（2）中央高地——包含太平洋高地和北侧滨水区。

（3）市场街南的索马区——将市场街以南的索马区等作为整体讨论，讨论主题是更新过程。

（4）中央居住区——包含以传教团区和多罗丽区为主的众多南部居住区。

（5）西南部居住区——双峰—戴维森山以西的整体居住区，包含默克赛

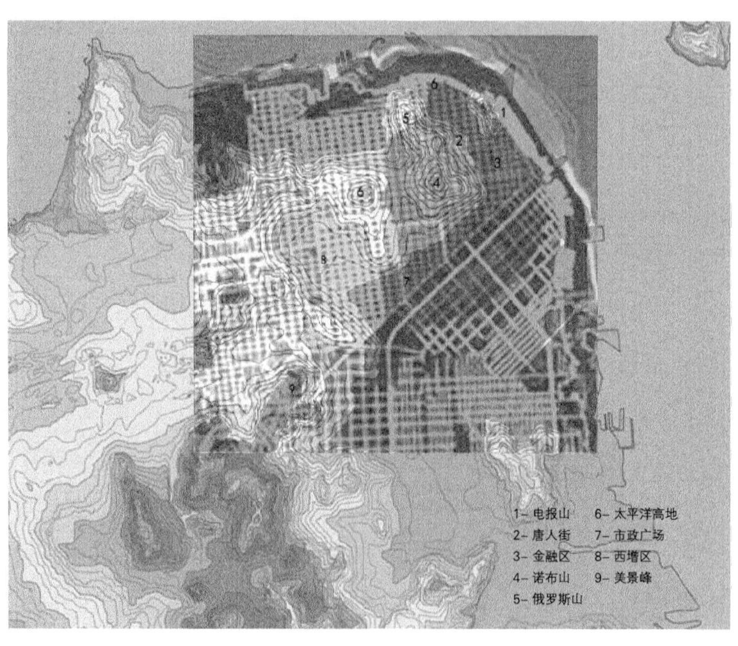

图 64　旧金山主要地区和地形的关系

德居住区更新等话题。

（6）西部居住区——包含要塞区、里奇蒙德区、金门公园和日落区。

（7）传统滨水区——侧重市场街南侧滨水区，作为一个整体讨论，也是讨论滨水区城市更新过程。

（8）面临更新的滨水区——包含猎人点和蜡烛台点。

结构和走廊——各分区之间的“划分和联系”

1971 年旧金山城市设计规划中，对城市格局规划的 21 项原则中，提到最多的是“主要通道”“重要点”和“公共空间”三个要素，本书将此整合为两类——“结构和走廊”和“特殊的点”。

“分区”“结构和走廊”“特殊的点”所构成的“城市格局”，在旧金山城市设计规划提出的 1971 年还是十分新的概念，但极为适合旧金山这样的山地城市。其原因一方面来自旧金山鲜明的“山地”特色——起伏的山地将城市自然地分为若干个局部地段；另一方面是源于旧金山城市设计完全顺应了民众的愿望，山地城市的规划工作具有坚实的群众基础。城市形态的好坏优劣，在人们心中都有公论。城市格局是长久存在于人们心中的美好愿景，保护优美的城市格局是规划部门义不容辞的责任；相反，城市格局一旦处理不当，招致的舆论批评也将成为规划者难以承担的压力。

旧金山城市设计中的“城市格局”——公共空间、主要街道和标志、俯瞰机会

在 1971 年旧金山城市设计规则（图 66）中提到了 3 个问题：（1）公共空间；（2）街道和道路；（3）重要的标志。

图 65　本书将旧金山城市格局分为 8 个分区

公共空间——旧金山城市中规划了大量清晰的公共空间和景观地区，远远望去的深绿色条带构成了城市地区的边界。有些公共空间的面积可能很大，如要塞公园、默塞德湖和金门公园；有些面积较小，但仍然突出，如湾景山和阿尔塔广场；或混杂于建筑群形成的突出景观，如俄罗斯山和美景峰。

主要“通道”——街道和道路统一了格局，突出了旧金山的丘陵和山谷，提供了远景和开阔的空间，也决定了新开发顺应地形的特点。街道和道路有多种类型，每种类型都有其各自的功能和特点，它们共同构成了一个容纳人的活动和连接城市各区的系统。

重要的标志“点”——建筑物、构筑物及其集群反映了区域和活动中心的特征，为人类定位提供了参考点，并增加或降低地形和景观特征。一些建筑物和构筑物，如金门和海湾大桥、科伊特塔、美术宫的拱门和旧金山城市学院的古典尖塔，突出了社区公共建筑的重要性。

所有这些公共空间、主要街道和标志、俯瞰机会，汇集在一起，形成浑然一体的“城市格局”。

1971 年旧金山城市设计规则中提到，“人们从城市各处都能看到这些形态特色，从他们的家中和社区内，沿公园和海岸线，从工作场所，在旅行时从街道，在访问城市时从入口和景观点，都能感知到上述结构清晰的城市形态模式”。

“这种城市模式的用途和效益是多方面的、深刻的。这种模式必然与城市的形象和特征息息相关。削弱或破坏这种模式将使旧金山成为一个完全不同的地方。”

旧金山“结构和走廊”特点

没有形成高架道路系统

旧金山没有形成高架道路系统，这在美国整体城市规划大环境下难能可贵。整个城市仅在南部地区有 101–80 号公路、280 号公路，两条公路又在城市东北方向合并，与旧金山—奥克兰海湾大桥相接。这样相对单一的高架公路的形态在以“汽车社会”为鲜明特征的美国来说，成为极为稀有的案例。

缺少高架道路的城市的优点很明显，保持了城市空间肌理的完整性，避免了高架道路对城市空间的割裂和破坏。

高架道路的走向同地面街道网络方向相协调

旧金山仅有的高架道路平行于市场街，顺应地面干道系统的空间走向。两者在城市空间逻辑方面协调，尤其是高架道路并不破坏城市整体空间，从交通作用方面，也仅仅起到分隔中心区和工业区的作用。

简单有限的几个空间走向，构成了城市清晰简洁的方向感

两个重要的景观要素形成了旧金山的空间逻辑。一个是金门公园。中央高地西侧的空间逻辑一方面延续通往要塞公园的南北走向，同时大尺度的金门公园的出现，使主要的导向空间不再是众多南北方向的通海道路，而是旋转了 90°，由东西方向的金门公园控制。另一个改变空间导向逻辑的要素是市场街。市场街 45° 走向形成了一个空间划分，其南部街坊的通海道路走向变为东西走向，即市场街以南的区域，不再是以南北方向作为通往北部海岸的景观轴，而是改为东西方向道路成为通往东侧海滨的廊道（图 67）。

不论是岸线的方位，还是组织空间的金门公园、市场街，都共同在一个

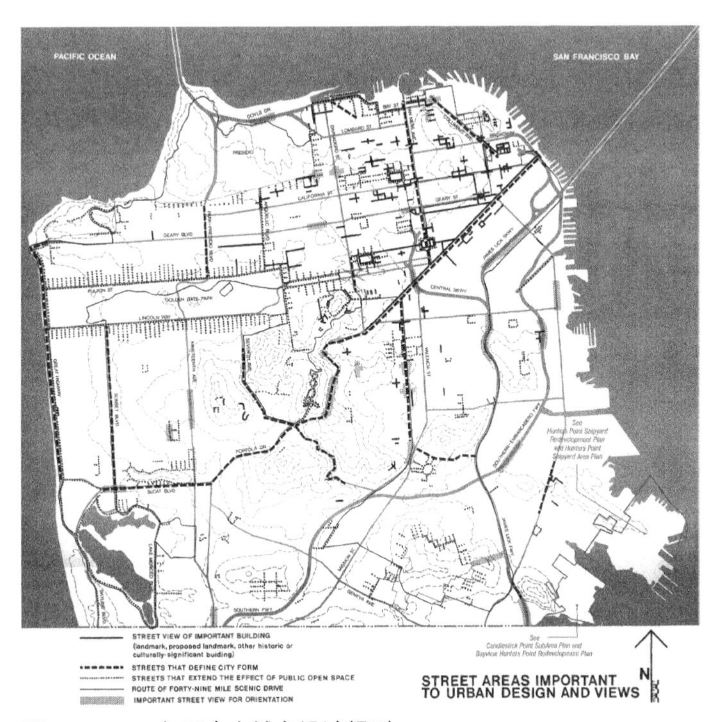

图 66　1971 年旧金山城市设计规则

图 67　东西方向的绿化廊道和南北方向的交通廊道
图片来源：David Oppenheimer

城市整体尺度上，做到了将方向感和导向性梳理清晰的作用，获得了清晰简洁的城市意象。

东西方向的绿化廊道和南北方向的交通廊道

在市场街以北的旧金山中心区，地形呈现出东西方向相对平缓、南北方向变化显著的特征，即大致上呈现出以诺布山—太平洋高地—要塞公园为中轴的山脊高地系统，东西方向的道路相对平缓，而南北方向则高低起伏。因此，人们的主要活动方向也主要沿东西方向，形成了杰克逊街、加州街等东西方向的主要步行道路。而南北方向则布置了主要的车行道路和电车公共交通线路，如范尼斯大道、菲尔莫尔街等。

旧金山规划形态利用这一地形特点，将主要的绿化廊道结合，每个绿地都将东西方向作为长边，将人的步行活动沿东西方向引导。

作为“肌理”的规则形态和作为“点缀”的斜向形态

斜向道路是市场街。由于仅有的主要道路市场街作为斜向形态，因此，市场街不论是在景观地位还是对商业活动的聚集作用方面，都显得更加重要。

显现形态和潜藏形态“走廊”

潜藏形态就是地形。旧金山山体为西北—东南走向，同市场街垂直，与哥伦布街平行，因此形成了人们惯常认为的“尽管网格规则，但加上地形则变化多端”（科斯托夫），但也正是旧金山群山连绵、复杂起伏的地形以及潜在的规则起伏方向，才造成了这样的秩序感和复杂性。

另外，旧金山相当多的折线道路，构成了更加贯通连续的走廊，构建了更加清晰的秩序，如传教团湾的折线形态干道（图 68）。

图 68　结构和走廊

分区内的“质料”——质地和肌理

城市形态的质地和肌理，如同一件衣服的面料。套用科斯托夫的城市道路系统四种模式衡量，旧金山几乎是由网格和自由式两种模式的完美结合（图 69、图 70）。其他两种形态极少，仅有市政广场和美术宫不多的轴线模式，以及帕克默塞德社区等个别图式形态。

网格和自由式形态在旧金山十分均衡地分布着。在本书的片区划分中，这两种形态：中心区和里奇蒙德—日落区的网格，双峰—戴维森山地居住区、滨水区的自由形态各占半壁江山。

网格形态

网格的尺度和形态

旧金山网格的尺度和形态有多种类型。中心区细密多变，而里奇蒙德—

图 69　旧金山典型的网格肌理
图片来源：托比・哈里曼

图 70　旧金山典型的自由形态肌理
图片来源：David Oppenheimer

日落区则规则粗放。

中心区因建筑形态的差异和多样性，使网格随之也多有变化。在该地区的网格中，绿化系统起到了引导秩序和提供变化的作用。

而里奇蒙德—日落区则不论从街坊尺度还是建筑形态上而言，都十分均质统一。从圣名耶稣教堂向北的规则网格，是整个旧金山市西北片区的典型规则形态。

网格的方向

从某种程度上讲，旧金山的绿化景观系统是一种经过变形的“萨凡纳”模式。两者的关系以及所谓的“变形”，并不是指绿地的轮廓边界，而是指整体布局放弃了萨凡纳的“矩阵排列”方式，顺应了地形变化，通过“变形”和“交错”等方式，遵从地形的指引，获得与萨凡纳公共绿地网络系统等同的效果。

旧金山的城市空间被众多山谷和高地划分为大大小小的零碎空间，其绿地的分布体现出融合了地形因素后的空间布局关系，在太平洋高地等适度平缓、网格式道路形态的山头则设置了规则的长方形的公共绿地。

萨凡纳的绿地网格中，矩形绿地的长边具有导向作用，即“长边代表东西方向”，而旧金山的矩形绿地，大到长达几千米的金门公园，小到邻里尺度的菲尔莫尔区富兰克林・金堡公园都是如此。这类是将旧金山绿地系统类比于萨凡纳的另一个理由。

自由形态

从某种程度上来说，自由式道路是“反城市”形态，也就是违背了旧金山历来的城市网格秩序及其背后的均分土地的理性意味。自由式代表了 20 世纪初私人房地产在山地用地的开发建设活动的痕迹。虽然是私人开发，但并没有常见的“利欲熏心”地粗暴对待城市已有空间秩序，却很好地适应了山体，获得了被民众接纳的旧金山城市形态，今天旧金山的自由形态道路已经成为旧金山城市特色不可或缺的一部分（图 71）。

图 71　旧金山典型的自由形态肌理
图片来源：David Oppenheimer

对于自由式形态的出现，将在后文第六片区的西部居住区部分阐述其产生的过程和规划布局特点。

分区内的装饰——特殊的点

尽管旧金山 1927 年就结合区划进行了建筑高度的规划控制，但直到 1971 年，旧金山城市设计规划才形成了从城市整体范围层面进行的高度控制系统。

1971 年旧金山城市设计规划对建筑高度控制的指导思想基于“关于城市开发对城市自然形态长期影响的认识”，即在保持城市自然特色的基础上，再对城市形态进行协调控制。旧金山的人们相信，城市的环境是有限的，对其开发利用的规模和强度会有最终极限。因此，归根结底，城市未来开发的建筑形态需要加以限制，并使它们与城市特征相匹配。

在 1971 年旧金山城市设计规划中有明确的“一般和特色”原则——对于一般性的居住建筑，进行“一般性”控制。原则上居住建筑控制在 4 层、30～40 英尺以下，其中居住区的主要干道两侧的高度适当提升到 40 英尺，其他区域控制在 30 英尺以下。规划对东部滨水地区的工业和仓储功能建筑高度提高到 41～88 英尺，局部达到小高层建筑高度（89～160 英尺）。在市场街两侧和金融区是城市高层建筑集中区，最高的控制高度为 400 英尺，其中标志性建筑允许突破最高建筑控制高度，建筑高度通过规划容积率确定。

结合各类特殊地段，进行“特殊”控制——1971 年旧金山城市设计规划明确指出，在规划控制图中所示的高度控制中，侧重于整体关系的协调。对于任何给定的位置，城市设计给定一个适当的高度范围，不是具体的限高标准，也不对城市建设有直接的控制作用。因此，对照 50 年前制定的这张规划控制图，今天整体空间形态仍然是当时的理念。

当然，在 50 年的时间跨度下，如同“先知”一般的 1971 年旧金山城市设计规划并非同实际建设完全一致，可以看到在林孔山、市场街南和今天枢纽区的空间关系等方面的差异，索马区的尺度也超出了规划控制图中的 41～88

英尺的控制高度。这或许就是基于规划中关于侧重于整体控制并不针对具体用地进行具体控制的理念，在具体用地建设规划过程中，允许在整体格局框架下根据实际发展需要进行适当的突破和变通的做法。这些差异未否定1971年旧金山城市设计规划对未来所具有的高度洞察力和预见力，它们都是规划允许的范畴。也正因为差异的存在，使其更加符合城市发展和建设的真实过程，使得城市设计有别于真实城市。

中心区和双峰——两个最显著的控制点

从旧金山总体特点来看，一气呵成的城市形态来源于清晰的城市空间结构体系。中心区同美景峰—双峰—戴维森山等山体群，构成了旧金山山地的中枢骨干。在城市的另一端，城市中心区的城市设计充分突出高层建筑群隆起部分的整体形态，并进行精雕细刻设计和重点突出控制。除了中心区高层建筑群、双峰高山山体外，对城市中隆起的山包也都进行重点设计，各条道路对山包进行对景呼应，构成浑然一体的景观体系（图72、图73）。

旧金山内的山体，除了双峰外，较低矮的山包主要分布在中心区周边，形成了对中心区高层群的环绕呼应。旧金山城市设计对中心区高层群和周边山包高地外，均在形态方面加以弱化，形成以低层住宅建筑构成的整体肌理和清晰简洁的道路系统。如金门公园以北的里奇蒙德、双峰山体以东的传教团和多罗丽社区。

在“核心区”之外，比利羊山—伯纳尔高地以南的山体高大，地形多变，构成了自然地形的复杂形态，建筑只需要顺应地形即可，复杂多变的地形自然将城市形态展现得优美多变。

以单独的教堂、政府等公共建筑作为标志

旧金山近代多发地震、火灾等自然灾害，因此城市政府和社会公共组织

图72 “建筑群和山体作为标志”——下太平洋广场到伯纳尔高地的平坦地段，由标志性建筑同自然山体所形成的“视觉通道”

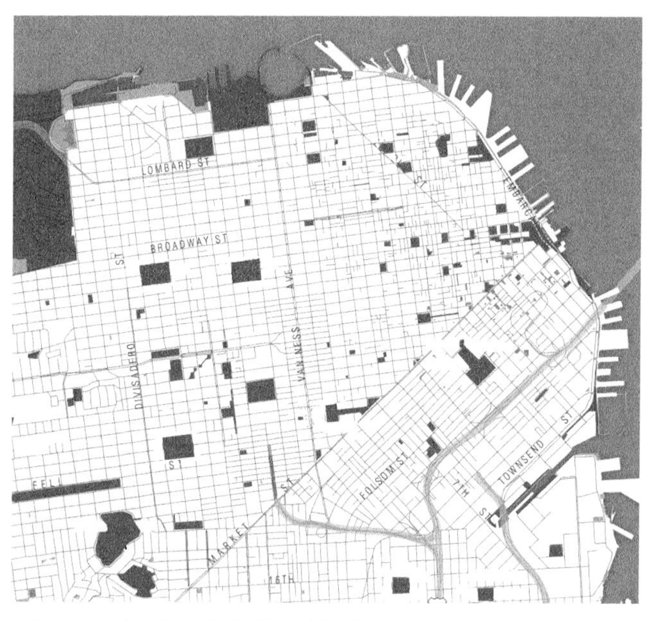

图73 旧金山核心区绿地和广场的分布

将公共建筑置于更高地位。

仅就教堂而言，城市中目前保留的教堂超过 30 处，构成了不同层级的地标点，包括有西班牙、意大利风格的基督教堂以及现代风格教堂。

高层和地标建筑作为标志

前城市最高建筑千禧塔和目前的最高建筑赛尔斯弗斯大厦是城市中心区、金融区的地标建筑，也是城市东北方向的地标。西南方向则并不是建筑物，而是萨特铁塔，两者相隔 4 千米的距离，在海湾大桥或伯纳尔高地观看，的确是遥相呼应、相得益彰的一对城市边缘景观标志。

各种建于不同时代、不同建筑风格的高层建筑在局部的尺度层面作为城市地标，例如电报山上的科伊特塔、俄罗斯山上的艺术大厦、教堂山顶的红杉养老公寓、波托雷罗山上的中心医院。

旧金山地标的设置有几点经验值得借鉴。地标设置的第一个特点是所有标志性建筑均具有公共属性，这是美国城市规划和形态的统一特色，并非旧金山自己所有。放置在最为显眼、具有最佳视野和万众瞩目的焦点上以及放置在城市的最高处成为城市地标的建筑，都是为公众所共有的公共建筑或市政工程，不允许私人开发或住宅占据最有利的高点。如作为教堂山的最高点的红杉养老公寓，尽管是住宅建筑形态，但作为仅有的老年人才能有权租住的公共公寓，是城市共有财产，更是尊老爱老的象征。

旧金山市另一种具有公共属性的地标是大量的市政设施构筑物，包括作为电信信号传输设施的萨特铁塔、电报山科伊特消防瞭望塔等。这些构筑物，在某种程度上更加强化了高地地标的公共属性，城市核心位置需要为公众提供服务的设施（图 74）。

地标设置的第二个特点是旧金山不同的地标建筑具有丰富的多样性。由于形成于不同的历史阶段，不同年代的技术和审美差异带来了各种地标丰富的多样性。从铁塔到艺术装饰风格建筑，再到现代风格以及当代高技派的审美，

图 74 典型的旧金山山地公园——阿尔塔广场公园
图片来源：David Oppenheimer

图 75 当前的最高建筑赛尔斯弗斯大厦是城市中心区、金融区的地标建筑，也是城市东北方向的地标。而西南方向则并不是建筑物，而是萨特铁塔，两者相隔 4 千米的距离，在海湾大桥或伯纳尔高地观看，的确是遥相呼应、相得益彰的一对城市边缘景观标志

彼此放在一起也能协调共存。

地标设置的第三个特点是标志性建筑具有持久性——各个地区的地标建筑极为持久稳定，如城市制高点的地标建筑，从 1925 年的太平洋电话电报公司大厦，到 1970 年代的泛美金字塔，再到 2018 年的赛尔斯弗斯大厦（图 75），每隔近 40 年才会出现地标建筑的更迭。而对于不同局部地区的地标建筑，绝大多数都是在 1970 年代前出现，并就此确立不再更迭，形成了城市地标的固有意象，也逐渐赋予了地标建筑在文化层面的含义，成为稳定的区域标志。

第三部分　8 个旧金山片区

本书的基本出发点是，将视野尽可能涵盖整个旧金山市域范围，有别于人们对旧金山侧重于中心区的惯例（图 76）。本书因此遵循此前旧金山城市格局的分析，按照以下 8 个片区进一步解析旧金山城市形态，分析其城市形态特点以及城市设计实践。

（1）城市中心——将市场街以北、旧金山大学以东、锅柄公园以北为界的三角形范围作为一个整体。

（2）中央高地——包含太平洋高地和北侧滨水区。

（3）市场街南的索马区——将市场街以南的索马区等作为整体讨论，讨论主题是更新过程。

（4）中央居住区——包含以传教团区和多罗丽区为主的众多南部居住区。

（5）西南部居住区——双峰—戴维森山以西的整体居住区，包含默克赛德居住区更新等话题。

（6）西部居住区——包含要塞区、里奇蒙德区、金门公园和日落区。

（7）传统滨水区——侧重市场街南侧滨水区，作为一个整体讨论，也是讨论滨水区城市更新过程。

（8）面临更新的滨水区——包含猎人点和蜡烛台点。

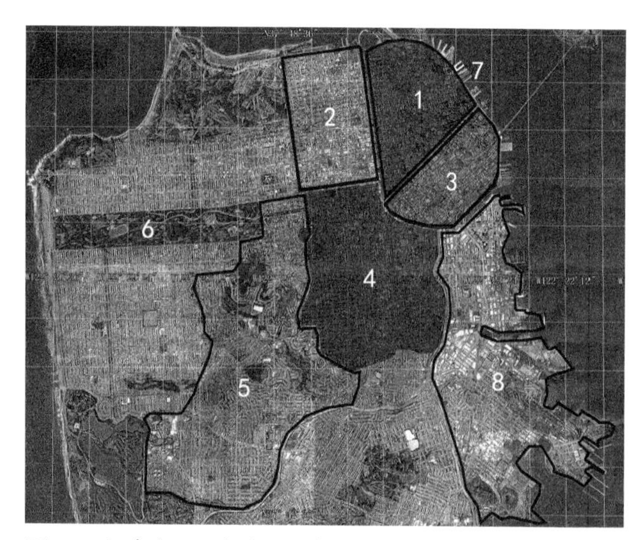

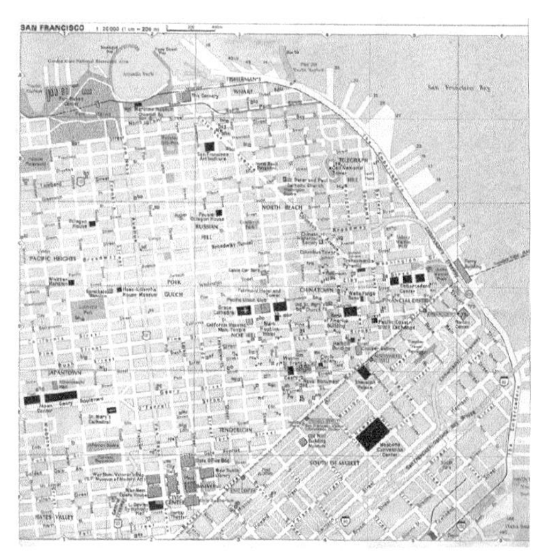

图 76　旧金山：8 个片区（左图）和 1970 年代的旧金山旅游图中的“旧金山城市中心”范围（右图）

图片来源：猫头鹰出版社

图 77　旧金山金融区以北，包含唐人街、北滩、电报山、俄罗斯山，都是最著名的景点，也是将长期保持城市形态稳定的区域
图片来源：托比·哈里曼

第五章　片区一：城市中心

本书第一片区的“城市中心”，对应旧金山有关文件中的英文是“urban center area”，区别于旧金山规划传统上的“中心区”（downtown），较之范围更大，包含除中心区外的诺布山、俄罗斯山等区域，是旧金山最知名地段的集中汇总（图 78），大致范围是以双峰—金门公园东界—南北方向通往海滨的阿古艾罗大道为西界，以波托雷罗山和西索马区为南界。

从城市形态看，该区域明显区别于其他地区，尺度更大，具有极为突出的城市形态多样性，包含了绝大部分旧金山城市景观要素，拥有众多山丘和峡谷、公园和海滨，是旧金山最为丰富多彩、荟萃了众多美景和精致城市设计的地带。

旧金山中心区进一步划分为 5 个部分：（1）“城市核心”组合是历史核心区和金融商业中心区，包含城市最古老的、最精致的城市艺术，也是城市形态高度和密度最突出的地区；（2）山地住区中的诺布山和俄罗斯山都是著名的维多利亚式住宅聚集区，旅行名胜；（3）市场街南是金融区的拓展，也是 21 世纪以来的建设热点，包含赛尔斯弗斯大厦等著名地标；（4）市政中心和奥克维娅区是中心区的西南侧节点，有 2015 年以后的建设项目；（5）“中央高地”组合地区则是城市中心区周边形态各异的居住邻里和公共节点，这些环绕着旧金山中心区周边西侧和南侧的次级中心，也是更加小巧精致、富有装饰感、各具特色的节点地段。

市场街是上述区域的主轴，人们将其比作旧金山的“香榭丽舍街”——虽然不如其宏伟，但却具有完全相同的功能，不仅是交通干道，而且是最重要的商业街，还是景观大道。它被旧金山人称为“（信报箱的）投信口（slot）”，因为其处于市场街和垂直道路构成的节点，为进出银行、零售商店和剧场等不同功能的人们提供“出入口”，串联起了城市中所有不同的功能。

范尼斯大道则是汽车的“界墙”和“单向投信口”——说它是“界墙”，因为它分割了东侧的“城市核心”和西侧的“中央高地”，是城市公共核心区和居住社区的分界。车辆在此高速行驶，整条路段（市场街以北）没有一处“左拐弯”路口。尽管是“平交路口”和普通路面，实际的使用效果完全等效于高速公路，最大程度上起到了分隔东西片区的作用。范尼斯大道是汽车的“单向投信口”，由南向北，可以右转弯进入东侧的“城市核心”，也可以由南向北进出中央高地，这一安排的确独特而有效，既能保证干线车辆通行的速度，又获得了右侧车道进出相邻区域的便利。

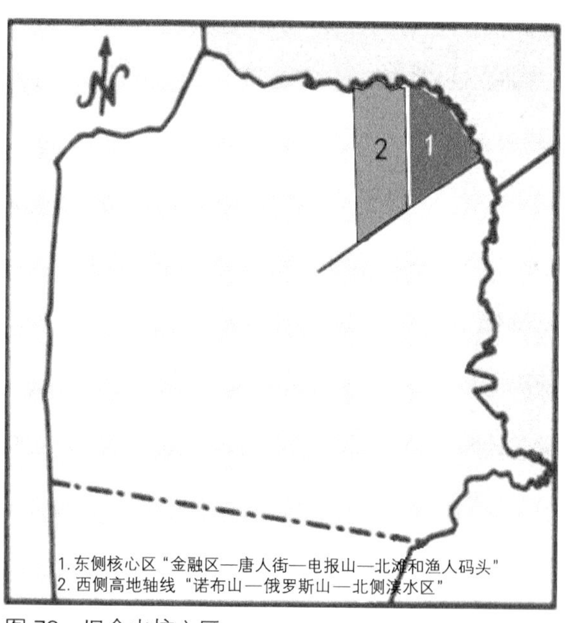

图 78　旧金山核心区

旧金山城市核心：金融区 / 唐人街 / 电报山 / 北滩

摄影家托比·哈里曼拍摄的图片突出体现了“金融区—唐人街—电报山—北滩”的独特空间组合关系。它们位于半岛最东北端，尽管都有明确的分界线，但空间上整体连续，衔接紧凑，都能展示出各自独特的魅力。

金融区是城市凸显的标志性景观，而其北侧的唐人街—电报山—北滩则构成了极为适应地形的城市形态——人们评价其紧贴（cover）在山地起伏的地形上，如同从这片土地上生长出来。

旧金山金融区是中心区的一部分，城市形态上体现为市场街以北的高层建筑簇群。建筑主要建于 1960—1990 年间，是第二次世界大战后现代主义建筑运动的成就。尤其在美国城市更新政策下，1965—1972 年间，中心区内大量高层建筑集中建成，包括哈特福德大厦、蒙哥马利 44 号、美国银行中心和泛美金字塔以及更大规模的波特曼轮渡区办公酒店高层建筑群。直到 1971 年旧金山城市设计规划后，这股“曼哈顿化”的风潮得以遏制。

1990 年代后，金融区内已经没有进一步建设高层建筑的用地条件。但随着高科技浪潮的来临，旧金山湾区作为当代电子信息产业最重要的地区之一，对代表城市品牌形象的城市中心区提出了进一步更新提升的要求。在这一背景下，城市开始跨越市场街，在相邻的林孔山和传教团湾地区进行中心区拓展。

唐人街是旧金山的历史源头。至今不少美国人提及旧金山，都认为是中国人创建的城市街区。的确，尽管西班牙人早于淘金热几十年就已来到旧金山，但主要的建设都在军事要塞和教会传教点，并无多少商业流通等城市功能，湾区各传教点之间的互通有无是仅有的对外交流。而淘金热后，受益于大批华人涌入，旧金山得以迅猛发展。唐人街所处的核心区位充分说明了这一点。同时，旧金山华人文化的引入，使旧金山的社会多样性增加，弱化了美国历来的白人黑人的尖锐矛盾，使旧金山社会更加具有包容性与和谐感。

而电报山和北滩与唐人街类似，是来自另一个文明古国的意大利居民聚居区。古老的东西方文化在此交融汇集，同高耸的现代都市为伴，其中展现的多元文化碰撞的奇妙感，正是多年来旅行者、艺术家流连忘返的原因。

金融区——高层建筑群的形成和各阶段地标建筑的更迭

旧金山历来的城市格局理念，是倡导在城市中心区以“高耸集簇”布局，使城市呈现“单中心”“中间高、四周低”的形态。因此，2000 年前，旧金山 94% 的 15 层以上高层建筑都集中在仅占城市提报用地 3.4% 的城市中心区。其中，1960—1975 年间是建设高峰期，高层建筑建成 44 栋，共 205 万平方米。

旧金山的人们对高层建筑的态度经历了由最初“欢迎”到此后的“排斥”，再到“谨慎”的转变。第二次世界大战前，旧金山的人们对高层建筑这一新鲜事物抱有欢迎和欣赏的态度，城市中心区偶然出现的塔楼通常精美而典雅，直到第二次世界大战后初期，人们对中心区大量建设的高层建筑仍然极力追捧和热衷。但到 1960 年代末，随着旧金山中心区高层建筑的大量增加，整个 1960 年代新增了 10 栋 100 米以上的高层建筑，传统旧金山小体量、富有精致感的城市形态被摩天楼遮蔽，“曼哈顿化”显现，旧金山舆论开始担忧并抵触高层建筑。21 世纪后，尽管高层建筑控制略有放松，但旧金山仍然对高层建筑的规划建设持有相当“谨慎”的态度。

在 1971 年旧金山城市设计规划出台后，旧金山市民曾出于对“曼哈顿化”的担忧，自发进行了一次公民投票。1972 年的投票结果显示，43% 的参与者支持将城市中心区的建筑高度控制在 49 米以下，约 12 层；中心区之外控制在 12 米以下。尽管提案并没有通过，但这一舆论态度影响到此后一系列关于城市高度控制的规划政策，包括 1971 年旧金山城市设计规划和 1985 年旧金山中心区规划。

1920 年代的标志性高层建筑

尽管 1890 年旧金山已经出现了像旧金山纪实报大厦这样的高层建筑，但城市中心区的主要建设还是始于大火后。1906 年大火后不久，随着美国“狂飙突进的 1920 年代”和经济发展，出现了不少经典的杰作。1925 年太平洋电话电报公司大厦 140 米的高度，刷新了旧金山高层建筑的最高纪录；2 年后紧接着建成了同样高度但更有装饰感的鲁斯大厦（图 79）。这些旧金山装饰艺术派地标高层建筑都具有精致的立面，虽说与东海岸的纽约、芝加哥、底特律等仍有差距，但却是当时整个美国建筑风格的时代风采的体现（图 80）。

在此时一片艺术装饰主义建筑潮流中，也正在酝酿着现代主义建筑风格的暗流。1922 年的芝加哥论坛报塔楼设计竞赛成为当时高层建筑设计潮流的引导。伊利尔・沙里宁（小沙里宁）采取大量建筑退缩，以一种更加抽象的方式强调建筑的高耸感，表达更具现代感的垂直线条。建筑界普遍认为，小

图 79　位于蒙特雷街 235 号的鲁斯大厦在 1964 年前一直是旧金山最高建筑。在其哥特风格的外表下却是一个汽车时代的办公场所，地下有 400 个车位的车库。从照片角度能看到，“E”字形的平面形态所形成的三个翼楼可以获得良好的通风和采光
图片来源：《旧金山纪实报》

图 80　鲁斯大厦（图片左侧）建成之初的旧金山中心区（约 1938 年）
图片来源：Daniel P. Gregory

图 81　弗卢格的彩色铅笔效果图，体现了以玻璃替代石材的沙里宁装饰艺术派建筑风格
图片来源：Daniel P. Gregory

沙里宁的芝加哥论坛报塔楼是对以往所有古典风格摩天楼的一次突破，是一种现代建筑。在美国之外，小沙里宁的高层建筑风格在 1924—1925 年巴黎艺术装饰和工业化博览会被欧洲作为现代性的建筑表达方式（图 81）。

汤默斯·弗卢格（图 82）（也是此后金门大桥三人评审团）是旧金山建筑师中，受沙里宁影响最大，相应风格建筑实践最突出的一人。他在 1920—1930 年代，为旧金山带来了最纯正的纽约和芝加哥的装饰艺术派建筑风格。弗卢格又同东部的欧洲地中海装饰主题不同，他更倾向于美洲传统主题，包括阿兹特克元素和西班牙殖民复兴主题等。在他为旧金山设计的三栋经典的高层建筑中，1923 年的布什街 350 号大厦在建筑顶部装饰中采用乌拉圭雕刻家乔·莫拉设计的雕塑细部；在 1925 年旧金山最高建筑太平洋电话电报公司大厦中，8 只高达 4 米的鹰矗立在塔楼顶部（图 83），具有明显的阿兹特克古老城市寓意 [1]；而 1929 年建成的萨特铁塔，整体装饰仿照马雅设计，印在陶土护套上。

图 82　1930 年，弗卢格（中右）与著名壁画大师迭戈·里维拉（左）、墨西哥女画家弗里达·卡洛（中左）以及雕塑家拉尔夫·斯塔克波尔合影。他们在讨论里维拉在旧金山弗卢格高层建筑中的壁画设计

图片来源:《旧金山纪实报》

图 83　太平洋电话电报公司大厦建筑顶部的雄鹰装饰细部

1930 年代初，弗卢格似乎找到了从以石材精雕细刻的艺术装饰主义风格向以简洁玻璃金属表现的现代主义高层建筑风格转换的途径，他曾在文章中写道，“我们开始认识到玻璃是一种有价值的元素，可以让玻璃（代替石材）发展为具有形态的体量”。在他的彩色铅笔效果图中，线条也越发纤细，能够感受到玻璃替代了石材，同金属和光线展示出比现代主义建筑更激进前卫的效果（图 81）。

现代建筑的尝试——1960 年代旧金山中心区高层建筑和地标

第二次世界大战后，美国新达尔文主义盛行，新达尔文主义主张一切可以类比为生命、人体或进化。相应地，美国借用“心脏病”和“癌症”等医学术语，作为城市重建的理由。“心脏病”是一个特别针对中心区的比喻，用以表述中心区内的大量人口向郊区外迁所造成的城市空洞化问题。但事实证明，正如手术后遗症一样，大拆大建的城市更新带给城市长久的创伤也在所难免。

1960 年代，旧金山中心区高层建筑集中建成。这一时期高层建筑的分布似乎没有明显的规律，只是在东北滨水区和唐人街附近稍多。高层建筑的选择则仍旧体现出旧金山城市设计传统，主要在邻近公共空间周围，如东北滨水区围绕轮渡公园布局。

1960 年代，最高的地标建筑多次出现，平均每隔 2 年就会刷新一次高度记录。

第一次刷新高度纪录的地标建筑是位于轮渡公园轴线尽头的高 121 米的“第一海事广场”。作为典型的现代主义风格建筑，其高度虽不及 1927 年的鲁斯大厦，但典型的深色密斯风格和现代挺直的建筑体量给建筑带来了显著的标志性。从 SOM 设计公司的历史照片（图 84）能看出，当时建筑的东侧是通往海湾大桥的两条匝道，建筑同高速公路关系紧密。

第二次刷新高度纪录的地标建筑是 1965 年的加州街 650 号哈特福德大厦，这是一栋 33 层、高 142 米的办公建筑。建筑突破了中心区的西界科尔尼街，进入唐人街，成为第一例敢于在中心区边缘甚至中心区之外挑战城市建筑极限高度的做法。建筑采用“反传统”而独辟蹊径地利用中心区边缘土地价格优势和更好的交通条件，创造大体量地标建筑的做法。从城市整体形态上看，

图 84　第一海事广场
图片来源：《旧金山纪实报》

图 85 1969 年美洲银行中心（最高建筑）建成后的旧金山天际线，右侧稍远为富国银行“L”形大厦
图片来源：《旧金山金门报》2019 年 5 月 15 日文章插图，作者彼得・哈特劳布

边缘区的制高点将中心区规模扩展，也带动了周边高层建筑开发。这种做法在此后的旧金山中心区被多次重复。

第三次刷新高度纪录的地标建筑是 1967 年的蒙特雷街 44 号富国银行大厦，这是一栋 43 层、高 172 米的办公建筑。但突出的仅仅是高度，建筑“L”形形态不论从东侧还是南侧，都显得建筑体量纤细得多，也弱化了建筑视觉体量，是低调轻盈的建筑（图 85）。

在 1960 年代末的 1969 年，高 237 米、52 层的加州街 555 号美洲银行中心成为新的旧金山地标（图 86）。

转折点——“轮渡中心”和“金门中心”

城市更新压力下，“轮渡中心”和“金门中心”备受瞩目。

轮渡（恩巴卡迪罗，Embarcadero，西班牙语中的“寄宿处”），是一段约 1.6 千米长的海滨，两边都是活跃的码头和被忽视的餐厅（图 88）。1959 年，由于公民的抗议，恩巴卡迪罗高速公路停止进一步向北延伸。这条高速公

图 86 加州街 555 号，原美洲银行中心，1998 年前是美洲银行全球总部所在地。1969 年竣工，是当时密西西比河以西最高楼
图片来源：David Oppenheimer

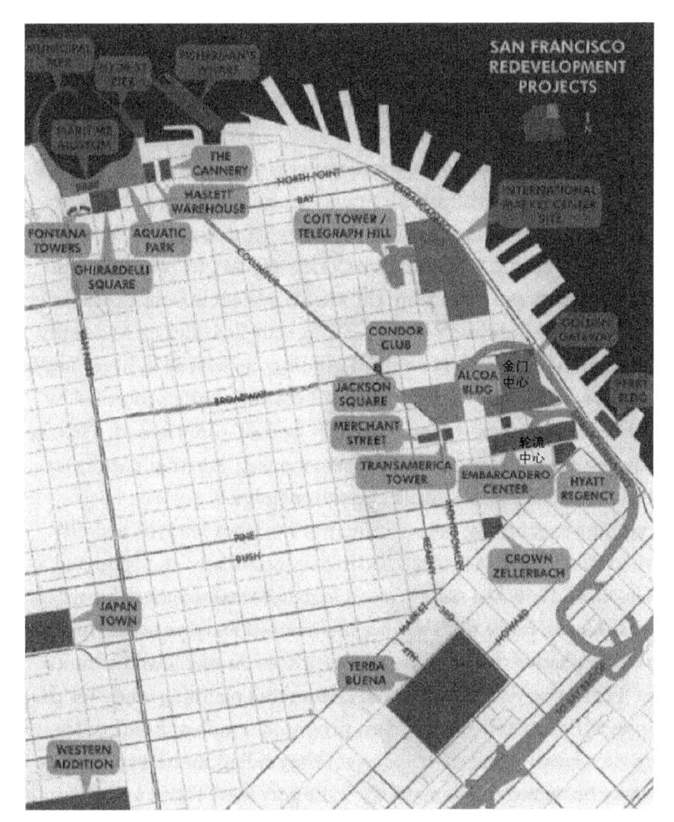

图 87 旧金山 1960 年代初确定的城市更新项目选址
图片来源：艾莉森·伊森伯格

路原计划连接海湾和金门大桥，但在到达渡轮大厦前的市场街脚下后就被迫停了下来。

轮渡中心项目内还包含其北侧的“金门中心”城市更新项目。该项目由重建局局长赫尔曼主导和推动，占地 20.4 公顷，包含 15 个街坊，以科雷街为界。

金门中心城市更新项目历经多次调整，作为贾斯汀·赫尔曼“新官上任三把火”的一个项目，最初为具有赫尔曼个人色彩的激进更新的现代主义方案。

赫尔曼 1959 年上任重建局局长，他主导的第一个项目是“金门项目”竞赛，这个项目旨在将旧金山市中心一片破旧的区域改造成占地 18 公顷的高楼。

赫尔曼委托旧金山当地建筑师马里奥·齐安皮组成了一个评审小组，评审小组包括著名建筑师路易斯·康和雅马萨奇等成员。建筑师沃斯特、博纳尔迪和埃蒙斯、德马斯和雷伊联合体提交的方案获得优胜，这是一个令各界满意的结果，就竞赛来说是一次胜利（图 88）。

《旧金山纪实报》1960 年 3 月 10 日的社论宣布，“金门中心城市更新项目已经取得了惊人的影响，超出了想象的范围”。

但随着民众反对呼声高涨，此后 SOM 设计公司承担了多次调整方案的任务，其中不乏现代主义大尺度方案（图 89）。

SOM 公司的巴西特坚持认为，方案中拔地而起的高楼构成了一个与自然尺度相匹配的人造景观。他对这座城市的设想是一座雕塑作品，可以通过对正式元素的合理配置进行微调优化。

（1）波特曼轮渡中心方案的争论。1966 年 3 月得克萨斯州开发商特拉梅

图 88 “轮渡中心”项目
图片来源：萨莉·B. 伍德布里奇

图 89 金门中心的调整历程
图片来源：艾莉森·伊森伯格

尔·克罗、亚特兰大建筑师约翰·波特曼和承包商克劳斯·布克斯联合参加轮渡中心投标。此后不久，大卫·洛克菲勒作为主要投资者加入了该合资企业。

根据波特曼方案，北侧的“金门中心”包含 10 个街坊，以具有底层商业功能的高层住宅为主。在住宅区中央的一个街坊，设计了一个面积为 0.8 公顷的屋顶花园。

科雷街南侧的 5 个街坊是“轮渡中心”，包含 3 栋 34～36 层的办公楼和 1 栋海特摄政酒店。波特曼通过一个贯穿用地东西方向的二层步行空间系统，将全部 5 个街坊联系起来，他的设计使开发项目融为一体，是具有典型性的城市设计案例。

街区东侧是旧金山著名的地标建筑——轮渡码头，街区通过一处开敞的广场联系起轮渡码头。办公楼的南侧是历史街区，北侧是大尺度的公共绿地。为了协调周边的城市尺度，在南侧临近历史街区一侧设置了裙房和入口雨棚，使道路两侧的新旧建筑有机协调；另一侧则采取了简洁干净的大尺度立面处理，呼应了大尺度城市绿地。

“轮渡中心”项目在旧金山中心区前所未有，因初期建成后遭到旧金山人民批评，以后在旧金山中心区也没有再现“园区式（campus）”的高层建筑群体开发。

（2）阿兰·雅各布斯的调和政策。在当时的旧金山，两股力量正在积聚较劲儿：一方面，贾斯汀·赫尔曼领导下的重建局被赋予了前所未有的权力，拥有对大量破败地段的开发权，甚至有权直接拆除后再考虑重建（菲尔莫尔区即是如此）；另一方面，在旧金山被划定进行城市更新地区的社区内，人们极为团结，他们获得了公众舆论的最大支持。此时，学者型的规划局长阿兰·雅各布斯上任，他将扮演调和两者的角色——既能支持城市的重建更新和发展，又能充分利用社区民众的智慧和力量。

在一次采访中，阿兰·雅各布斯回忆了他在任命前夕访问这座城市时的印象。站在诺布山上，他对新的高层建筑挡住了海湾的视线感到惋惜，感觉这座城市似乎正在失去其独特的形态，而对雅各布斯来说，首要任务是通过城市总体规划的城市设计元素来定义这种形态的积极方面，并为其保护制定规划。在 1968 年开始的初步规划阶段，雅各布斯和他的员工把对整个城市的关注延伸到了诸多居住社区。这种努力赢得了公民对环境和保护运动的支持，这些运动在 1980 年代逐渐成为规划工作的公众参与环节，并在当今成为旧金山规划的主流和必要环节。

在回答新闻记者提问的声明中，阿兰·雅各布斯谈到他未来愿景中的旧金山，“我从来没有能够想出做什么十分不同的事情，在城市形态方面，也不会同现状有什么大的差异（I was never able to come up with anything very different, physically, from what existed.）”。

当然，一切需要时间。雅各布斯上任后的前几年，他的城市愿景并未马上确立；相反，一切仍然延续着重建局赫尔曼的“竞选”或“建筑选美”的模式。正是在这几年里，旧金山中心区内最大的项目之一——轮渡中心和波特曼建筑群中标并开工。

（3）褒贬不一的旧金山高层建筑。旧金山城市建设不乏支持者。格雷迪·克莱（Grady Clay）和雅各布斯、林奇一样，都是洛克菲勒基金会选中的城市研究者，肩负着对未来美国城市发展指明方向的重任。克莱主要通过观察旧金山高层建筑设计竞赛，形成研究结论。克莱描述了旧金山“金门中心”设计竞赛的“出色的表演”。他对该市的重建主管贾斯汀·赫尔曼表达了特别的赞赏。克莱耐心地研读会议记录、笔录、文章和剪贴簿，并进行各种采访，形成积极正面的评论。

同时，对旧金山城市建设的反对声也同样响亮。尤其是旧金山 1960 年代的大量高层建筑建成后，剧烈地改变着城市的形态和整体天际线，以往小尺度和具有精致感的城市不复存在。对此，规划评审决策饱受批评。

轮渡中心项目中，亚特兰大建筑师波特曼在知名画师的帮助下于评审中获胜。已经在旧金山独特城市文化下深耕 20 多年的 SOM 设计公司感到愤愤不平，他们反对这些带着东海岸区划的思维、依靠漂亮效果图和模型的闯入者，认为这是对公众的欺骗和愚弄。他们的建筑师巴西特认为，“如果你把这些建筑单独放在一张桌子上，它们在我们看来是完全合理的；然而，把它们一起放在城市中却是另一回事”。巴西特的判断得以应验——轮渡中心一期建筑建成后，马上招致旧金山民众的反对浪潮，相邻的高层住区项目被改为多层建筑。

此后的舆论开始转向 SOM 设计公司等城市文化保护者。《太阳报》的记者指出，围绕市中心建筑的一连串设计争议分散了旧金山人对真正的“曼哈顿化”威胁的注意力。这些威胁就是旧金山中心区更富裕人口的迁入以及被称为“绅士化”的问题，这将带来中心区尺度的剧烈膨胀。这名记者指出，城市设计的变革是当务之急。

（4）低层高密度的新模式。转折点如期而至。规划审批多年的金门中心高层住宅被叫停，象征着旧金山中心区清一色现代主义高层建筑的城市形态将不复存在，多样化、低层化趋势即将开始。

1964 年 SOM 设计公司设计了一组由 8 栋高层住宅构成的现代主义住区。但最后仅仅实施了其中 4 栋，北侧的 4 栋未实施的建筑被低层高密度形态建筑取代（图 90）。

可以说，金门中心项目是旧金山“抵制曼哈顿化”运动的牺牲品。同时，纵观旧金山当代城市形态演变历程，被历史否定淘汰的城市形态永远不会重现。旧金山极为善于“纠错”，是它作为一座杰出的城市十分突出的传统。

在这个项目中，滨水区的 4 栋高层的搁置，意味着此后旧金山滨水区再无大体量、集簇化布局的高层建筑出现。即使是多年后的 2010 年左右的传教团湾规划，仍然难见高层建筑的身影；相反，众多多样化、低层化、富有创新感的城市形态，更多地代替了遮挡视线和美景的高层建筑。

1971 年旧金山城市设计规划——对高层建筑形态的控制引导效应

在旧金山通过城市更新所形成的高层建筑中，高度最高的泛美金字塔，代表了当时现代主义高层建筑思潮的顶峰。这一纪录直到 2016 年，随着近年来的赛尔斯弗斯大厦的建成才被超越。

泛美金字塔是 1971 年旧金山城市设计规划出台前的项目。泛美金字塔

图 90 金门中心的低层高密度新模式
图片来源：艾利森・伊森伯格

引发了旧金山各界对高层建筑和超高层建筑话题激烈的社会大讨论，它和1971 年旧金山城市设计规划成为一对相反的“合力”，影响了 1970 年代的旧金山城市形态理念。

在高度和景观方面，泛美金字塔因对旧金山城市环境带来的负面影响而广受抨击。在美国建筑师协会的文件中提到，“这栋建筑（泛美金字塔）是旧金山城市的外来物种，并且是不可能外迁的物种”。城市设计学者肯尼斯・哈尔彭也写到，“几乎每一个旧金山市民都希望泛美公司仍然还在原来的建筑中办公，而不曾出现这样的庞然大物”。

泛美金字塔和 1971 年旧金山城市设计规划成为一对的“合力”，影响了1970 年代的旧金山城市形态理念。

1971 年旧金山城市设计规划出台后，高层建筑形态受到约束。市场街 1 号的斯皮尔大厦和金门中心的方案调整最能反映这一引导效应。

位于市场街 1 号的斯皮尔大厦是 1971 年旧金山城市设计规划出台后的第一栋高层建筑，被认为很好地体现了城市设计的理念，“达到了城市设计管理条款中的所有主要的目标”（哈尔彭语）（图 91）。

用地业主是南太平洋运输公司。由于此时旧金山已经开始实行在城市设计理念下的“设计审查权”的规划程序，即“任何新建项目都需要遵循 1971 年旧金山城市设计规划的原则和政策”。因此该用地的设计者在最初就向规划部门请示了其对用地的有关城市设计指标，以及审查过程的其他特殊规定。其中一项规划规定十分特殊，即 1971 年旧金山城市设计规划强调的“新建筑必须重视城市的视域和景观”。在该原则下，由于市场街将旧金山中心区分为两部分，从市场街以北的加州街和松树街朝向滨水一侧的景观将受到市场街 1 号用地的遮挡。用地现状内有一栋 12 层历史建筑，位于用地的北侧。12 层历史建筑的尺度和体量并不对两条街道两侧的建筑景观有不利影响。因此，用地布局首先需要在一个特定的范围内进行，避免出现对周边用地建筑景观的遮挡。

当时的旧金山区划条例和城市设计规定，禁止体量庞大、遮挡景观的建筑形态，尤其是高层建筑形态。因此，规划布局又明确了第二个问题，需要将大体量高层建筑化整为零地分为大小两个体量；两个高层体量既能避免遮挡城市景观，又有利于建筑自身的通风采光以及视野等使用功能。

用地布局还明确了第三个要点，为了旧金山东北海岸滨水景观，距离滨水岸线越近，控制建筑的高度和体量须越小。

在这组建筑规划布局中，还引入了另一个城市设计手法。在建筑内部设置了一条贯穿市场街和教会街的商业走廊，走廊采取屋顶采光的形式，沿线设置商店和咖啡馆，走廊的地面铺装也同市场街的材质色调协调一致，使建筑内体现出明亮的色调（图 92、图 93）。

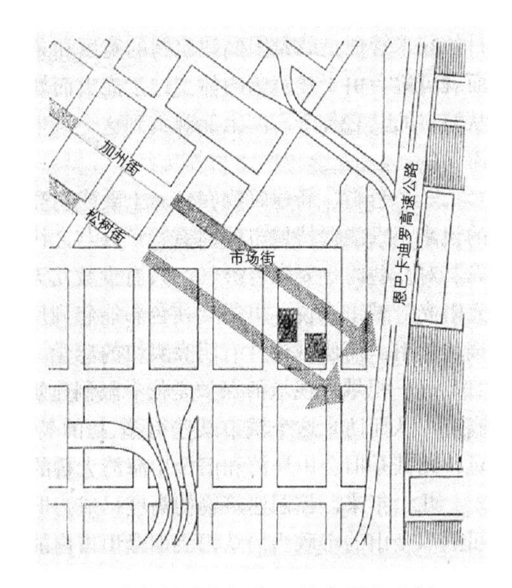

图 91　哈尔彭对市场街 1 号布局的分析
图片来源：肯尼斯・哈尔彭

图 92　市场街 1 号的滨水群体景观，从市场街北侧街道角度看，两栋塔楼完全叠合，减少了对该方向的景观遮挡

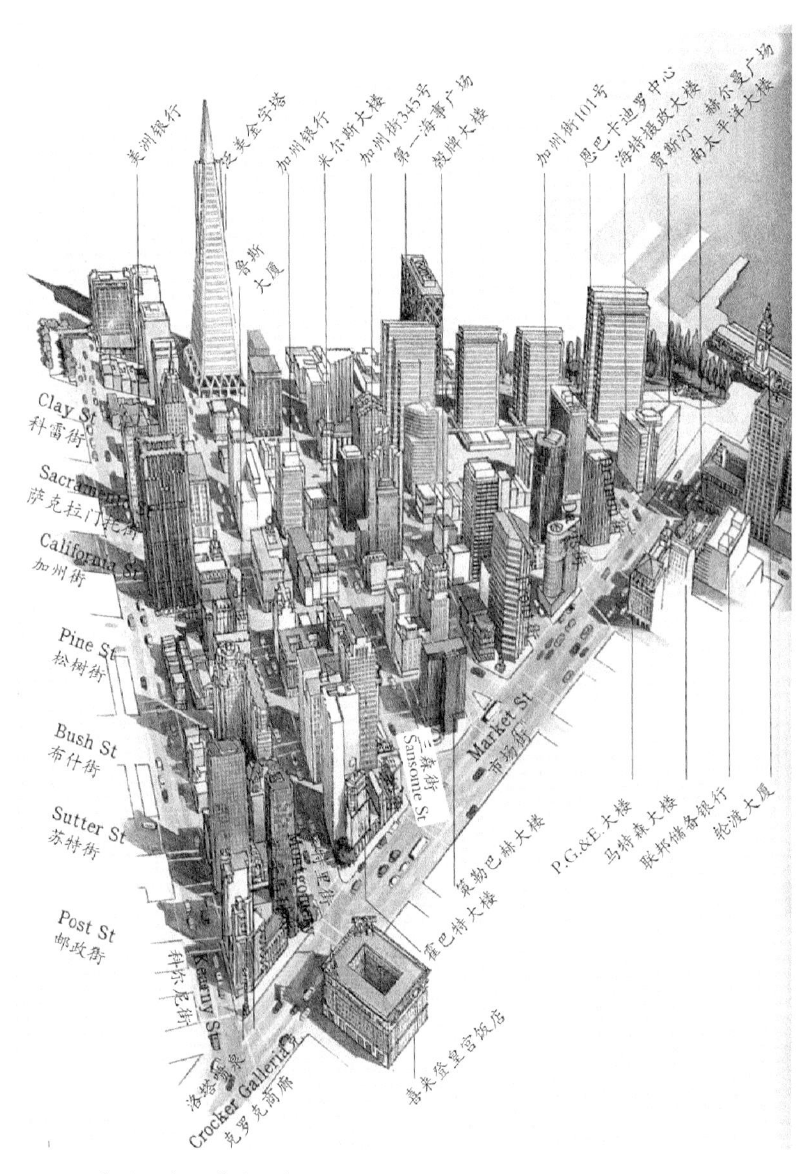

图 93　金融区高层建筑分布
图片来源：猫头鹰出版社《旧金山》

轮渡广场——后高速公路时代的代表

轮渡大厦于1898年由A. 佩奇·布朗设计。如今是美国国家地标建筑，也是东北部海滨的中心。

轮渡大厦用地相邻的轮渡高速公路建于第二次世界大战后，但建成后因遮蔽了城市中心区和滨水岸线的联系，一直处于社会各界对其拆除的呼声中。例如，1956年秋，市民组织举行了一次争取轮渡高速公路“地下化”的运动，但并没有马上成功。随后，1957年7月，旧金山城市规划总监保罗·奥博曼委托建筑师马里奥·齐安皮完成了在拆除高速公路基础上的“轮渡公园”方案，并获得通过，由政府投资建设。但由于政府内部资金问题该方案没有实现，民众感到失落。《旧金山纪实报》评论，“拆除双层轮渡高速公路，建设明亮开阔的公园的梦想就此破灭”。

轮渡大厦所在的旧金山中心区，在1950年代被认为存在“枯萎病”，因此连带轮渡大厦，在拆除后进行“现代”开发建设成为其理所当然的发展理念。

当时，旧金山在市场街最东端的轮渡码头位置选址建设世界贸易中心，将集中城市中最重要的金融保险业。该中心由建筑师威廉·格拉德斯通·麦钱特设计，设计方案借鉴了塞维利亚的吉拉尔达大厦。轮渡大厦被置于透明玻璃结构的综合体中，围绕在中央塔楼两侧的是一系列庭院，喷泉和露台位于中心位置（图94），所幸该项目因缺少资金而被搁置。

（1）轮渡区更新。此后的“东北滨水区城市设计”促进了历史性轮渡建筑的修复。此外，设计还要求在轮渡大厦和22号码头之间保持开放水域，以缓解密集发展的市中心地区的压力，并确保轮渡大厦的突出标志性。轮渡大厦目前仍然是水上进入城市的主要入口，增加了轮渡、游览船和水上出租车服务，以及其他水上交通方式，并提供停泊历史船只和游艇的地方。

1984年，贝聿铭的旧金山轮渡中心方案对轮渡大厦进行恢复，拆除1950年代的改建建筑，并将该地标变成一个多功能建筑，作为一个豪华市场的入口（图95）。

贝聿铭的设计方案被认为更加贴近于实际需求，其基本理念得以确定实施，但两侧码头的填充式建设没有实现。

今天，在轮渡大厦内部形成了一处深受人们欢迎的兼有交通和商业市场性质的建筑，建筑周边提供了多种水边体验。

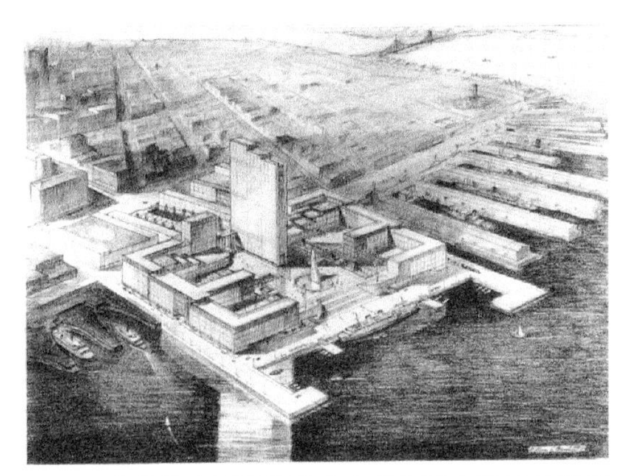

图94 麦钱特在拆除轮渡中心的用地上设计的世界贸易中心

图片来源：Daniel P. Gregory

图95 贝聿铭的轮渡中心方案

图片来源：萨莉·B. 伍德布里奇

（2）轮渡广场和赫尔曼。1989 年高速公路因地震开裂后，旧金山结合轮渡大厦前区广场进行了完整的城市设计，形成了集环境、交通和景观于一体的城市设计范例（图 96）。

“贾斯汀·赫尔曼广场”位于轮渡大厦和轮渡中心之间，于 1962 年由园林建筑师哈普林设计，最初为“轮渡广场”，此后为纪念城市更新局局长贾斯汀·赫尔曼而更名。广场的焦点是一个 12 米高的混凝土喷泉，由雕塑家阿尔芒·维尔兰科特设计（图 97）。该雕塑在广场设计中起到了关键作用，是哈普林倡导多专业交流合作的结晶。

哈普林设计公司将赫尔曼广场评价为“美国为数不多的成功的现代主义城市广场之一”，并认为在今天应作为文化遗产加以保留。

广场以贾斯汀·赫尔曼命名，显然是对他个人的赞颂。赫尔曼在 1959—1971 年长达 12 年的城市更新局局长任期内，对整个旧金山中心区进行大规模更新改造，将以往的滨水仓库区变身为高层大厦（图 98）。

赫尔曼的政治生涯始于富兰克林·罗斯福的新政时期，他精力充沛，坚信建筑学的力量，尤其相信现代主义风格的建筑设计能对城市更新起到积极作用。在他 1959 年担任重建局局长之前，曾任住房和住房金融局地区办公室

图 96　轮渡高速公路拆除后的整体景观设计
图片来源：marina.com

图 97　阿尔芒·维尔兰科特设计的喷泉雕塑
图片来源：marina.com

图 98　轮渡建筑和周边滨水码头
图片来源：marina.com

主任，他当时一直是该市重建步伐缓慢的主要批评者。赫尔曼上任重建局的第一个项目是“金门项目”竞赛，被认为是一次成功的设计竞赛。

但作为城市更新的主导者，显然避免不了批评的声音。

赫尔曼是旧金山重建局的负责人，他在 1960 年代曾亲手拆除具有多元文化的菲尔莫尔区，这正是赫尔曼饱受争议之处。今天的加州大学伯克利分校城市规划系教授切斯特・哈特曼，也是前哈佛大学教师，在 1993 年出版的《被出卖的城市》一书中，称赫尔曼扩大了重建机构的权力和影响力，将其从一个 60 名城市雇员的小团体发展成一个 460 多人的大型团队。但对赫尔曼的褒奖和辱骂贯穿于他的一生：在市中心的高层办公楼、银行和市政厅，他是“圣人”一般的存在，而在菲尔莫尔区的住房项目和街区中，他被描绘成“白人魔鬼”。这一截然不同的判断，揭示出美国尖锐的深层矛盾，种族问题渗透到城市社会深处，盘根错节，已经难以平复。

近年来，在赫尔曼去世近 50 年后，对其反对的声音日益明显。2017 年《旧金山抵制报》，记者亚当・布瑞克罗报道了当代旧金山人们对赫尔曼的争议。请愿书作者朱莉・马斯特林反对用赫尔曼的名字对公共空间命名。

这样的争议必将持续下去，恰如城市更新中处理延续社会结构、引入商业活力等纠结的问题一样。它们提醒我们，必须倍加谨慎地做好城市更新和保护的平衡。

当代的城市更新和形态填充

如今，在旧金山中心区内的高层建筑建设已经基本停止，更新建设活动都局限于较小的规模，采取的方式方法也多种多样。

（1）高层公共建筑——重现生机。今天的丽思卡尔顿俱乐部和公寓曾经是旧金山最早的高层建筑，1890 年《旧金山纪实报》报道称其建成后将作为办公楼。该建筑共有 10 层楼高，最高的钟楼高达 66 米，成为旧金山第一座摩天大楼和西海岸最高的建筑。

该建筑曾于 1906 年地震后，由建筑师威利斯・波尔克重建。1962 年，为了使这座建筑现代化，业主用铝、玻璃和瓷镶板覆盖了原来的砖石外墙。

2004 年，丽思卡尔顿俱乐部成为新业主，申请恢复原有立面，将建筑改为住宅用途，并在现有结构上增加 8 层。老纪实报大厦也因建筑立面的恢复而使得立面的上下两段新旧差异明显。尽管建筑并未做到保持历史原貌，但仍于 2004 年被指定为旧金山第 243 号地标性建筑，具有历史文物建筑地位。显然，该建筑通过创新，实现了“新旧共存”的活化效果，也延续了建筑最初作为高品质业态功能的传统（图 99）。

（2）中高层公共建筑——微量增建。三森街 545 号（图 100）现有建筑占地面积按规划可延伸至华盛顿街及其后面大部分未开发部分的土地，因此向规划部门提交了继续进行该项目的正式申请。

而在扩建后的大楼和红木公园之间，新的 90 多平方米私人拥有的公共开放空间被设想作为现有公园的延伸，“同时尊重公园的原貌和新旧分离”。

（3）低层公共建筑——谨慎填充。在百老汇 425 号现状停车场地块（图 101）上，有两个方向的沿街面，拟建设一座 6 层的混合用途建筑。

新的设计被称为“蒙哥马利广场”，容纳 38 户住宅、底层零售空间以及 2 500 平方米的办公空间。规划利用加州的密度奖励法，可以从规划部门限高 40 英尺基础上，通过采取混合功能、建设部分福利住房以及延续传统文脉的方式，将高度提升到 65 英尺。

图 99　丽思卡尔顿俱乐部和公寓的复原
图片来源：《旧金山纪实报》

图 100　三森街 545 号扩建
图片来源：旧金山规划局

图 101 百老汇 425 号现状停车场地块更新
图片来源：旧金山规划局

唐人街

唐人街的历史

旧金山淘金热前不久起，中国因鸦片战争开放广州地区，广东的年轻人外出移民的主要目的地就是旧金山，华人主要从事淘金和筑路工作。

唐人街的选址充分体现了中华智慧和“风水”人居理念。旧金山有谚语“云雾不至唐人街（The fog never comes to Chinatown）”，旧金山无处不在的雾气却唯独难以抵达唐人街。

唐人街（图 102、图 103）内的格兰特街（地震前叫杜邦街，当地华人称“都板街”）是旧金山最古老的街道，它是旧金山第一次官方地图上出现的街道。唐人街最初的功能是海运，围绕朴次茅斯广场，处理进口货物，华侨们的店铺为各类旅客提供食品、饮料和娱乐设施。

此后，唐人街形成了最早的商业中心萨克拉门托街，时间是淘金热之后的 1853 年。在接下来的 10 年里，旧金山成为许多在加州从事采矿和筑路的华人的集结地。在美国内战期间，华人走进加利福尼亚州新兴轻工业、鞋业、雪茄和服装工厂之中。在旧金山，大多数唐人街商铺出售中国商品、干货、食品和药品或提供相关服务。随着中国人数量的增长，唐人街商业区逐渐繁荣（图 104、图 105）。

美国内战后，由于战时经济放缓和金矿枯竭造成的失业，导致劳工骚

图 102 1898 年的旧金山唐人街罗斯小巷
图片来源：http://www.onlyinyourstate.com

图 103 唐人街全景
图片来源：marina.com

图 104 唐人街内的街道——科雷街

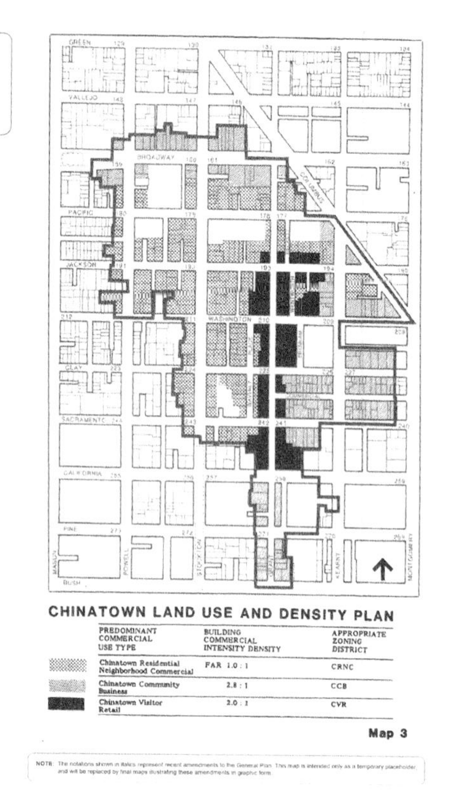

图 105 唐人街用地范围和用地区划
图片来源：旧金山规划局

乱，并进一步引发对中国人的敌意加剧。一些政客偏激的言论又进一步刺激了反华立法，华人和华人企业受到不利影响。《柏林盖姆条约》(Burlingame Treaty，1880 年) 通过后，限制进一步从中国移民，当地通过了限制中国企业的法律。

同时，唐人街成立了强有力的互助组织，包括几个协会，如联合慈善协会或“中国六公司”，协会为华人提供援助、调解争端和抗议反华立法。

此后，对华人企业的限制和《贫民区条例》最终被认定违宪。华人协会得以延续，一直以来都是唐人街社会十分重要的组成部分，其拥有包含商业、住宿和会议空间的多处建筑物。

从内战到 1900 年，唐人街一直是一个男性飞地。到 1890 年，人口普查显示加州的华人人口总数为 72 472 人，其中 96% 为男性。据报道，到 1900 年，该州的人口已降至 45 753 人，直到 1950 年才再次增加到 40 000 多人。唐人街一直是在美中国华侨的主要庇护地。

1906 年旧金山地震后，尽管承受着反华政治压力，如唐人街曾被建议改迁至遥远的滨水地带，但在华商领袖陆润卿等人的领导下，唐人街仍坚持在原址重建。

除了华人社会的坚持外，中华文化在此时的旧金山已经改变了白人的偏见而受到欢迎，成为旧金山城市不可分割的一部分。如地震前曾在金门公园“深冬”(Mid-winter) 博览会上设置了一处中国馆，得到了旧金山人们的喜爱。在火灾后的唐人街重建过程中，大量中国元素被更加自信地引入，如宝塔屋顶，鲜红色、绿色和黄色，带有中国图案的阳台、屋顶细节等。同时，中国传统建造对材料的选择和节省，也赋予其更多特色，地震前建筑的原始砖块被重复使用，使唐人街今天看来具有更突出的历史和考古价值。目前，旧金山唐人街内有 250 多座历史建筑。

1960 年代后，随着华人移民的合法自由，更多来自中国港台等地区的中国人进入旧金山，增加了唐人街的商业活力，但也带来了这里的住房短缺问题。偏爱安静环境的中国人开始迁往城市西部的里士满和日落区，就此离开唐人街。但他们仍然保持在唐人街购买中国药材、特产的习惯，与唐人街的宗教、社团和政治机构保持着密切联系。

1980 年唐人街的常住华人约 1 万人，占旧金山全市华人总人数的三分之一。当时唐人街居民家庭收入（1 万美元）低于旧金山平均水平 50%。

目前的旧金山唐人街具有三大功能:（1）居住和生活中心——拥有 10 000 到 15 000 人口的居民区，主要是老年人和最近的移民家庭；有中文报纸、杂货店、鱼肉市场和小商店。（2）华人文化中心——是宗教、政治和社会服务组织的中心，也是旧金山湾地区更多华人的专门购物中心。（3）旅游目的地——唐人街是旧金山大多数游客的目的地，许多唐人街餐厅和礼品店都由强大的旅游业支撑。每年到旧金山的游客有 200 万到 300 万人，其中至少有四分之三的人会到唐人街旅游。在游客高峰期，游客人数可能超过当地居民。据估计，唐人街 2 万个工作岗位中，约有三分之一与旅游有关。

此外，旧金山唐人街不仅是华人的文化中心，更是区域影响力的中华文化中心。美国著名学者、普林策奖得主道格拉斯・R. 侯世达在他父亲任教的斯坦福大学长大，成年后他回忆起自己的童年生活，“每隔几个月，我的父母就会带我去旧金山，并且必然要光顾那里的唐人街，逛一逛中国商店，在中餐馆吃饭。这种旅行总能给我极大的快乐”。想必这是中华文化在美国的强大吸引力所致。

唐人街的城市设计

目前，旧金山唐人街已经被作为文化遗产，在城市设计中确立了“保护唐人街独特的城市特色、自然环境和文化遗产”的城市设计目标。旧金山当地谚语“云雾不至唐人街”也表明唐人街的规划格局，包括良好的日照和通风条件有助于这里良好的微观气候。

在高度控制方面，旧金山城市设计提出，唐人街虽紧邻中心区，却并不应作为高层开发用地。要保持唐人街 75% 的建筑高度在三层及以下的体量格局，三层以上的新建建筑需要退缩。除了希尔顿酒店，及其以北的旧金山城市学院唐人街分址有 200 英尺限高外，其他用地都保持在最高 65~85 英尺的建筑高度控制。

在高度和体量关系方面，唐人街城市设计提出，“高度在 40 英尺以上的建筑物，建筑平面的对角线尺度不应超过 100 英尺，以及沿街面宽度控制在 50～75 英尺”。对于确实需要超过上述控制要求的新建建筑，为实现体量控制目的和环境协调，需要将立面划分为多个独立单元，或在高度上进行退缩，以符合上述控制要求（图 106、图 107）。

格兰特大道（都板街）（图 108）是一条特色购物街，集中了中国风格的建筑，有助于城市的视觉多样性。许多以旅游为主的餐馆和礼品店都集中在这里。街道的现有特点、用途和规模应予以保留，同时为未来的经济扩张提供适度的潜力。

图 106　加州街和都板街的中国宝塔建筑

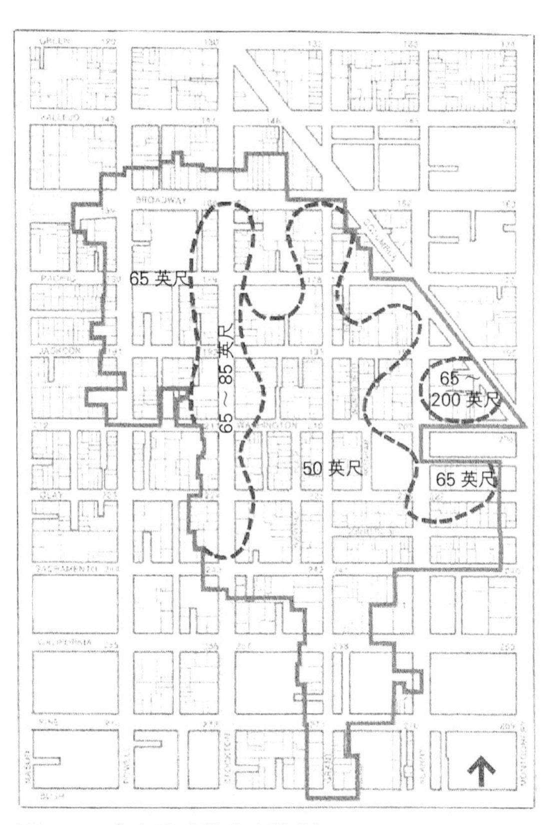

图 107　唐人街建筑高度控制
图片来源：旧金山规划局

图 108　唐人街内的街道——都板街

北滩和电报山

人们通常将电报山同周围的意大利人社区统称为“北滩”，其名字缘于此处原为填海前的海滩。为突出电报山的城市形态核心地位，在这里直呼其“北滩和电报山”。北滩同金融区相邻，同金融区、唐人街三部分构成了既紧密相关又各具特色的整体。

北滩和电报山是具有地中海传统的欧洲文化特色山地社区，电报山（图 109）可从两个方向俯瞰海湾，北滩较其他平坦地段的格局优势在于充满了南欧文艺复兴特色，一条斜向的哥伦布大道将教堂、公园等城市设施串联起来，包括著名的城市之光书店、圣彼得和圣保罗教堂等。哥伦布大道呈 45° 方向，实际上是沿着电报山和俄罗斯山之间山谷方向，这样的走向使道路十分平缓地联系起北部海滨和东侧轮渡区。

电报山存在的意义是，可以弱化相邻一侧高耸金融区的视觉冲击力，为金属玻璃高层建筑群提供更加自然的富有生气趣味的尺度感和真实感。尤其

图 109　电报山和中心区
图片来源：marina.com

图 110　从唐人街一侧的希尔顿酒店看向电报山

图 111　奥尔菲德 1927 年的油画《电报山》展现了电报山意大利聚居区的生活风貌
图片来源：猫头鹰出版社

图 112　电报山上的意大利风格住宅
图片来源：旧金山规划局

是从水岸和渔人码头望去，作为中景的电报山为远景的中心区提供了极佳的过渡和屏障（图 110）。

旧金山画家奥尔菲德 1927 年的油画《电报山》展现了电报山意大利聚居区的生活风貌（图 111）。意大利人的住宅更喜爱独立建筑形态，建筑之间有更多裸露的岩石，台阶踏步穿插其中，社区建筑一直建设到山顶。这些特征都保持到今天。正如《旧金山评论报》对这幅油画的高度评价，“也许将来电报山将不复存在，但这幅油画将会因充满诗意的永恒记录而得以永存”。是的，幸运的是电报山仍然安然存在，更幸运的是，意大利人这些传统的住区形态也仍旧保持着（图 112）。今天的我们同当年的报社撰稿人是相通的，我们希望认识到的、努力保存的，都是“能在未来恒久存在，并具有诗意的内容”。我想，这应该就是城市形态学者们付出长时间艰苦工作的最终目的。

东北部滨水区

东北部滨水区（图 113、图 114）是从西侧美森堡开始，一直到轮渡码头的狭长岸线，包括金门国家娱乐区，以及用于酒店、餐厅和专卖店等商业功能岸线，如 39 号渔人码头（图 115）、吉拉台里广场（吉拉台里广场是产业建筑适应性再利用的成功范例，也是滨水区主要商业中心）。此外，还包括一系列港口和渔业功能地区，海德街附近有商业捕鱼船队码头，及其罐头厂、加工车间和停泊港口等。

东北部滨水区的历史和现状

最初，东北部滨水区聚集了大量水手和淘金者，人们利用闲暇时间，在这里漫步，欣赏港口和海湾的美景。

但随着时间的推移，东北部的滨水区与城市的其他部分越发分离。1930 年代海湾大桥的建成导致跨湾轮渡业的衰落。轮渡高速公路的修建及其下方的停车场都给海湾造成了视觉和物理障碍。第二次世界大战后集装箱技术发

图 113　从北滩看向东北部滨水区
图片来源：扬・盖尔

图 114　东北部滨水区
图片来源：旧金山规划局

展，对岸的奥克兰拥有大型港口，旧金山诸多海运功能更是生存艰难。

1960 年代，大量非海运功能进入东北海岸。随着空置仓库和未充分利用的房地产数量的增加，规划工作的重点是将这些区域转变为商业和住宅用途，以补充旧金山市中心不断增长的金融和商业服务中心。

今天，旧金山东北部滨水区努力维持港口相关功能，但仍旧经营惨淡，一些码头空置且破旧。但旧金山市政府并没有简单地进行用地更新置换，而是坚持保持港口、冷库和相关工厂等港口相关功能，政府仍希望看到城市拥有这样的滨水功能，并长久作为海岸应有的一部分。

因此，在旧金山规划中，东北部滨水区的其他码头将继续全部或部分用于商业捕鱼、海上支援、巡航、远足、轮渡和其他商业和娱乐性海上作业，这些作业将维持滨水区的工作状态。

然而近年来，由于海事作业持续萎缩，政府也在坚持原来政策的基础上，引入了少量商业开发、公共交通和开放空间，同时这些功能空间带有“可逆性”的特点，采用低造价、非正式的建筑形态。

旧金山滨水区的全民“信托”属性

美国滨水用地，尤其是政府主导下填海而成的用地（旧金山大量滨水用地在此范围），在法律上存在“公共信托”属性，即本质上这些用地属于全体市民，但通过“授信”方式，交给港务局等政府部门管理。作为受托人，港务局和政府需要努力确保这些滨水用地的持续发展，促进海上商业、航运、渔业、自然资源保护以及海上娱乐设施等发展。

1985 年的《东北部滨水地区规划》提出了一系列的更新措施，改善渔人码头到中国盆地的城市环境，拓宽人行道，引入公共艺术和街道家具。1997 年 6 月，港口委员会通过了《海滨土地使用计划》，规划目标是维持和改善滨水工作区，复兴港口，增加滨水活动的多样性，体现滨水区城市设计特色。

各码头的城市设计政策

旧金山东北部滨水区（图 116）城市设计对这里的发展目标概括为：“根据东北部滨水区与海湾、港口、渔业和市中心区之间的特殊关系，充分开发东北部滨水区的潜力；提高东北部滨水区独特的审美品质，包括水、地形、城市

图 115　具有餐饮特色的 39 号码头
图片来源：marina.com

图 116　从诺布山看向东北部滨水区
图片来源：http://marina.com

和海湾的景观以及其历史海洋特征。”主要包含以下几点：

（1）鼓励维持渔业活动。在仍然可以进行航运和相关的海事用途的码头，渔业活动将得到维持。保持和扩建渔人码头的商业和娱乐性海上作业（如游轮、远足、轮渡、历史船只、娱乐性划船，图 117）和渔业设施。

（2）在滨水用地更新中，创造真实的海洋体验和强烈的历史延续感，保持海湾的自然感受，提升地区的滨海特色。

（3）通过引入新功能，以混合功能为主，尝试改善和增加滨水商业和娱乐设施、开放空间和交通空间，增加亲水活动和景点，增加公众对滨水区的体验。

（4）在内陆地区，主要规划功能是住宅和商业，如办公室、面向社区的零售和服务企业以及社区和文化设施。增加公共交通，减少汽车出行和停车需求，以及将休闲区与社区设施连接起来的步行和自行车道。保持具有历史价值的建筑物、传统住宅区和产业建筑。

（5）加强和拓展东北部滨水区的游憩特色，发展一个具有高度游憩价值、并与城市周边地区协调统一、在市民心目中具有认同感的滨水地带。增加公众对水边的可达性，使他们更好地在此享受水和天空。

图 117　旧金山金门邮轮母港
图片来源：Chuck Kennedy

1960 年代，由于航运业的变化导致港口在东北部滨水区的散杂货业务减少，相关制造业企业纷纷离开。随着空置仓库和厂房数量的增加，规划倡导按照吉拉台里巧克力厂的模式（见后文），将这些不可避免地进行适应性更新的用地转变为商业和住宅用途，以补充旧金山市中心不断增长的金融和商业服务需求。

东北部滨水区城市设计中，当提到港口工业建筑的“适应性更新”概念时，用下列功能解释：“适应性用途，如艺术家或设计师工作室或画廊、零售、博物馆、游客服务活动，或存有渔业功能的水产品加工建筑，但新功能须保持现有渔业特色和魅力，不妨碍渔业企业的回归，亦不会造成严重的交通堵塞。”两方面内容：一方面，形态功能方面同以往的渔业相关工业形态协调；另一方面，一旦传统渔业活动回归，需要这类“适应性更新”功能及时退出，这体现出近似于文物建筑保护的“可逆性”原则。

在新项目开发建设过程中，城市设计要求统一建设公共开放空间，贯通通往水边的公共通道，为城市创建一个“步行化的码头区（portwalk）”，东北部滨水区的码头区，需要尤其强调内部步行道同周边国王街和杰斐逊街等城市道路的衔接。

吉拉台里巧克力厂适应性更新及其重要意义

1964 年，吉拉台里广场实现了适应性更新，为城市传统产业建筑更新提出新理念，也为中心区的办公和商业建筑在摩天楼形态之外提供了新的选择。

1960 年代的旧金山是一座保守派精英与码头工人聚居共存的城市——挤满了垮掉的一代、嬉皮士等年轻人，大量游客、艺术家给城市带来了变革和解放的整体气氛。人们眼里的旧金山是一个美丽、自由、轻松愉悦、多样化、人性化的西部小尺度城市。

1960 年代初，现代主义者开始着手改造这座具有历史意义的滨水区，一些人在公开表达矛盾情绪的同时，也呼唤如何以新旧融合的方式，迎接符合时代需求的城市更新策略。

比尔·罗思对吉拉台里的投资被旧金山人们赞誉为“明智而深思熟虑”。他开始于非营利的公益性质，反而形成了一种新的城市设计模式，将历史与现代、城市保护和更新、市民与游客等因素融为一体。

另一方面，吉拉台里更新也促成了一种城市公共设施和商业开发的新模式，引入现代元素，超越了保护主义的局限。

（1）吉拉台里巧克力厂所属的滨水区——旧金山第一个加州滨水公园。说到吉拉台里更新必须提到巧克力厂南侧的海事博物馆馆长卡尔·科尔图姆，他从1949年开始就对这段滨水区有坚定的构想。科尔图姆的构想中不仅包含博物馆和滨水岸线，也将巧克力厂纳入进来。

科尔图姆来自旧金山之外的内陆城镇佩特鲁马，但他对船只兴趣浓厚。科尔图姆收购整合了原来位于海滨绝佳位置的游泳馆，成立旧金山海事博物馆并担任馆长。1949年，受到美国北部城市西雅图做法的启发，科尔图姆又将海事博物馆由一栋建筑扩大到整个海湾，包括一个历史公园（整合了船舶、码头、工厂和仓库）、两个博物馆、一个“维多利亚式”公园以及一条商业街（图118）。其中，吉拉台里巧克力厂位于海事博物馆北侧。按照当时科尔图姆的设想，吉拉台里巧克力厂会被更新重建，但新建建筑形态同以往差异不大，并通过覆土建筑，获得更加开敞的公共空间，同时延续旧金山小尺度的滨水特色（图119）。

（2）罗斯收购和更新。1962年初，报纸刊登了位于东北海滨区的吉拉台

图118　1949年，受到美国北部西雅图做法的启发，科尔图姆又将海事博物馆由一栋建筑扩大到整个海湾
图片来源：艾莉森·伊森伯格

图119　鸟瞰图（约1961年），曲线市政码头和海德街码头（右侧）围合而成的海洋历史街区
从左边起依次可见水平的要塞建筑、丰塔纳双子公寓、吉拉台里巧克力厂综合体（还是博物馆圆形的白色外观就像一艘船）、低矮的仓库（包括大型哈思莱特综合大楼）
图片来源：艾莉森·伊森伯格

里巧克力厂的业主正同买家进行“试探性磋商”，新闻报道了新的投资者将拆除这家富有悠久历史的工厂，建设高层建筑。

在当时相邻的旧金山海事博物馆馆长卡尔·科尔图姆的劝说下，年轻的旧金山普通市民比尔·罗思买下了这座工厂。

此后，比尔·罗思曾考虑赋予这些与众不同的工业建筑多种功能，包括尝试作为加州大学的“飞地”校区。他的这个想法得到了校方的认可，很快就被承诺，一旦合作达成，年轻的罗斯将获准进入加州大学董事会。当然，大学的功能很快被否定，但从中能看到巧克力厂的巨大价值。

建筑师罗伯特·安申向罗斯建议，这一紧邻海湾的厂房并不普通，而是“旧金山最宏伟的建筑之一，也是旧金山的“无与伦比的内在价值”。科尔图姆的理解也同样深刻，“它是海湾的守护者，远行的水手眼中的地标，它背后紫色的山丘和城市的光亮，都热情地迎接着经过的船只和水手们”。

设计策略方面，罗斯承诺保护吉拉台里老厂房，并向公众保证，即使突破现行的40英尺限高，新业主“也没有在土地上建造高层建筑的意图”。他们看重历史特征，“而不仅仅是为了利润而投资”。罗斯解释说：“我们的规划并不是为了获得最高的经济效益……但什么才是最有价值的呢？向旧金山人民致敬。”

科尔图姆对罗斯理念和设计师选择方面影响很大。科尔图姆在早前参与加州滨水公园规划的过程中，通过与当时建筑师的接触发觉建筑师们都有些自命不凡，但缺乏创造力。他给罗斯的信中写道：“我遇到的大多数建筑师都误认为自己是‘舞台的中心’。”

哈普林参与的穆瑟设计公司方案，证实了科尔图姆最担心的事情。这个已经小有名气的设计师的作品，无视建筑的历史价值，即使在当时的现代建筑中也不算是优秀的作品。吉拉台里广场内部场地看起来像国际机场中一个普普通通的车库顶部（图120）。

（3）团队化、综合策划性质的吉拉台里巧克力厂更新设计。哈普林和穆瑟方案被否定后，一群各行各业的人们聚在一起，反而探索出来一种新型的城市更新模式。

罗斯改为广纳贤士、不拘一格的方案讨论模式。1962年，各行各业的人们被邀请对吉拉台里巧克力厂进行更新设计。有现代主义建筑师、历史学家、编辑、城市重建管理者和务实的房地产经理，也包含来自郊区商业中心、酿酒厂、牧场庄园等所谓“圈外人士”——迥然不同领域的理念和咨询人员汇集在一起。厚厚的咨询文本将“外行”和专业设计师的想法整合起来，形成一系列有吸引力的概念，尤其是融合了城市设计和房地产建议。著名的投资咨询师也对投资决策、管理实践进行了慎重的权衡。

在吉拉台里更新设计的过程中，这种混合是普遍存在的，但从根本上说，在旧金山，吉拉台里更新使1960年现代主义建筑师第一次从事历史建筑保护和适应性利用工作，并通过最初几年的广泛尝试探索，迅速奠定基础，找到了可行的路径。

在这个繁杂的专业队伍中，从附近的杰克逊街室内设计行业聚居区走出的一位女设计师贝弗利·威利斯引人注目。贝弗利·威利斯是杰克逊广场室内设计公司雇佣的首批建筑师之一。她融合了建筑设计和室内设计，形成了独到精细的设计理念。她的代表作品为1966年的联合街更新项目，该项目

图 120　1961 年和 1962 年穆瑟设计公司设计的两轮方案，而在第二轮方案设计过程中，罗斯已经开始了多方面策划
图片来源：艾莉森·伊森伯格

1980 年获得加州设计最高奖——州长设计奖。

当罗斯一家买下吉拉台里巧克力厂时，推土机似乎已经停止了。吉拉台里巧克力厂获得成功的同时，旧金山的建筑师团体也因此赢得了赞誉。他们善于团队合作，能吸收来自多方面的“营养”。因此，很多人都自称是吉拉台里适应性更新设计的设计者，但都确切地说，应该是“之一”，一大群在业主罗斯以及更有经验的博物馆馆长科尔图姆周围的参与者，承担了传统上建筑师和开发者等多重身份的职责，也为项目奉献了多样化的理念。

在今天的吉拉台里临近西侧入口的钟楼建筑内，经过大厅，游客可以抵达工厂车间，看到德国机器和生产流程，购买只有当地才能买到的特色巧克力食品。西南侧的沿街广场很好地引导来自滨海区域的游人，拾级而上，抵达街坊的中心水池和广场。

改造过程中对用地东西两侧的道路进行了区别对待。东侧道路具有优美的海景，因此在这条道路上设置了主要的出入口；西侧道路正对着博物馆，景观质量差一些，则安排了内部运输出入口。面对海滨的建筑是餐厅和商场，沿街立面增加了大量玻璃，使建筑更加通透（图 121、图 122）。

高地轴线：诺布山 / 俄罗斯山

诺布山—俄罗斯山，是一系列旧金山重要地标构成的南北方向序列，是

图 121　从北侧看吉拉台里巧克力厂和海湾
图片来源：Marina.com

图 122　今天的吉拉台里巧克力厂
图片来源：Marina.com

环绕旧金山城市中心区西侧边缘的两个著名地段。两者几乎连接为一体，构成了几乎垂直于北部滨水区的南北方向空间秩序。从南、北两个方向看，都具有明显的秩序和设计感。

“俄罗斯山”这一旧金山著名社区的名字可以追溯到淘金热时代，当时的定居者在山顶发现了一个小型的俄罗斯墓地，因而得名（图 123）。

诺布山的名字同“财富”和“尊贵”紧密结合在一起。尽管人们也说不清楚“诺布”一词是来自英文中的“贵族 nob”，还是印第安语的“百万富翁 nabob”。诺布山是眺望海湾的绝佳地点，站在诺布山上，渔人码头、电报山、俄罗斯山和金融区都能尽收眼底（图 124）。

俄罗斯山

早在 19 世纪后期，俄罗斯山就建设起一栋栋豪宅。1906 年旧金山大火后，这里多数房屋罕见地得以幸存，人们认识到山顶高地的稀缺价值，此后用地更集约的联排别墅大量出现，甚至有更为密集的公寓。而俄罗斯山山顶几栋现代高层住宅则主要建于 1950—1960 年代（图 126），对于其中的过程和经验，我们在后文“城市设计原则的修正——绿街 999 号和伦巴迪亚”中讨论。

俄罗斯山东侧面对城市方向，成为最早发展起来的地区，今天看来也最为精彩，被赞誉为“玫瑰花街”的著名景点伦巴第街就位于此（图 125）。

俄罗斯山东坡的玫瑰花街（图 127、图 128），是海德和莱文沃思街之间的俄罗斯山的单向车道，其中道路有 8 个急转弯（或转弯），这使得街道成为

图 123　早期的俄罗斯山

图 124　诺布山（近处）和远处的俄罗斯山遥相呼应

图 125　从电报山看伦巴第街和俄罗斯山。图片右侧的朗伯德街上有著名的“世界上最弯曲的街道”，中间最高建筑为“美景塔套房旅馆”，通过打碎板式建筑的手法，形成了小体量的建筑形态

图片来源：伯纳・加德农

图 126　因旧金山市民反对在俄罗斯山上建造高层住宅，1990 年代后，旧金山将山顶上的新建筑物的高度降低到 40 英尺。这个限制今天仍然存在

图片来源：史蒂夫・雷曼，《旧金山论坛报》

图 127　玫瑰花街

图 128　电报山东坡的整体风貌

世界上“最弯曲”的街道。最初，这条街道由用地所有者卡尔·亨利于1922年设计，弯曲的形态设计是为了减少山坡高达27%的坡度。如今，游人乘坐制造于1893年的老街车，从轮渡码头和联合广场驶来，既能在这里俯瞰俄罗斯山弯曲的花街，又能遥望远处的电报山，将旧金山充满趣味的山地城市形态尽收眼底，同时铃铛街车也给游人带来了难得的怀旧浪漫情怀。

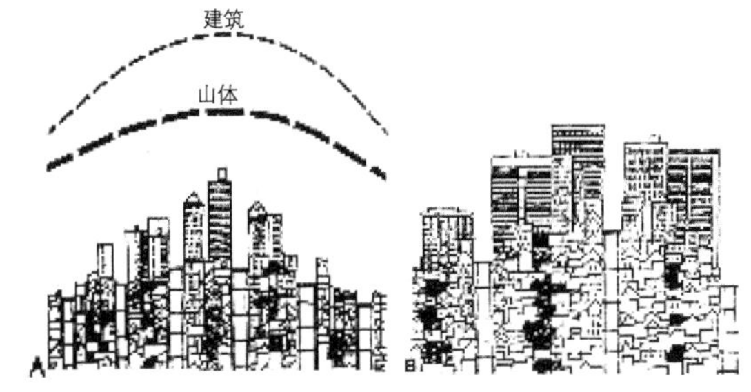

图129 1971年旧金山城市设计规划中将俄罗斯山城市风貌作为城市设计的一种可以借鉴的模式

俄罗斯山是旧金山城市设计的一个骄傲。在1971年旧金山城市设计规划中多次提及俄罗斯山独具特色的城市风貌，将其作为城市设计的一种可以借鉴的模式（图129）。如在城市设计原则部分第10条提道：“俄罗斯山保留历史的、低矮和小尺度的建筑和场地，将其同大尺度的塔式建筑融洽地混合布置，这样的格局将会有助于创造独特的城市景观特色，保持一种开敞和绿色空间的感受，并创造更加宜居的环境。”[2]

城市设计原则的修正——绿街999号和伦巴迪亚[3]

完美的俄罗斯山城市景观也曾遭遇过危机，但只是幸运地得以避免，这一过程值得细细回味。

开发商约瑟夫·埃彻勒，于1963至1965年间在俄罗斯山建设了当时城市中最高的建筑——绿街999号（图130），该建筑精雕细刻并富有现代气息，赢得了业主的赞赏（至今仍然是旧金山顶级豪华公寓[4]）。受到当时周边地形和建筑的衬托，该建筑的体量尽管高大，但也在人们以及旧金山城市景观可接受的范围内。

但这个山巅的庞然大物显然破坏了旧金山的城市形态，与其说是破坏了物质形态层面，不如说是动摇了人们对城市形态的传统认知。它如同一个怪兽闯入了旧金山历史地区这个完整平静的“生态系统”，或者说给旧金山城市设计领域“带了个很坏的头儿”。从此，旧金山社会各界对建筑高度的恐惧开始放松，认为在山巅建设高层建筑不会对城市形态有害，甚至可以作为赞扬推广的做法。如此后的1971年旧金山城市设计规划就提到，城市设计规划的理念即“靠近山顶的高大细长建筑强调形状……并保留景观”，所倡导的做法正是俄罗斯山绿街999号的布局。但当时的问题

图130 绿街999号和伦巴迪亚。位于图片近处的伦巴迪亚，最终于1989年建成，是一座地中海风格的2~3层建筑群

是，人们并没有料到山巅高层建筑持续增加后形成密集高楼所带来的城市景观灾难，恰如此后的林孔山。难以想象如果俄罗斯山出现林孔山的高层密度和布局，将会是怎样的后果。结果只能是如同林孔山一样，被排除在旧金山核心景观区域之外了。

绿街 999 号破坏了旧金山城市的整体尺度，位于山巅的 32 层建筑不仅同周边街区的传统房屋对比明显，与对面的电报山的距离一下子似乎被拉近了很多，城市也仿佛变小了。但这一高大建筑的建成，却顿时令所有开发商充满幻想，认为在俄罗斯山大干一场的时机来了。

而在俄罗斯山创造出“玫瑰花街”的当地居民显然不同于城市中任何其他社区，他们能力非凡——活跃在城市的各行各业，熟悉市政厅的行事作风，能与记者交往，有钱聘请顶级律师。他们当然不会对俄罗斯山可能出现的“曼哈顿化”坐视不管。早在 1961 年，俄罗斯山社区居民带头劝说市政厅沿北部海滨降低高度，最终使丰塔纳双子公寓被搁置，直到 1970 年代才降低高度，以 17 层的高度实施，但仍然被 1971 年旧金山城市设计规划点名批评。当然，丰塔纳双子公寓主要是出于俄罗斯山社区自己的利益，从俄罗斯山高处看向金门海峡，如果北部海滨地区建筑（包括丰塔纳双子公寓）过高，优美的景观就会被遮挡。但此次更加严重，开发商即将在他们自己社区内进行大拆大建，粗糙的景观品位倒在其次，更重要的是，富有的他们已经快要成为拆迁户，正面临流离失所的囧地。

最激烈的交锋发生在 1971 年，俄罗斯山市民对阵堪萨斯城大开发商尼古拉斯，他是成功建设堪萨斯城经典案例乡村俱乐部（美国浸入式商业街的最早原型）的开发者。尽管在 1971 年旧金山城市设计规划中，将“山顶上的高楼大厦可以帮助强调城市的地形”作为一项城市设计原则，但所用到的手绘范例看起来的确是当时的俄罗斯山的景观。同一年，在“玫瑰花街”西侧的伦巴地街 1000 号，尼古拉斯提出了大型高层建筑的方案，这是一栋高达 342 英尺、宽 170 英尺的平板高层建筑。显然，这个方案超出了旧金山当时规定的住宅 110 英尺的限高，被旧金山城市规划委员会以 7–0 的投票结果拒绝。

此后，110 英尺的住宅限高被取消，开发商再次提出了两个塔楼的新方案，塔楼顶部高度为 303 英尺。旧金山城市规划委员会以 4–3 的投票结果通过了双塔方案。

俄罗斯山居民为反对双塔方案，借助新的法案——《加州环境质量法案》（CEQA）对政府主管部门俄罗斯山改良协会提起诉讼，指出由于塔楼缺乏环境影响报告书，它们不应该被批准。尽管当时并不明确，法律条文似乎主要针对公共环境，但作为私人项目的俄罗斯山项目仍然从环境质量法案中找到了依据。

“保持城市宜居的重要性、山丘和海湾的重要性——当时每个人都在想这一切，”俄罗斯山居民雷恩说，“塔楼对俄罗斯山的威胁是整个城市可能发生的事情的象征。”

在法庭辩论的几周后，旧金山城市设计规划进行了修编，将俄罗斯山上新建建筑高度控制在 40 英尺以下，并最终对旧金山的大多数住宅区设置了类似的 40 英尺高度限制，包括邻里中心在内。

在开发商向加州法院上诉失败后，塔楼方案被彻底否决。最终的方案建于 1989 年的是伦巴第社区，这是一座地中海风格的建筑群，仅拥有 42 套住宅，沿着伦巴第街布局，建筑高 3 层。这场俄罗斯的风波以居民团体的胜利结束。

俄罗斯山高层建筑布局分析

图 131 俄罗斯山俯瞰
图片来源：marina.com

俄罗斯山的高层建筑，通过两个集群的方式组织（图 131）。一组是位于西北侧的以“美景塔套房旅馆”的 16 层建筑作为最高点，围绕内设网球场的“乔治·斯特林公园”及其北侧街坊——1989 年建设的伦巴第社区低层西班牙风格住区为中心布置，主要高层建筑包括西科恩研究所（11 层）、板栗街 1000 号公寓（15 层），稍远还有板栗街 1056 号高层建筑（20 层），此外还有 4 栋 8 层的 20 世纪早期历史建筑。另一组高层建筑集群则以绿街 999 号、高达 250 英尺的现代主义风格建筑为最高点，将绿街作为空间主轴，组织共 8 栋高层建筑。24 层皇室塔位于这一高层轴线的最东端，向西依次是 20 世纪早期的绿街 945 号公寓（13 层）、绿街 999 号（24 层）、绿街 1000 号公寓（14 层）、绿山塔（21 层）、美洲塔（20 层）。此外，还有两栋沿联合街的拉米拉达公寓和联合街 1150 号。其中，古典装饰风格和现代风格建筑各 4 栋，绿街 945 号公寓、美洲塔、拉米拉达公寓和联合街 1150 号是古典装饰风格。相比而言，4 栋现代风格高层中有 3 栋超过 20 层，而古典风格中只有绿街 945 号公寓的高度与之相仿，因此，俄罗斯山的整体形态还是以现代风格为主（图 132）。

图 132 高层建筑集群以绿街 999 号、高达 250 英尺的现代主义风格建筑为最高点，将绿街作为空间主轴，组织共 8 栋高层建筑，仅有 24 层的皇家塔在照片右侧之外

诺布山

在最初的淘金时代，诺布山还很普通，因中央的加州街而被命名为“加州山”，而随着 1873 年诺布山北侧不远的缆车站建成，这一原来邻近中心区但难以攀缓的高地变得易于通达，一时间成为富豪宅邸的理想位置。其中泰

勒街的“詹姆斯·本阿里·辛吉斯”别墅的建成是诺布山崛起的标志，这栋别墅占据了一个完整的街坊。这里聚集了内华达银矿主、南太平洋铁路大亨以及银行、股票等金融领域崛起的富豪（图 133）。

诺布山名称的来源并没有确定的解释，但都同“高贵”的意思相关。不论如何，诺布山都与令人炫目的财富有关，成为城市 42 个山峦中最令人瞩目的一处。

在西方的审美中，类似崎岖蜿蜒的地中海文明下的山城，一直是理想城市形态。在这样的传统山城城镇的布局中，并非越到山顶处建筑的高度控制越低矮；相反，他们已经熟悉了山顶处高耸的尖塔和教堂庞大的体量，且从古希腊时期开始，就习惯于将占地更大的运动场、市场放置在山下。甚至，美国干脆将“低地区”（downtown）作为“中心区和商业区”的代名词。与低地区相对应的“高地区”（uptown）往往是居住区，且由于形成的历史悠久，临近中心区的位置和山地条件优越，成为豪宅区的代表，美国其他城市如波特兰和西雅图都是如此。但旧金山没有“高地区”，最为接近的就是诺布山，而“nob”一词有“高尚、贵族感”的意思，因此成为旧金山与众不同的“高地区”豪宅区域。

我们从近代著名绘画中也能看到这种城镇形态的“原型”。如收藏在纽约大都会博物馆的高更作品“Gardanne”（图 134），描绘了高更从普罗旺斯山家中窗户所看到的圣维克多山景色，其成为西方人熟悉的山城形象。

另一个可以解释在诺布山建设较高建筑的西方城市理念，是在公共空间周围应布置与大尺度空间匹配的高大建筑。因此，诺布山仅仅是一次开始，此后几乎所有旧金山广场周边都会出现 8～12 层的高层建筑，其中有很多从 1920 年代的艺术装饰主义到 1960 年代国际式方盒子高层建筑。同时，由于旧金山的广场几乎都位于高地，因此就出现了高层建筑出现在高处、低矮建筑

图 133　沿华盛顿街，诺布山山顶的高层建筑群，诺布山顶部是 1906 年大火后建设的艺术装饰建筑——艺术和设计大厦

图 134　收藏在纽约大都会博物馆的高更作品“Gardanne”

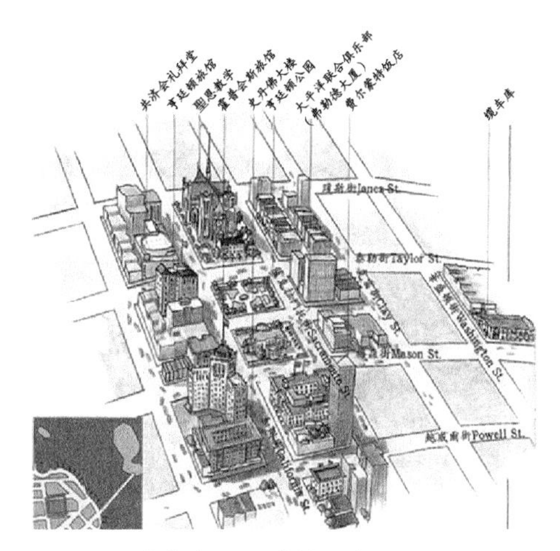

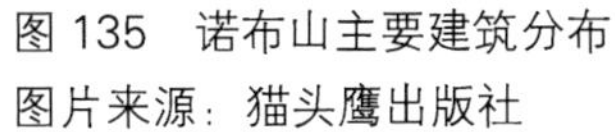

图 135 诺布山主要建筑分布
图片来源：猫头鹰出版社

图 136 诺布山的 5 栋主要高层建筑

在山坡山脚的整体布局传统和规律。1971 年旧金山城市设计规划在这方面则是通过设计原则的方式加以确认而固定下来，成为此后强化旧金山城市形态特色的一条重要原则。

诺布山是旧金山中心区中高层建筑的数量比较多的地段，其主要建筑分布如图 135 所示。在旧金山大火后，诺布山得以重建。其中，包括科雷街和琼斯街交叉口的艺术装饰风格的公寓建筑——克雷・琼斯公寓，现作为艺术和设计大厦，建筑高度 69 米，如果算上建筑顶部的金属塔则达到 110 米高。

诺布山有 5 栋主要高层建筑（图 136），最高的艺术和设计大厦为细长尖顶塔楼，同诺布山教堂相呼应，其他 4 栋高层建筑均为东西向板式建筑，从右向左分别是加州街 1200 号（1962 年）、前后重叠的诺布山塔（1971 年）和诺布山公寓（1963 年）以及艺术和设计大厦左侧的康斯托克公寓（1961 年）。从而获得沿滨海方向和市场街一侧最弱化的视觉效果，形成了作为高地位置细长体量的景观效果。

本章注释

1. 阿兹台克和鹰：古老的阿兹台克地图中有鹰站在仙人掌上。参考科斯托夫《城市的形成》。
2. 1971 年旧金山城市设计规划中关于俄罗斯山城市形态模式的文字：在规划第 61 页，城市设计原则部分第 10 条，“Preservation of some older, low, and small scaled buildings and grounds amidst larger building towers will help conserve unique cityscape character, maintain a sense of openness and green space, and produce a more livable environment”。
3. 关于绿街 999 号和伦巴迪亚，以及俄罗斯山建筑高度控制的讨论：上文根据《旧金山纪实报》专栏作家约翰・金 2013 年 5 月 28 日题为“俄罗斯山在城市关于建筑高度的辩论中起关键作用（Russian Hill's lofty role in height debate–Russian Hill pivotal in city's debate over building height）”整理。
4. 绿街 999 号今天的情况：拥有 1～3 间卧室，1～2 间浴室，面积 80～170 平方米。户内设有供热，为开放式起居空间，包括小型休息平台。这一开发项目的位置为大多数居民提供了极佳的旧金山湾和城市景观。整栋建筑内包含 112 套公寓，售价 150 万～270 万美元。

图 137　游艇区向北的陡坡

第六章　片区二：中央高地

核心区西侧，随着斜向的市场街向西南偏移，中央高地较东侧的诺布山等区域用地规模明显增大。同时，用地的功能开始逐渐趋向于单一的居住区，公共活动功能和商业功能沿街道呈现出狭长的商业街形态，而公共绿地的用地规模也有条件地逐渐增加，呈现出整个街坊的完整形态。

从整体区域划分看（图 138），中央高地可分为南北两部分，彼此形态差异明显。北侧滨水用地被称为“游艇区”，建于 1906 年大火后，仍然很好地延续了传统风貌；而南侧被称为西增区，历经 1960 年代的城市更新，为现代风貌但缺少细腻的传统特色。本书按照这样的逻辑，分为两部分阐述，前者侧重历史演变和文化传承的经验，后者讨论更新过程中的诸多不足和问题。

太平洋高地

滨水的游艇区

巴拿马—太平洋博览会即在游艇区举行，并非在巴拿马。为庆祝对美国西海岸尤其是加州的海运交通意义重大（东海岸船运不必绕远合恩角，大大缩短了航程）的巴拿马运河于 1914 年开通，在 1915 年旧金山举行博览会（图

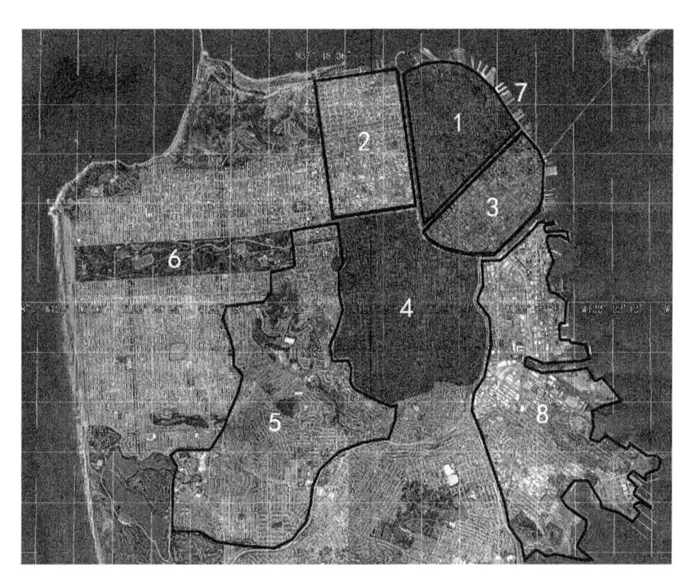

图 138　中央高地片区位置，图中 2

图 139　从游艇区看向旧金山中心区
图片来源：旧金山规划局

140）。在博览会上的5个主题展馆中，中国馆作为美洲文化之外唯一的展馆，展览了丰富的中国优质产品，给在海外的旧金山华侨带来了他们久违的家乡感受和民族自豪感。

游艇区的建设历程

巴拿马—太平洋博览会历时280余天，但在展会结束后不久，1917年所有穹隆建筑被拆除（图141），成为一片76个街坊的居住用地，沿切斯特纳特街和范尼斯街开通了电车。但规划建设直到7年后的1924年才进行，期间，1921年城市政府用204 750美元从博览会公司购得包括游艇码头在内的滨水土地。

图140　巴拿马—太平洋博览会全貌
图片来源：猫头鹰出版社

图141　巴拿马—太平洋博览会期间的城市美化运动建筑，被誉为“穹隆之城”
图片来源：William Lipsky

当时，将这个最初的博览用地开发为居住社区成为整个城市的共识，最初面临的问题是社区的名字。“金门村”“博览会村”都曾经被短期采纳，但最终的名称更关注当下的新功能，这里将成为时尚滨水活动区，与社区统一修建的游艇码头成为人们最大的兴趣点，因此“游艇花园”被接受，并在随后直接被称为“游艇区”社区（图142）。

图142　滨水区码头以及早期博览会用地的住宅区
图片来源：marina.com

图 143 游艇区比较平庸的整体风貌（一）

图 144 游艇区比较平庸的整体风貌（二）

游艇区用地规模 22 公顷，被划分为 76 个约 0.2 公顷规模的街坊系统。这样的住宅用地规模显然意在进行豪华独栋别墅的开发。但大多数街坊被划分为更加有利于土地投机的标准的 25 英尺的小地块，并更多地建成了更加符合市场需求的公寓建筑。

游艇区公寓建筑居多，同游艇区相对滞后于旧金山其他地区有关（图 143、图 144）。在游艇区规划建设的 1924 年，整个旧金山城市已经完全走出十几年前地震重建的阴霾，游艇码头区成为仅存的城市大规模用地。用地北侧的考霍洛、东侧的俄罗斯山都是高品质富人区，因此，市场上的高端购买力已经接近枯竭，开发向中低端发展。建筑的形态也采取了周边围合式，代替了周边地区的独栋式布局。

图 145 从要塞公园看向丰塔纳双子公寓，中间的高楼是俄罗斯旧金山领事馆

1961 年游艇区最后一块用地拟建设两栋高层建筑。以丰塔纳双子公寓作为反面典型（图 145），游艇区树立了“大体量建筑如果坐落在重要的旧金山湾及其他滨水节点位置时，都是极具破坏力的做法”的城市设计理念（图 146、图 147）。

考霍洛

考霍洛是旧金山北部滨水区（图 148）一个富裕的社区，位于俄罗斯山和要塞区之间。这里因最初用于牧场而得名，其中的商业街是联合街。

从太平洋高地北侧的杰克逊路开始，地形开始向北逐渐降低，形成北向坡地。

旧金山北侧滨水区并非土质良好的地段，不仅游艇区盐碱含量太高不适合植物生长，稍远一些的考霍洛最初也仅能作为饲养奶牛的牧场。英文的名称“cow hollow”，也是直接地描述了这里的城市形态特征——用来饲养奶牛的一片空地。

图 146　不同方向的滨水区：上图为“从梅森堡看到的滨水区全貌”；中图为“从北侧考霍洛看到的滨水区”；下图为滨水区建筑形态
图片来源：房地产网站

图 147　里昂街大楼梯。从要塞公园东门看整个北部滨水区的整体关系，高处为考霍洛的意大利风格花园和大型独栋别墅，低处为保留的美术宫和高密度公寓肌理，最后是滨水游艇码头

图 148　旧金山北部滨水区的整体景观，包含考霍洛和滨水区。从整体上讲，北侧滨水区包含滨水功能区、滨水居住区和考霍洛
图片作者：托德·拉品

游艇区和考霍洛混合布置，体现了旧金山规划的特色之一——富人区（考霍洛）和中低收入者居住区（游艇区）并非截然割裂。高地的考霍洛富豪别墅区和低地的游艇码头公寓区，在地理和社区组织方面成为一个单元，形成了一组兼有富豪区和中低收入者聚居区的自然单元。

而从海面上看，浑然一体的考霍洛和滨水区，及其构成的低层住宅集群，又是山顶处俄罗斯山的极佳衬托。

中央高地住区的中部——面朝大海的太平洋高地

从建筑布局和山地地形的关系看，中央高地整体上延续了 1971 年旧金山城市设计规划倡导的“高处位置细长体量强化突出地形”的城市设计理念。或者说，旧金山城市设计是将中央高地作为一处更大规模的俄罗斯山对待（图 149）。

拉法耶特高地和阿尔塔广场周边的区域，常被称为“太平洋广场”，位于加州街北侧的山岗，西起要塞公园东界。这里是旧金山高档居住区，其中有大量精致的维多利亚式、意大利式别墅住宅，也有大量的外国使领馆（图 150）。

这里最初是牧场和猎场。1867 年，旧金山市政府将拉法耶特公园、阿尔塔广场和阿拉莫广场之间的用地购买下来，将其命名为“西部拓展区”，意为作为旧金山城市中心区向西方向的拓展用地。

拉法耶特高地海拔 115 米，从 1879 年开始建设公园，但最初的发展缓慢，直到 1906 年的地震才给该地区的发展带来机会。原来的富豪区诺布山受

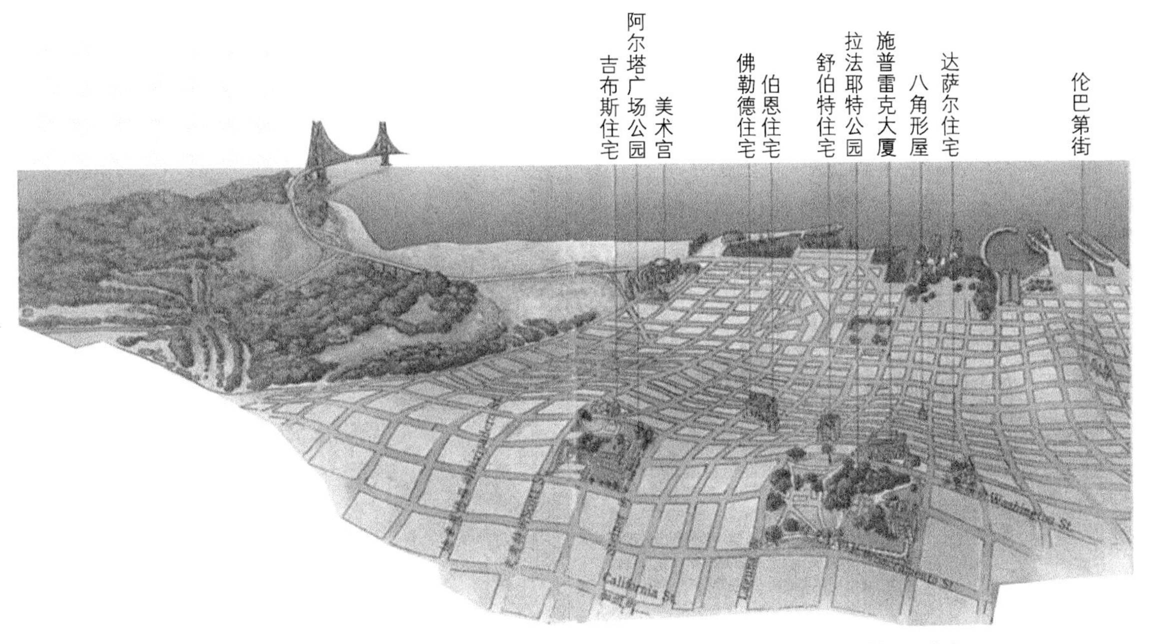

图 149　从游艇区到太平洋高地，呈现出向北的坡地态势，图中显示地形及其重要地标和节点
图片来源：猫头鹰出版社

图 150　1940 年，从太平洋高地的拉法耶特公园向北的景观，此时还保留了街车，但在 1956 年被取消

到地震的严重破坏，太平洋高地的大量空地成为诺布山富豪搬迁而来的原因。新的时代在建筑形态的选择方面出现了新的品位——太平洋高地的富豪更加倾向于用地紧凑的别墅或公寓建筑，而非占地过大的别墅。相对于庭院的规模，太平洋高地的人们更加关注住宅的景观品质。如毛德・弗劳德为了获得在自己家阳台观赏 1915 年巴拿马—太平洋博览会的美景，将住宅选择在百老汇街的高处的用地（图 151）。

汽车时代的来临以及不希望被公共交通打扰等原因使这里的缆车于 1929 年被取消，但仍留有街车。太平洋高地的富人们形成了联系十分紧密的社区组织，并成为一个比较排外的社区组织，该组织也对社区形态有决定权。1970 年代，太平洋高地社区协会制定了限制新建建筑物高度不超过 5 层的规定（图 152、图 153）。

位于太平洋大道 2475 号的太平洋高地最古老的建筑建于 1853 年，尽管该地区的大部分建筑都是在 1906 年地震之后建造的。邻里的建筑是多种多样

图 151　毛德・弗劳德为了在自己家阳台观赏 1915 年巴拿马—太平洋博览会的美景，将住宅选择在百老汇街的高处的用地

图 152　位于杰克逊街 2170 号的 7 层公寓。公寓的建设者是查尔斯・亨利，他也是蜡烛滨水公园的建设者。1950 年之前一直是每层设有 5 套公寓，之后才随着旧金山引入住户自我管理机制 CO-OP，被进一步划分

图 153　位于拉法耶特广场东北侧的华盛顿街 2006 号，建于 1924 年的装饰主义高层建筑

的维多利亚风格、爱德华风格和城堡风格等（图154～图156）。

阿尔塔广场公园曾经是一个采石场，占地近4.86公顷。顺着一个宽阔的阶梯爬上这个陡峭的山坡公园的南坡，当你到达山顶时，你会看到城市和海湾的全景（图157）。山顶上有高大的树木和长凳，附近有儿童游乐场、篮球场和网球场。

拉法耶特公园占地超过4.45公顷，后来进行了翻修。这座山丘公园有草地、海湾的美景和网球场、操场、野餐桌，是太平洋高地居民和游客休息和娱乐的场所。

图154　太平洋高地上的高层建筑与历史风貌肌理和谐地融为整体，但能看出高层建筑的布局遵从了统一的构图原则，位于高处并体量细长，每栋建筑没有重复并具有同历史建筑一样丰富的细部

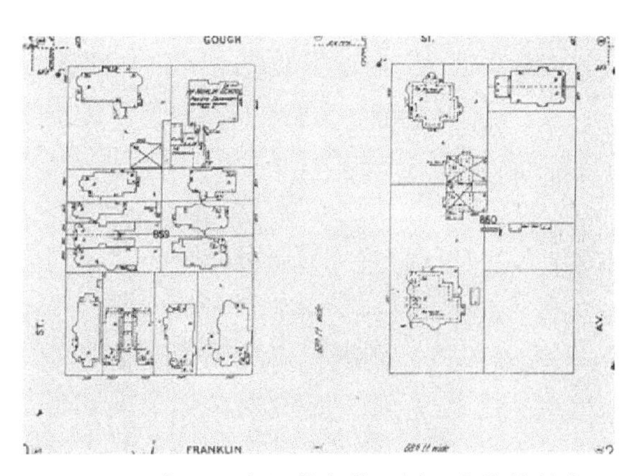

图155　图中显示太平洋大道两侧两个街坊的布局差异。占地更小、布局更加紧凑的住宅形态成为太平洋高地的特点

图片来源：Tricia O’Brien

图156　太平洋高地的高层建筑采用两种方向的垂直走向布局，获得了协调的整体形态。从阿尔塔广场向东看，台地建筑布局手法并非仅用单一的小体量建筑依循垂直于等高线的退台，而是采取退台同平行于等高线的大体量“相接相衬托”的方法，灵活而丰富

图157　阿尔塔广场的山顶台地

菲尔莫尔区

菲尔莫尔区是旧金山中心区西南方向的一个历史街区，位于诺布山和市政中心以西，市场街以北。菲尔莫尔的名称来自该社区中心西侧的一条南北方向的主要街道——菲尔莫尔街（图158）。菲尔莫尔街东侧有教堂山和日本城，西侧则是从南侧阿拉莫广场到北侧道明教堂的起伏坡地，一直可以同

北侧太平洋高地相接。以菲尔莫尔街作为名字的另一个原因是，这条街道将大多数公共设施串联起来，尤其是这里最为著名的娱乐业，包括酒店、剧院、俱乐部、酒吧等。

菲尔莫尔区于1851年被划入旧金山城市范围，因此也有“西部填充区（西增区）”的别称。当时城市从西侧边界的拉金街—第九街进一步向西拓展到太平洋高地的迪威萨德罗街，将大部分菲尔莫尔区纳入城市范围。

同太平洋高地一样，菲尔莫尔区也主要是在1906年地震后开始建设的。地震后大量非洲裔美国人、日本人和犹太人等不同文化背景的人们的涌入，给菲尔莫尔区带来了多元和持续的文化发展动力，使之迅速成为主要城市商业和文化中心之一，它被认为是“旧金山最多元文化的社区之一”（图159）。

区内的菲尔莫尔街反映了社区丰富的多样性：社区内有家族式社区零售商场与连锁店、爵士俱乐部和各种各样的民族餐厅。今天，一些被拆除的知名商店、餐馆和俱乐部的牌匾都展示在人行道上以兹纪念，显示出这里曾经独特难忘的历史。

这里的高层公寓住宅是为许多中低收入者提供的住房，从菲尔莫尔街延伸至嘉里街和斯科特街。

菲尔莫尔区从早期到今天，一直以娱乐业繁荣著称。菲尔莫尔区涉及的娱乐场所类型丰富，从流行于20世纪初的歌舞杂耍场到此后的默片电影院、剧院、音乐厅（尤其是爵士乐和摇滚乐）、拳击赛场、滑冰场等等。20世纪早期，菲尔莫尔街曾出现了一个十分受欢迎的娱乐公园——“滑水道（chutes）”（图160）。其占地一个街坊，内部设置多条滑水道和其他餐饮游戏功能。在第二次世界大战后，大量黑人进入菲尔莫尔区，为该区带来了美国最高水平的爵士乐，使菲尔莫尔区一度跃居美国爵士乐文化的顶峰。直到1970年代，这里的娱乐业才因颇受争议的城市更新而衰落。

1940年代初受到战争影响，所有日本人被迫迁往加州东部沙漠地区的集中营，菲尔莫尔区内的日本城被腾空。同时，战争所需要的军工厂在旧金山大

图158 菲尔莫尔地区垂直的线条感，不论是现代塔楼还是传统尖塔

图159 菲尔莫尔区最先拆除的大片用地，此后建成了日本城等项目
图片来源：Images of American

图 160　20 世纪早期，菲尔莫尔街出现了一个十分受欢迎的娱乐公园——“滑水道”
图片来源：Robert F. Oaks

量出现，菲尔莫尔区内大量低标准公寓，尤其是空旷的日本城成为容纳他们的理想居所。这一期间，4 万非洲裔美国人涌入菲尔莫尔区（图 161、图 162）。

菲尔莫尔区早期复杂的历史和多元人种的混居，造成了 1960 年代后城市更新过程中复杂深远的社会问题。

第二次世界大战后到 1960 年代，同旧金山的城市更新一同出现的还有工业时代的没落。第二次世界大战后，大量造船厂和军工厂停业，不能提供足够的起重机驾驶者、焊工以及船员的工作，而这些都是黑人最传统的就业途径，他们的工作技能不足以获得第二次世界大战就业黄金时期的高收入标准。“由俭入奢易，由奢入俭难。”大量黑人被解雇，很多人被迫回到南方，留在旧金山的人们则多处于不如意的生活状态。

失业和低生活水准是当时旧金山黑人的常态，因此，会出现拒绝为黑人提供服务等带有歧视性的情况。1966 年的 9 月 28 日，警察开枪打死了一名

图 161　1940 年代初的菲尔莫尔区。菲尔莫尔大道和嘉里大道的交叉口在照片的右下角，右上侧的教堂为圣道明教堂；菲尔莫尔音乐厅在照片中部正下方，照片中的开发空间是汉密尔顿广场公园
图片来源：Robert F. Oaks

图 162 嘉里大道在扩大之前，从 1958 年 11 月 7 日在贝克街和圣约瑟夫街看向东方
图片来源：Robert F. Oaks

偷车的年轻黑人。此后，在包括菲尔莫尔区在内的黑人集聚区（还包含湾景区、猎人点、海特区等其他黑人集聚区）每年都会出现黑人骚乱，并出现了总部设在奥克兰的黑人地下组织“黑豹党”。这里的治安情况愈加恶化。1968 年，大量秉持反主流文化的嬉皮士由于北侧滨水区房租提升而大量涌入菲尔莫尔区西南方向的海特—阿什伯里社区，导致整个邻近地区的警察采取了更加严历的镇压行动。为此，政府提出了“贫民窟清除”的根治计划。这并不是针对菲尔莫尔区的政策，而是当时整个美国主流的城市政策。菲尔莫尔区更新使得大量黑人外流，表现为 1970 年代旧金山非洲裔美国人的比例达到 13% 的峰值后逐渐下降。

在这样的背景下，1960—1970 年代的菲尔莫尔区重建充满争议。城市规划者声称，重建是打击该地区的极高犯罪率并重振当地经济的方法。但对于被迫离开该地区的人而言，这样的重建是一种“黑人驱逐”，是种族主义的表现。

旧金山市政府成立了旧金山再开发机构（RDA）负责菲尔莫尔区城市更新，工作重点划分为 A–1 和 A–2 两个片区（图 163）。

A–1 项目包含 28 个街坊，主要集中在日本城及其周边。A–1 项目建设周期为 1956—1973 年，规划将日本文化贸易中心（JCTC）作为更新后的“社区中心”。该项目拆除了 6 000 套低标准住宅，致使 8 000 人从菲尔莫尔区流失。

A–2 重建项目始于 1966 年，一直持续到 1970 年代末。该项目包含 A–1 项目周围的约 70 个街坊，它最终使 1.35 万人搬离菲尔莫尔区，拆除了 5 000 套低标准住宅。

其中，在 A–1 项目的东侧，采取了在主教堂周边布置高层塔式建筑的模式；而项目西侧则结合日本城重建，规划布置了低层商业建筑（图 164）。

作为 A–1 项目东侧高层建筑群的一部分，在原来的日本城内，嘉里街和拉古那街交叉口东北侧，1969 年新建了高层养老公寓——红杉养老住宅（图 165）。在当时的明信片卡片反面写道：一座塔楼和花园庭院的退休公寓，享有旧金山新开发的大教堂山顶的壮丽全景。一个非营利、非宗教的服务，提供独特、精心策划的公寓、餐饮、社交和医疗设施。该建筑由美国著名建筑师斯

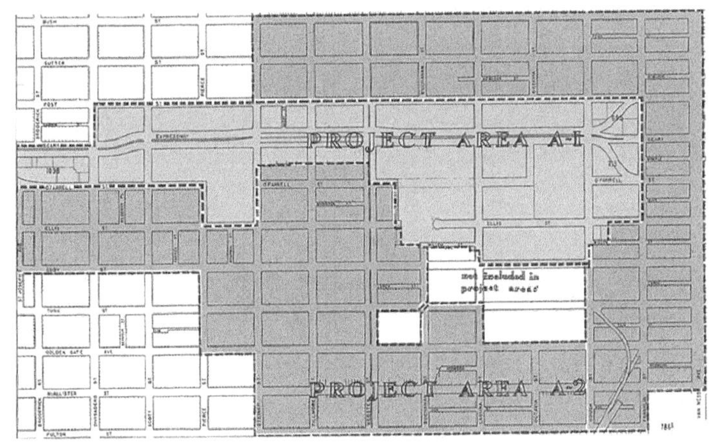

图 163 菲尔莫尔区改造的分期范围。最急迫的 A–1 区正是原来日本城的主要范围，显示出在战争过程中这里社会更迭所带来的城市创伤

图 164 城市更新初期的日本城

图 165 A–1 项目的局部，红杉养老住宅
图片来源：Heather David

图 166 城市更新过程中产生的大量高层公寓住宅

东等人设计。在这一地势最高的用地上设置高层公共建筑，尽管符合旧金山城市设计一贯以来“强化地形动感”的原则，但过大的建筑体量则被认为同南侧的主教堂、公共空间并不协调。

二期（A–2）城市更新产生了大量高层公寓住宅（图 166），使其建筑高度和形态都有异于周边地区。同时出现了大量“超级街廓”和重复性的高层建筑形态（图 164～图 166），4 栋形式重复的高层塔楼，是菲尔莫尔区重建最大的项目，位于老菲尔莫尔区核心位置，由 9 栋高低不同的住宅构成，包含 1 100 套中低收入住宅。这类“高层居住小区”的做法在整个旧金山地区都是十分少见的。

相比于更新后突兀的城市形态，重建后的社会问题更加突出。1956 年开始实施的第一期工程导致了大量原住民搬离菲尔莫尔区。这部分人大部分是黑人，也多是在此租住公寓的低收入者。尽管城市更新的实施者承诺，这些原来的住户拥有重返菲尔莫尔的优先权，并会给予住房安置。但这个长达 10～15 年的漫长更新周期消融了一切，原来的黑人家庭早已发生了根本的变化，孩子已经长大，甚至有了第三代——在黑人社会中不到 20 岁就有几个孩子都不罕见，他们所需要的并不是原来菲尔莫尔的小公寓，况且十几年后的菲尔莫尔区也在更新改造后抬高了房租，寻常的黑人家庭已然承担不起。

与此同时，第二次世界大战结束后从集中营返回旧金山的日本侨民聚集在他们曾经集中生活的菲尔莫尔区和日本城，这样的城市更新也是在对他们进行“驱赶”。历经灾难的日本侨民此时同这里的黑人居民面临相同的命运。

尽管如此，旧金山再开发机构（RDA）仍然认为菲尔莫尔区重建项目因巨大的经济促进作用而取得了极大的成功。但重建项目经常被描述为菲尔莫尔区中存在的整体文化的灾难。具体而言，根据许多反重建组织（如 WACO）的评论，A–2 项目被认为对该地区的爵士乐场所有害。此外，A–2 项目预想的经济繁荣从未出现。由于一些原因，投资者和开发商不愿意在重建区域建立商店。首先，开发商不会来到该地区，因为它可能会给潜在的购物者带来交通问题。其次，城市更新法案引起了民众的强烈反对，这可能会威胁潜在的投资者发展。最后，开发商不想在该地区投资商业商店，因为仍然存在种族化的耻辱感，菲尔莫尔区是一个“坏”社区。总之，城市更新的努力和当地文化社会越发不可调和，乃至落入彼此贬损的“怪圈”。

此后，人们从菲尔莫尔区更新中更多地吸收了教训。菲尔莫尔区属于“大规模用地的集中开发”模式，1971 年旧金山城市设计规划就开始将其作为一种尽量限制和避免的开发类型，认为此类大规模开发容易带来忽视公共设施、建筑密度过高等问题。菲尔莫尔区则充分印证了大规模用地集中开发模式的各类缺点问题（图 167、图 168）。

今天，菲尔莫尔区重建仍时常被人们提起，以警醒莫要忽视社会公平和文化传统，如 2017 年《旧金山抵制报》记者亚当・布瑞克罗报道了当代旧金山人们对当年主导菲尔莫尔重建的前旧金山重建局局长赫尔曼的争议。学者朱莉・马斯特林写道：他负责推平历史上大部分黑人居住区菲尔莫尔区，造成数千黑人居民大规模流离失所。

赫尔曼令数以百计美丽的维多利亚时代的房屋和企业被摧毁。为了拓宽加里大道，他驱逐了 461 家黑人企业和 4 000 多个黑人家庭。

赫尔曼甚至承担了“种族主义者”的骂名。旧金山《太阳报》编辑托马斯・弗莱明在 1965 年的一篇文章中称赫尔曼是“黑人人口减少的大反派”。而实际上，这正是赫尔曼担忧的地方。他在 1960 年对旧金山城市更新评论说：“如果穷人没有足够的住房，城市更新将真的成为富人从穷人和非白人手中掠夺土地的行径。”

如今看来，当初赫尔曼出于正当的愿望却带来了人们都不愿看到的结果（图 169～图 171），这却是菲尔莫尔区重建最值得人们深思和警示的地方。

图 167　1971 年旧金山城市设计规划对菲尔莫尔区高层建筑形态和布局提出了点名批评，使此后的高层建筑减少

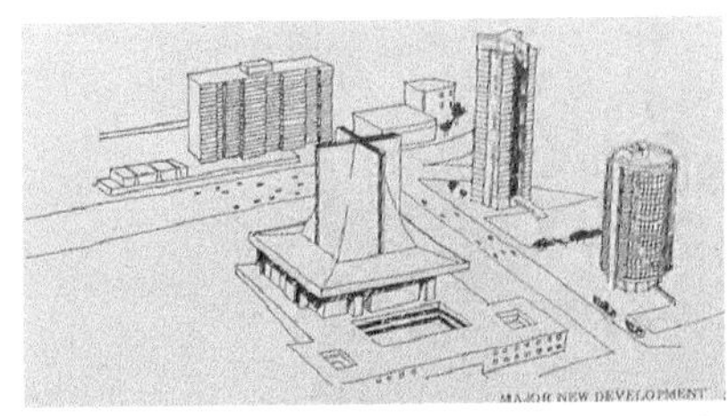

图 168　1971 年旧金山城市设计规划中对菲尔莫尔区更新过程中建筑形态的批评

图 169　从西侧安札高地看菲尔莫尔区

图 170　从最南侧的菲尔莫尔区阿勒莫广场看整个菲尔莫尔区

图 171　今天菲尔莫尔地区全貌，最左上角绿地为太平洋高地

图片来源：托德·拉品

图 172　市场街南和索马区（图片的右侧）
图片来源：托德・拉品

第七章　片区三：市场街南和索马区

本书按照旧金山规划局的用地划分，将整个市场街南和索马区（图 172～图 176）作为一个整体，介绍它们的城市形态和近年来的规划建设情况。

这一地区分为两类城市形态控制原则。位于东西两端的区域：（1）市场街和奥克提亚街地区；（2）交通中心区和林孔山，以塔式高层建筑为主，它们大多位于旧金山中心区内，而林孔山即使位于中心区外，但被划定为“中心区居住区”，有中心区的地位。按照旧金山城市控制的逻辑城市形态因“中心区”的定位，可以获得不同于周边地区的“形态差异”，从而获得更高的高度。而其他三处索马区，都采用了“中低高层，高密度布局”的模式。在本章节介绍的传教团湾和东索马区，规划又新采取了多种方式加以控制，不少做法富有新意，如“托盘式”、混合布局等。

市场街南和索马区是近年来的建设热点，是在 2018 年旧金山房地产市场跌至七年来的最低点后的“引爆点”。2019 年上半年旧金山新提出的规划大项目数量增加[1]，其原因是中索马总体规划审批通过后，对众多更新项目提供了政策支持。

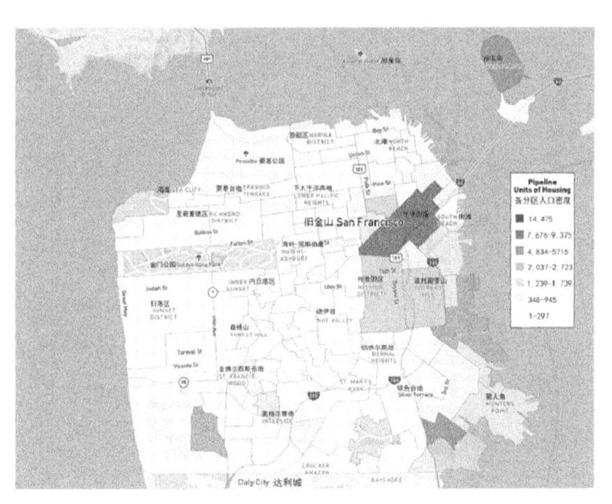

图 173　旧金山各分区的人口密度，其中市场街南密度最高
图片来源：旧金山规划局

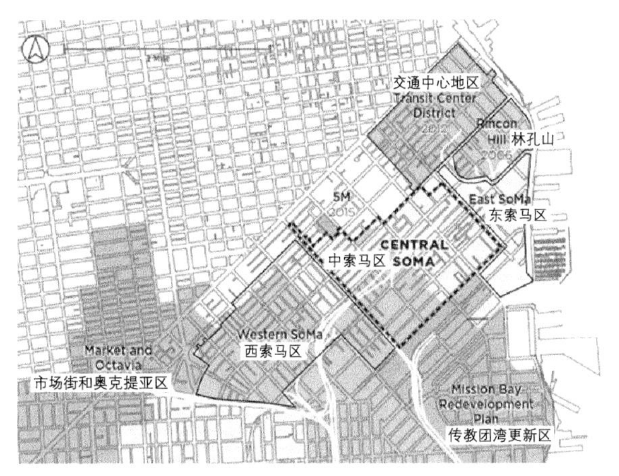

图 174　旧金山规划局的用地划分
图片来源：由旧金山规划局文件改绘

图 175　1966 年的旧金山市场街南
图片来源：1966 年旧金山中心区规划

图 176　2019 年的市场街南滨水方向视角
图片来源：https://sksre.com/project/555-howard/

交通中心和林孔山

交通中心

1989 年旧金山地震导致了高速公路诸多匝道开裂停用，随后被拆除。城市更新也围绕匝道拆除后的用地，有条件地进行规划建设，其中最主要的两处用地用于建设林孔山和交通枢纽中心两个项目。

2004 年，年轻白人市长加文・纽索姆上任，或许是新市长年轻气盛，旧金山开始变得不惧怕高层建筑的“曼哈顿化”，也逐渐忘记了十几年前地震的灾难后果，城市规划提高了中心区的开发强度。2011 年后华裔市长李孟贤[2]延续了前人政策，并被认为采取了更侧重于城市更新发展的政策。

这一期间，超过 150 米的超高层建筑陆续出现，最早的为第一林孔山塔（2008 年）。交通中心从 2009 年建成千禧塔后，又在 2018—2019 年连续建成旧金山目前最高建筑赛尔斯弗斯大厦，以及环湾公园塔、佛里蒙特 181 号（181 Fremont）。根据规划，在未来的 20～30 年，赛尔斯弗斯大厦周边仍然会出现与其高度相仿、彼此呼应的超高层地标建筑，但旧金山规划局强调，需要在足够长的时间后才能实施规划，确保未来各项规划措施和规划管理技术在提升后支持城市密度的进一步提升。

今天上述高层建筑的整体布局，有长达 30 多年的规划谋划。1985 年，旧金山拓展了中心区范围，将现在的交通中心用地纳入中心区范围。1989 年旧金山地震后，交通中心南侧的匝道因震裂而被拆毁，为打通交通中心和南部林孔山空间联系创造条件（图 177）。在 2000 年后，该地区进行了多次规划和大规模更新建设，形成了今天我们所见的全新的中心区风貌。

下文将回溯这一规划和建设历程。

依据 1985 年中心区规划的城市形态建设

1985 年旧金山中心区规划是一项多方面的综合规划。规划包含 23 条目标和 162 条政策。其中，增加了少数定量的控制，如通过每年的建设量控制商业空间的合理发展（目标 1）；对各项目标和政策也包含了更详细的解释，如当提到“排除不良增长模式”时，文件中详细列及包括“超大办公楼对城市格局的破坏”等 9 种不良增长模式（目标 2）。

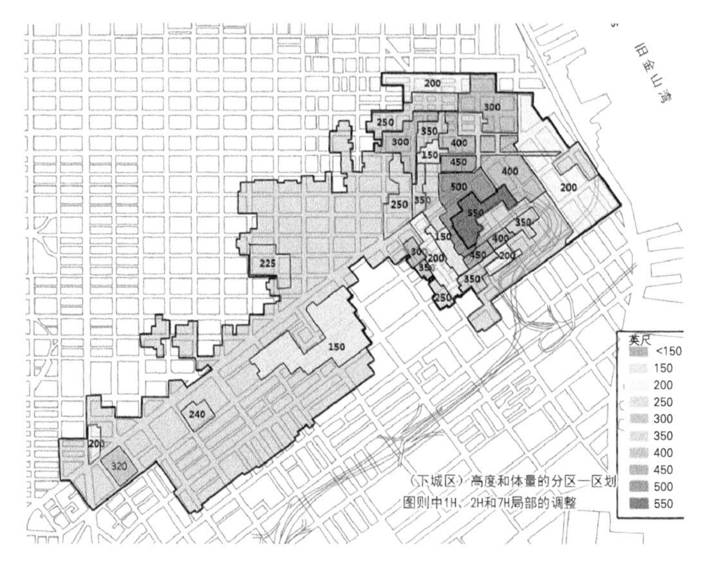

图 177 下城区规划区划工作实施了专项研究以落实规划理念，形成了区划用地高度分区控制图
图片来源：依据 1984 年通过的“为适应下城区规划的城市规划法案修改”中插图绘制

规划将城市设计最为关注的“城市形态”作为一个相对独立的单元，包含 4 个方面，分别是高度体量、日照通风、建筑外观和街景，共有 15 项政策。从而控制新楼宇，以达到远处美好轮廓线、建筑群和立面和谐以及方便行人体验街道为目标。在“高度体量”方面，规划将高度体量所影响的旧金山城市形态提升到“世界上最具吸引力的城市”的高度。具体政策包括：将城市格局和高度体量结合起来，通过更细密的高度分区，将城市形态控制细化到每个地块和建筑；强化新建筑形态的雕塑感，禁止简单的大体量和方盒子以及过分夸张的造型，增加头部的趣味性。此后，区划工作进行了专项研究，落实规划理念，形成了区划用地高度分区控制图（图 178）。

该规划还是美国城市历史保护运动中具有里程碑式地位的案例。规划不仅成功保留了 250 栋历史建筑，还开创了开发权转移程序的先河，即保留这些用地因历史建筑保护所牺牲的潜在开发权，并可以转移到中心区内任一相同功能用地内。这样既保留了珍贵的历史建筑，同时又能体现 1971 年旧金山城市设计规划“大尺度建筑集中布置，并能逐级向低层小尺度地区过渡”的原则，保持中心区较高的建筑密度，避免出现松弛散乱的城市形态。

此后，中心区规划被作为一个次区域专题纳入旧金山城市设计要素，这种做法被其他邻里地区广泛效仿。目前，旧金山城市总体规划中的城市设计要素内已经包含了 20 个类似的次区域专题，成为城市设计走向深入细化的有效途径。

回顾旧金山 1980 年代建成的高层建筑，正是因为此时并没有以往的城市更新任务，所以高层建筑的布局才以优化城市形态为目的。规划采取插花式布置，空间位置也十分分散，建筑形态各异，高度差别大。1985—1990 年建成了 14 栋 100 米以上的高层建筑，但 150 米以上的建筑仅 3 栋，其中既包括核心位置制高点建筑——加州街 345 号（1986 年，219 米），也有中心区边缘的地标高层建筑——南侧的费尔蒙特中心 50 号（1985 年，183 米），西南侧传教团街（1986 年，124 米），以及轮渡中心和联合广场等 1970 年代大项目遗留下来的收尾高层项目——轮渡中心西塔（1989 年，123 米），第一广场 100 号（1989 年，117 米）。通过在中心区增加多样性的高层建筑，丰富和优化城市形态（图 179）。

1989 年地震后的城市形态调整

尽管基于 1985 年中心区规划，区划已经明确了各用地的高度体量等控制指标，但在旧金山审批过程中，如果能证明保持城市设计原则，仍可以依法通过重新区划的策略修改相关指标。尤其随着 1990 年代末开发热潮的来临，区划修改频繁，为此甚至不惜违背城市设计原则，容积率转移等规划技术也沦为被权力利用的工具，人们开始对旧金山较软弱的规划控制感到失望，嘲讽为“逐项修改区划的遗憾”传统[3]。最典型的是拥有国家特许机构背景并承担了大量城市更新项目的旧金山重建局[4]，此前在旧金山中心周边建设了散乱的城市界面和突兀的建筑形态。

1989 年地震后拆除了大量高速公路匝道，使市场街南用地成为此后中心区拓展研究的主要范围，将其命名为“交通中心地区”（图 180）。2000 年后对该地区规划，尤其是对核心的高度控制问题进行了长期研究，争论的焦点在于标志性建筑的高度以及区划奖励的弹性管理问题。

人们批评相关规划评审问题，矛头共同指向了规划局依据各种定量特征的城市设计政策所获得的自由裁量权。原旧金山规划局城市设计师伊文・罗

图 178　中心区规划区划工作进行了专项研究，落实规划理念，形成了区划用地高度分区控制图

图片来源：依据 1984 年通过的“为适应中心区规划的城市规划法案修改”中插图绘制

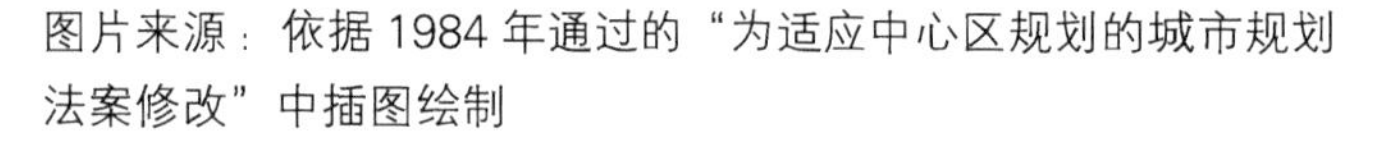

图 179　市场街南的街景——有“未来城市”的立体感

图片来源：旧金山规划局

图 180　交通中心建成后的滨水形态

斯[5]建议从加强区划定量控制和在规模更小用地范围内研究规划两方面找出路，同时还要避免从定量控制落入一个静态愿景的固化思维。曾主持和签发 1971 年旧金山城市设计规划的原规划局局长艾伦·雅各布斯同样批评自由裁量权缺少定量的、更明确的区划法案，这看似同他毕生投入的城市设计事业相矛盾，但正如他所言，“当自由裁量权可以行使，获胜者总是强权一方，而绝不会是规划师”[6]。此后旧金山中心区的城市设计工作也如上述学者所言，加强了具体局部地区的定量控制。2000 年后交通中心地区规划备受瞩目，尤其是其中包含的旧金山第一高楼赛尔斯弗斯大厦更是成为整个行业的焦点（图 181）。

交通中心地区是中心区的一个次级区域，虽位于旧金山中心区南部，但

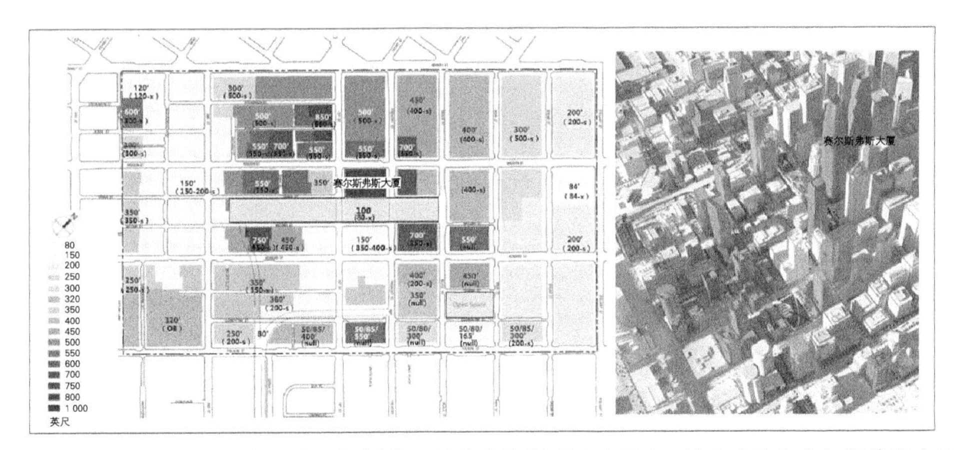

图 181　2012 年交通中心地区规划的用地高度控制图（左图），最高建筑为赛尔斯弗斯大厦
图片来源：根据“交通中心区规划——中心区规划的次区域规划”中插图绘制

距离北滩、唐人街和电报山等历史城区较远，在 1984 年规划中作为城市最高建筑的集中区域。规划中以办公功能为主，控制高度为 550 英尺以下，并鼓励通过容积率转移政策进一步提升。鉴于该规划预计最大容积率转移比例为 60%～65%，推算规划控制极限高度（约 277 米）参照当时最高建筑泛美金字塔（约 260 米）。

交通中心规划（2012）

在 2012 年交通中心地区规划中，在保持旧金山传统城市形态“山丘形”（hill form，目标 2.2）的同时，重新定义了旧金山中心区轮廓线和城市形态，规划对高度进行整体提升（政策 2.3）。这样的高度提升出于当时城市发展的客观需要。一方面，旧金山已经不再限于传统的半岛地域，而是需要放眼整个湾区，包括从东湾远眺的整体景观形态，视距的加大为建筑尺度的提升提供了条件；另一方面，整个旧金山中心区在传统高度控制方面以 50～100 英

图 182　交通中心街景

图 183　2012 年的交通中心区和林孔山区域的规划开发项目
照片中的“泛海中心”紧邻照片中赛尔斯弗斯大厦左侧
图片来源：福斯特事务所

尺为间距控制，所形成的阶梯形城市轮廓线从远距离观察已经显得过于平坦，缺少生动的变化。因此，规划将赛尔斯弗斯大厦作为整个中心区的中心点（目标 2.3），用地高度提升到 1 000 英尺，最顶部构件高度提升到 1 200 英尺，确定了将赛尔斯弗斯大厦作为整个旧金山中心区轮廓线最高点——“皇冠”（政策 2.1～2.2）；并制定了“在高密度肌理中，允许少量更高建筑以交通塔为中心逐级跌落”的政策（政策 2.3），有限的几栋同赛尔斯弗斯大厦相呼应的超高层建筑需要有 10 年以上的决策周期，以便供社会各界充分酝酿。台阶分为间隔 150 英尺的几个梯度：550、700、850、1 000 英尺。相对于已经形成的高密度中心区，本次规划确定的 600 英尺以上的每一栋建筑都需要有细长的比例和优美的形态（见前图 53，图 182、图 183）。

未来的次高点——“泛海中心”的形态演变和控制

旧金山规划委员会在 2018 年 5 月 5 日的会议上批准了泛海中心项目。中国泛海建设集团 2015 年初购买了规划用地。

“泛海中心”从最初的单一塔楼，经过调整，在将高度降低的情况下，选择“高低”双塔的形态。“泛海中心”项目又一次重复了市场街 1 号的经典做法，但不同于市场街 1 号追求视线连通，“泛海中心”主要强调在双塔之间步行交通的贯通，设计者、规划部门不约而同地谈论双塔之间步行交通的便利性问题。

福斯特事务所方案，分别沿第一街和传教团街建造两座混合功能塔楼：一座是 605 英尺、有 266 间客房的酒店和住宅，另一座是 850 英尺的办公和住宅混合建筑。在该项目审批时，规划局表示，“该项目将产生大量收入，这将有助于交通基础设施包括交通中心和市中心铁路的发展”，“在一个紧缩的，适合步行的城市环境中增加就业和住房机会”，员工和居民将能够在不依赖私人汽车的情况下，步行或利用公共交通工具来满足便利需求。

林孔山

林孔山曾是一处海拔为 120 英尺的山丘，今天已经没有山丘，而是一处较陡的坡地，旧金山大桥的桥基就位于林孔山的最高处。

林孔山在 19 世纪后期曾布满豪宅，但 1906 年的大火将山丘上的所有住宅烧毁。灾后，心有余悸的房屋主人们没有选择重建，而是将这里的房屋作

图 184 林孔山全景

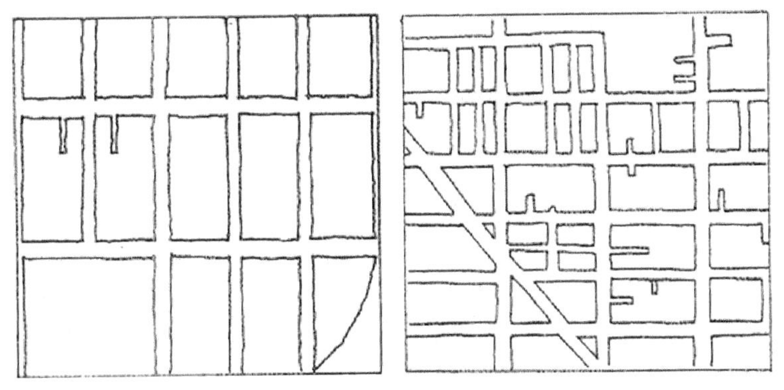

图 185 林孔山街道网格（左）同中心区北滩（右）比较

为工人们暂住的宿舍。1920 年代的海湾大桥几乎将林孔山这一海拔仅为 120 英尺的山丘作为桥基踩在脚下。

1995 年开始编制、2005 年完成的林孔山次区域规划旨在改善旧金山中心区中产阶级的居住状况，引入混合功能理念，将居住区同商业功能为主的中心区混合，创造性地划定了“中心区居住区”。规划整合了旧工业、商业和公共设施，拥有高品质住房，形成超过 1 万人的大型居住社区（图 184）。

高耸陡峭的地形将林孔山从中心区平坦连续的空间范围划分出来，也因此在这里布置居住区显得合情合理。同时，这里还保持了传统工业区的特点，将高层住宅建筑同工业传统、中心区氛围有机地结合起来。

林孔山的现有工业特征通过其街道网格的几何形状得到加强。林孔山拥有非常宽阔的街道和长而不间断的街区，与北滩和俄罗斯山等老城区的复杂细密街道形成鲜明对比（图 185）。

新的林孔山社区由 45～85 英尺高的商业裙楼与细长的高层住宅塔楼构成，并间隔开以允许光线和空气流入街道（图 186）。各种开放空间，从公园、广场和人行道到私人屋顶露台和门廊，充足地穿插在整个地区。

2008 年后，林孔山 1 号塔（184 米）、英菲尼迪街 1 号塔（137 米）两栋超高层建筑相继建成，相邻区域也建成了 196 米高的千禧塔，中心区整体形态就此向南隆起。但千禧塔等两栋近 200 米的塔楼因过于突兀而受到指责，高层建筑又一次被叫停。

图 186　林孔山塔楼被称为“精致风格”(boutique-styled)

新一轮天际线的形成

交通中心纳入 1985 年中心区规划中，但一直作为临港仓储和工业功能。在 2012 年交通中心地区规划中，将林孔山和交通中心两个片区统一考虑，对其的用地高度控制更加细致。其中包含的旧金山第一高楼赛尔斯弗斯大厦是整个建筑设计行业的焦点。

依据 2012 年规划，从 2014 年开始建设的 12 栋高层建筑，逐渐修复和塑造了更完整的天际线。12 栋高层建筑为：传教团街 535 号 (2014 年，117 米)；林孔山 1 号北塔 (2014 年，165 米)；传教团街 335 号 (2015 年，140 米)；兰辛街 45 号 (2015 年，137 米)；卢米纳 1 号 (2015 年，122 米)；2016 年沿费尔蒙特街的 4 栋 120～140 米建筑；2017 年开始建设的 3 栋超过 180 米的建筑，起到了画龙点睛的作用强化天际线的最高点，包括赛尔斯弗斯大厦 (2018 年，326 米)、环湾公园塔 (2018 年，184 米) 和费尔蒙特 181 号 (2018 年，244 米)(图 187)。依据规划，未来 20～30 年后，赛尔斯弗斯大厦周边仍然会出现与其高度相仿、彼此呼应的超高层地标建筑，但要在足够长的时间后才能实施，确保未来各项规划措施和规划道路技术的提升和匹配。

今天的市场街南

在经历了 2005 年后十余年的建设热潮后，市场街南的高层建设降温，

图 187　旧金山中心区各历史阶段高层建筑分析

对地震威胁的讨论被重提，也更加关注建筑的独特造型和创意（图 188），不再那么聚焦在建筑高度上。

对地震影响的讨论，可参见 2018 年 4 月 17 日在《纽约时报》刊登的《旧金山的大地震赌博》一文。

2009 年建成的千禧塔位于市场街南，在它对面的赛尔斯弗斯大厦建成前一直是旧金山最高的建筑物。其建成后，因旧金山糟糕的地质条件造成了沉降和倾斜。但最初一直对公众保密，直至 2016 年的新闻透露给公众。2018 年 12 月测量数据显示，该建筑物沉降了 45.7 厘米，并向相邻的赛尔斯弗斯大厦方向倾斜了 35.6 厘米。

地基出现不稳定的沉降和倾斜是存在缺陷的体现，也预示着未来地震来临时有危险的可能。人们此时才开始认真审视旧金山地震局的地质报告，报告显示规划中考虑布置超高层建筑的索马区都位于地震危害最严峻的地区，泥浆和黏土层在地震中具有很高的像流沙一样的风险，这一过程被称为“液化”。目前已经有至少 100 座超过 240 英尺的高层建筑位于这样极可能“液化”的地基区域。人们对此质询美国地震调查局，其给出的解释是“当前区划法案的结构设计是基于地震来临时满足 90% 的概率免受彻底倒塌的危险”。也就是说，当最危险的地震来临，将会有 10% 的建筑倒塌。但公众显然不满意这样的安全规定，如果在地震中，千禧塔位列 10 座倒塌的建筑之列，而且就现在沉降的趋势，这样的可能性很大，这是人们无论如何也无法接受的事情。

公众的舆论对政府规划决策的作用明显。随后紧接着发生了两件事。一是 2012 年规划决策将超高层建筑向市政中心以南范尼斯大道两侧疏导，从原来的 400 英尺提升到 600 英尺；第二件事则更加有趣，在千禧塔沉降事件发生的 2016 年，该地区有 4 栋超高层建筑建设进度较快，最终都赶在 2016 年底开工建设，包括林孔山 1 号、传教团街 706 号、费尔蒙特街 181 号以及曾经设计高度达到 370 米的“泛海中心”。沉降事件的发酵导致了自 2017 年开始，整个旧金山市再也没有超过 150 米的超高层建筑开工。

此后，争论的矛头指向了同处于交通枢纽中心的“泛海中心”。当时，中国深圳泛海集团在 2008 年经济危机时，接受了破产原业主的大厦投资项目，

图 188 今天的市场街南

最初的方案由皮亚诺设计，高度达 370 米，比今天最高建筑赛尔斯弗斯大厦更高。但之后修改为诺曼·福斯特设计的体量更小的双塔方案，高度大幅降低到 277 米（图 189）。在 2016 年底大厦开工后，旧金山除了在该地区规划地标式超高层建筑外，开始在中心区之外的市场街以南的索马区和滨水区规划 10～20 层高的小高层公寓建筑和办公建筑。

最新建筑的独特创意

诺曼·福斯特设计的“泛海中心”，建筑表皮呈现立体感，在旧金山高层建筑中创造了独特的立面设计风格。

2017 年，斯皮尔街和福尔松街的西北角建筑破土动工。这座名为米拉大厦的 400 英尺高的塔楼（又名斯皮尔街 280 号，图 190），在建筑创意方面，造型多变，比“泛海中心”更进一步。

图 189　诺曼·福斯特设计的体量更小的双塔方案，高度大幅降低到 277 米
图片来源：福斯特事务所网站

图 190　米拉大厦的创意造型

旧金山中心区高层建筑群的演变规律

次高建筑先于地标建筑出现，并在地标建筑出现后进行天际线填充

以赛尔斯弗斯大厦所在的索马区为例，先建成了林孔山的一栋超高层建筑——2008 年的林孔山 1 号，作为刺破天际线的“试探性”的新城市形态；后建设了赛尔斯弗斯大厦，竖立起高耸的地标建筑，整体城市天际线也被进一步“向天空冲刺”，创造了最高建筑的标杆；而如今，围绕着如何协调、填充赛尔斯弗斯大厦同周边城市的关系，呼应地标建筑以及柔化天际线形态等话题，未来的高层和超高层建筑也将相应更多地出现。

边缘效应和中心区的膨胀

每次旧金山创纪录的高层建筑并不是出现在中心区中心位置，相反，更多地出现在中心区的边缘地带，同时这一地段则顺势成为新的发展热点并催生了中心区向这一方向进一步拓展和膨胀。

漫长的演变历程——间隔46～47年的高潮周期和三个高塔

从1925年的太平洋电话电报大厦到1972年的泛美金字塔，再到2018年的赛尔斯弗斯大厦，时间间隔仅相差可以忽略不计的1年。

时间的间隔表面看是城市各届政府更迭所带来的从保守到激进的政策变化。但如果放在100年的时间周期看，城市密度的提升是必然趋势，也是等待技术提升后为确保城市有效运转提供支持而必须支付的时间成本。

今天旧金山城市规划将这种时间维度作为一项内容，对重大的城市高度、密度的提升界定足够长的时间间隔。

现代主义风格和装饰艺术派风格的混搭共存

旧金山市中心区内现代主义风格的高层建筑虽然在天际线中占据了主导地位，但从数量上看，第二次世界大战前形成的大量装饰艺术派风格高层建筑占据绝对多数，中心区内除高层建筑之外也尽是历史建筑。同时，现代建筑更多地位于各个街坊核心位置，而临街的高层建筑多为历史高层建筑。因此，现代主义风格和装饰艺术派风格两种建筑风格在旧金山中心区获得了平衡，现代主义体现了城市整体格局的尺度感，而装饰艺术派风格的细腻内容则为寻常更多的街景贡献了美感和宜人尺度。

规律——从边缘到中心，从最初的市政中心的高层建筑争论到近年来的交通枢纽的赛尔斯弗斯大厦，可以看出旧金山的保守主义对高层建筑的限制最终未能成功，如今这两个点都已经被放开，更高更大的建筑陆续出现，也许最终的地质条件质疑将成为新的控制因素。

表2 旧金山超高层建筑建设历程

时间	其间超过100米高层建筑建设数量（座）						控制思想	规划成果
	<110米	110~129米	130~149米	150~179米	180~199米	>200米		
1960年前	2	1	2	0	0	0	功能分区控制	区划法案
1960—1969年	5	1	2	2	0	0	建筑设计控制	地标名录；中心区用地细化
1970—1979年	1	7	4	7	1	1	确立城市格局和永恒品质愿景	1971年旧金山城市设计规划
1980—1989年	4	8	1	3	2	1	从城市形态修复塑造角度决定高度控制	1985年中心区规划
1990—1999年	3	0	0	0	0	0	1989年大地震导致高层建筑停建	各社区邻里规划
2000—2009年	5	4	3	0	1	0	延续和拓展1971年旧金山城市设计规划的城市格局	2005年林孔山次区域规划
2010—2018年	2	5	3	1	1	2	结合新的天际线，加强用地高度细化控制	2012年交通中心地区规划
合计	22	26	15	13	5	4	上述规划全部整合进城市总体规划的城市设计要素中	

索马区

索马区是旧金山“市场街南”（South of Market street，简称 SoMa）的缩写，主要指市场街同铁路之间的用地，是旧金山传统的工业和仓储地区。其进一步分割成三片区域（图 191、图 192）。

三片区域各具特点：东索马区及其周边地区已基本完成了更新改造，城市

图 191 索马区
图片来源：http://google.com

图 192 索马区内部区域的划分，最初分为东、中、西三个区，但由于中区规模较小，而将其分解，形成今天的东索马和西索马两个区。索马区东侧为铁路和港口，北侧为林孔山和交通枢纽，西侧是市场街南娱乐区，南侧同展示广场相邻
图片来源：西索马区次区域规划——旧金山总体规划的分规划

图 193 中索马区
图片来源：旧金山规划局

空间形态也同周边的交通枢纽区、林孔山、南湾、传教团湾等地段连成一体，彼此协调，其中保留的“生产、分销和维修（PDR）”产业建筑能同新建的公寓混合建筑取得协调；西索马区保留了大量大尺度 PDR 建筑；中索马区则最为松散陈旧，因此存在更大的更新潜力（图 193）。

索马区最能代表旧金山中心区建设的今天和未来。这里已完成了旧金山 2000 年后重点地段——市场街南地区的建设，未来几年仍将会是城市更新的重点地区。

索马区的历史和现状

20 世纪初，旧金山早期区划将市场街作为中心区和工业用地的分界，因此位于市场街南的索马区成为主要的工厂和仓库区域。同时，由于铁路线的分隔，索马区也不适合临港产业，因此也就发展为以服装行业以及印刷、出版和汽车维修为特点的轻工业集群。今天这些产业被旧金山市政府归纳为“生产、分销和维修（PDR）”，认为是能同城市形态相协调，并值得保存的传统特色产业类型。同时工人住房也在工厂附近大量出现，建筑形式主要为多层公寓。最终形成了索马区低租金和就业便利的特点。

图 194 1966 年的市场街南
图片来源：1966 年旧金山中心区规划

经历 100 多年的发展，索马区素以丰富的“多样性”著称。区内业态复杂，工宿混合。索马区相邻的周边区域为其提供了丰富的环境要素：东侧为铁路和港口；北侧为旧金山最早的富豪区林孔山，后来改建为高速公路枢纽；西侧的市场街南段两侧有丰富的娱乐设施，有曾经的芝加哥以西美国最大的剧院福克斯剧院；南侧同各种轻工产业必需的设计业集群——展示广场相邻。在产业工人看来，索马区一直是一处理想的“宜居地”（图 194）。

图 195　索马区全景

后工业时代来临，索马区内不断有工厂外迁，厂房被暂时闲置。但同时，在市场街以南开始崛起新的产业——传媒业，吸引了大量年轻从业者。地产商利用闲置的厂房和仓库，提供传媒业办公场地，甚至形成十分有特色的办公 / 生活居住的 Loft 综合体（图 195）。

索马区的城市形态问题和目标

索马区在城市形态方面，突出体现出三个问题。

第一，在整体格局上，同紧邻的中心区协调问题。索马区临近旧金山中心区，城市形态和城市设计工作关注如何突出、烘托中心区高耸的形态，保持旧金山“单中心”的城市格局整体特色（图 196）。

第二，对传统 PDR 用地的保存延续和活化利用问题。对传统 PDR 厂房的留存涉及旧金山多样性的城市形态，更影响到旧金山的经济活力。一个健康而充满活力的城市有各种各样的经济活动，多样性使一个城市能够适应经济趋势和周期变化所造成的新环境，多样化的经济模式为企业和居民提供丰富便利的商品和服务。

第三，在城市空间体验方面，在保持上述提及的整体格局、PDR 产业建筑特色的同时，需要旧金山规划部门考虑如何能通过城市更新，引入高品质的核心空间。这一问题由来已久，从索马区第一个耶尔巴布埃纳中心开始，最终确定了以新型“空间”为核心的更新理念，下文结合这一理念的争论和修正过程会详细讨论。

漫长的耶尔巴布埃纳中心规划设计历程

耶尔巴布埃纳，Yerba Buena，西班牙语意思为“芳草地”，是西班牙殖民者 1776 年抵达旧金山时对这里最早的称谓，想必当时定是一片野花烂漫。1964 年，当中索马区市场街南一片被城市更新局寄予厚望、进行大规模商业用地规划编制时，人们将这里重新命名为“耶尔巴布埃纳中心”，希望能形成一处商业繁华、受人欢迎的城市新空间。

最终的结果自然是得偿所愿。中索马区是今天整个旧金山湾区的时尚中心。在其建成后近十几年来，这里一直是新一代苹果产品发布会的固定会场，乔布斯在这里手持 iPod 的推介场景已是永恒瞬间（图 197）。但耶尔巴布埃纳中心漫长的建设历程却一点也不美好，历经 30 多年的谋划汇集了无数人的

图 196　从索马区南北向干道第六街向北的街景中丰富的街道设施和复杂的中心区背景

图 197　2010 年 6 月在耶尔巴布埃纳中心举办的苹果发布会，右图为彩排现场
图片来源：《加拿大人评论家杂志》，2010 年 5 月 24 日

智慧，历经无数磨难。

耶尔巴布埃纳中心是由旧金山重建局操作的城市更新项目。尽管饱受争议，但其所经历的多方争论和方案调整，代表了一种严谨负责的设计态度，所建成的环境仍然有诸多可圈可点之处（图 198）。

旧金山以市场街为界，北侧是中心区，是重要的金融和商业区；而市场街南侧重于制造业和服务业，占地约 10 公顷，用于多功能开发，包括办公和零售设施、两个剧院、一座博物馆、一座会议中心和一座体育馆。

在其漫长的设计历程中，记录了人们对建筑和城市设计的态度的变化，这是一个 445 公顷的地块，最初被称为“市场街南 D 区”。

1954 年，该用地被旧金山城市监督会确定为酒店功能，酒店企业家本•斯威格提出了规划，拟修建一个会议中心、一座体育馆、几栋高层办公楼和一个可停放 7 000 辆车的停车场（图 199）。斯威格为他的项目选定的四个街区位于第五街、米逊街、第四街和福尔松街之间。但酒店商人的方案经过旧金山城市规划总监保罗・奥博曼评估，认为它不符合联邦政府对“枯萎病”的划分标准，1956 年，该地区的更新规划被撤销。美国联邦政府曾于 1954 年对“1949 年住房法案”进行修订，允许对城市更新项目从仅限于住宅拓展到包含非住宅项目，并提供财政援助。据此，奥博曼从规划的角度，建议对市场街南恶化的工业建筑进行有针对性的“定点清除”，而不是将该地区全部夷为平地。

1962 年，奥博曼退休，继任者詹姆斯•麦卡锡重提耶尔巴布埃纳中心规划，他委托建筑师马里奥・齐安皮修改此前的规划。齐安皮规划中将市场街构想成一棵大树的主干，南北方向都有分支。其中一个主要规划目的是将“脏、乱、差的市场南部变得更加安全和稳定”。1964 年设计竞赛获胜方案中，按照设计要求，布置了一座大规模的体育馆以及一系列博物馆和混合公共建筑集群。该方案移除了私人交通，将市场街等主要道路限制为公共交通，再加上该区域有便利的快速交通，因此，规划中加强了对步行环境、园林绿化的设计，也提升了公共交通的吸引力。

旧金山此后迎来了关注历史风貌的新任规划局局长阿兰・雅各布斯。雅各布斯更加尊重旧金山城市传统，并尊重旧金山湾的景观。在他的领导下，项目中一些具有保留价值的建筑开始尝试适应性更新，而总体用地必须压缩。

图 198 1974 年的市场街南

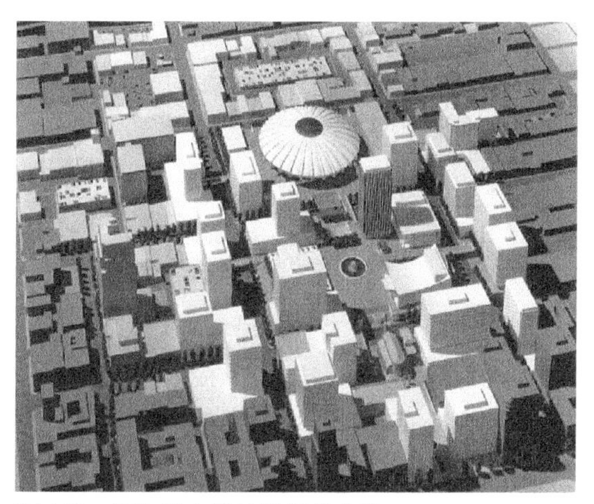

图 199 耶尔巴布埃纳最初的方案
图片来源：萨莉・B. 伍德布里奇

图 200　丹下健三 1969 年的方案，初期方案有明显的停车场布局；一轮调整方案中，1973 年杰拉德·麦丘主导，将停车设施移至地下，并在场地中央设置服装市场，包含复杂的步行空间

图片来源：萨莉·B. 伍德布里奇

图 201　丹下健三和赫尔曼（右二）在 1969 年研究耶尔巴布埃纳中心项目模型

图片来源：卡尔·H. 雷克

为了启动耶尔巴布埃纳中心，城市更新局局长赫尔曼决定放弃建筑竞赛，转而采用一个强有力的规划，由城市更新局亲自组织完善后，转交给开发商。赫尔曼曾因 1964 年奥运会访问东京，并被丹下健三充满活力的体育馆所打动。他邀请丹下健三设计他在日本以外的第一个项目——耶尔巴布埃纳中心的总体规划。丹下健三在当地的合作伙伴是建筑师约翰·波利斯和杰拉德·麦丘，劳伦斯·哈尔普林担任景观建筑师。1969 年，该机构大张旗鼓地公布了一个耗资约 2 亿美元的巨型建筑的设计方案（图 200、图 201）。

与该地区的城市更新局的模型不同，该模型展示了城市街区的密集性。丹下健三团队的方案设想了一个未来的城市环境，它的构成让人想起了丹下健三在东京设计的“海上城市”，其交通和车库采取了类似手法。丹下健三认为这体现了当时时代的“国际性”问题。

丹下健三方案巨大的开发强度，也反映出旧金山城市更新局志在“现有的环境缺乏刺激新开发的潜力，在市场街南部地区要通过建造这样一个巨大的建筑群，成为从南部高速公路进入市场街北部的黄金门户”。

丹下健三方案将中央地块与周边两个用地的停车场连接起来，通道高于街道，并可以通过带有螺旋坡道的巨大的圆形塔驾车抵达。与交通塔相邻的写字楼，位于第三街和第四街用地。体育馆位于第三街和福尔松街的拐角处。在丹下健三方案招商过程中，旧金山开发商显得兴趣不大。赫尔曼承认，巨大的开发规模所需要投入的资金太过庞大。

此后，由杰拉德·麦丘主导，将停车设施移至地下，并在场地中央设置服装市场，包含复杂的步行空间。车行交通调整到更接近于高速公路的一侧。

由企业家阿尔伯特·施莱辛格牵头，联合阿康太平洋公司（Arcon-Pacific）的团队赢得了竞标。但此后不久，企业遭遇的各种诉讼使该项目中止了。直到1978年，耶尔巴布埃纳中心的建设一直停滞不前。该项目的另一个重大挫折是贾斯汀·赫尔曼于1971年8月英年早逝。随后，这座城市失去了一位有效率的城市更新支持者和一位致力于追求建筑品质的管理者。就连他的批评者也承认，赫尔曼是一个金融奇才和一个从不回避争议的完美主义者。

1973年，施莱辛格/阿康太平洋公司提出了他们新的规划，该规划由杰拉德·麦丘主导，丹下健三等人作为顾问。尽管新方案比丹下健三方案更为零散，但它保留了原来的整体形态。

该方案代表了城市更新局的研究决策，作为实施规划，政府发行了2.1亿美元债券用于更新建设。但该方案被多次调整——体育馆被取消，停车场规模缩小并调整到地下，展览大厅比原规划规模更大，写字楼代替了服装市场。总的来说，耶尔巴布埃纳中心的各种功能得到了很好的整合。此次规划的困难仍旧是造价，即使是1975年最低的建筑投标也比2.1亿美元的发行债券高出1 700万美元。这个方案在运行了十几年后，实在难以继续下去，一放就是3年。

1977年，倡导改革的市长乔治·理查德·莫斯科内上任。耶尔巴布埃纳中心项目重启，按照当时的需求，加大了会议中心的规模。项目终于开工并于1981年末竣工。“设计的概念在一年后达成一致。耶尔巴布埃纳中心周围的地区已经基本上通过私人手段进行了重新开发，该项目也不再是一项风险投资。耶尔巴布埃纳中心现在似乎最适合作为社区中心，而不是以前设想的城市中心。”

哈尔普林1980年方案受到公众认可。他构思了一个以哥本哈根著名的里沃利花园为原型的城市主题公园（图202）。1981年5月1日，建筑评论

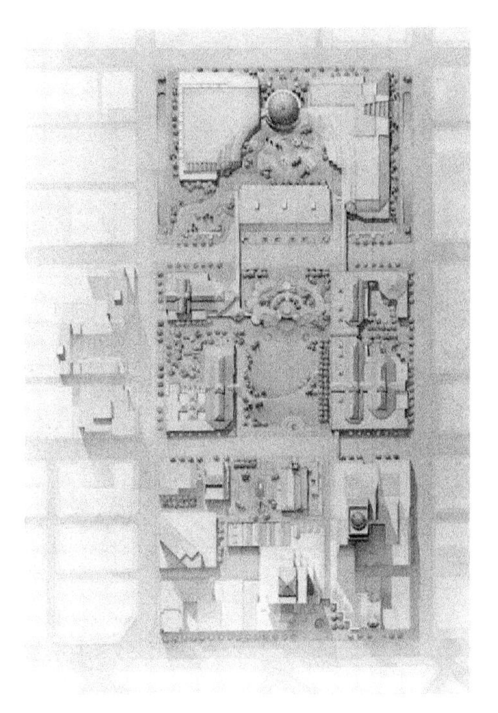

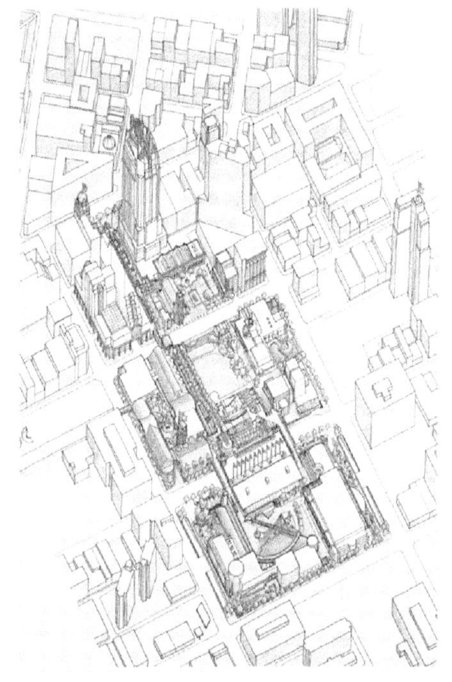

图202 哈尔普林方案1980年构思了一个以哥本哈根著名的里沃利花园为模型的城市主题公园

图片来源：萨莉·B. 伍德布里奇

图 203　耶尔巴布埃纳中心南北两个街坊有不同的功能和空间气氛

图 204　耶尔巴布埃纳中心南北两个街坊之间的连廊
图片来源：bing.com

家艾伦・特姆科在《旧金山纪实报》中写道，“如果芳草地艺术花园的规划完整或部分实现，形成 4 万平方米的公园，带有巴洛克式喷泉和玻璃屋顶展馆，这将是城市值得在未来 20 年里奋斗的、给城市带来荣耀的项目”。

此后加拿大建筑师埃伯哈德・蔡德勒从建筑设计层面，美国著名商业建筑公司捷德从商业建筑设计方面，同哈尔普林公司合作，在 1989 年最终定稿。方案延续了哈尔普林方案的花园式、低密度构思，最终将耶尔巴布埃纳中心建成了旧金山当代最有特色、最具影响力的公共空间（图 203、图 204）。

当代索马区的城市形态和规划控制理念

东索马区及其规划

以政府的东索马区规划（基本完成了城市更新，因此考虑得更加细致）为例，规划中按照主要的公共空间骨架，分为 8 个分区（旧金山重建局完成更新的耶尔巴布埃纳中心，该地区已经从索马区划出）。其中空间特色明确、主要发展功能得到界定的 6 个分区为：以滨海岸线为骨架的南滩区；以城市道路为骨架，强调住宅、小型办公和 PDR 产业混合的“第二街走廊区”“第六街走廊区”；以小巷为骨架的“小巷居住区”（比照图 205）；以单一空间为核心的“南广场历史区”；通过勾勒出北侧市场街方向耶尔巴布埃纳中心边界为特征的“富尔索姆走廊”。未明确功能的是“第三街和第四街走廊”，从这一点上也可以理解，旧金山当今的区划工作是以城市空间控制作为第一步，界定功能可以滞后于城市空间的划定和梳理。规划将各分区通过核心地位的城市空间得以强化，突出各分区的城市特色（图 206）。

图 205　西索马区第八街和第九街之间的小巷塔荷马街的街景，相对陈旧混乱

中索马区及其规划

以将来新建筑规划较多的中索马区为例，在次区域规划的城市形态方面，通过高度限制、体量控制和建筑学导引等方式，指导未来新建建筑建设（图 207）。为获得好的城市形态，规划中提到几点关键政策。第一，要从城市中心区整体空间形态角度，考虑未来中索马区的新建建筑形态和布局。第二，创造以中等高度建筑为主的使得城市空间“如同具有房间一样舒适尺度的合适的高宽比例”——即所谓的“城市空间界定”。

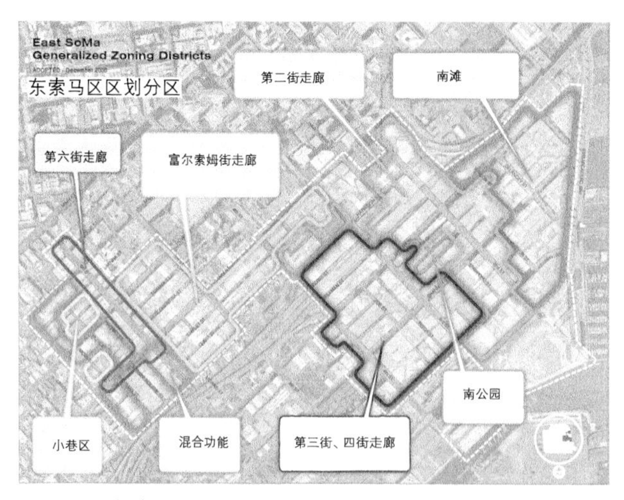

图 206 东索马的用地范围和功能分区
图片来源：旧金山规划局

从多罗丽公园方向看到的索马区

从波托雷罗山方向看索马区

图 207 从不同城市方向看索马区的规划和形态
图片来源：旧金山规划局

中索马区确定了几条规划原则。第一，从整个旧金山中心区城市形态看，规划将城市形态比喻为一座山体，中索马区位于中心区高层群构成的“山峰”（隆起的高层建筑群）的“山脚”，用地的西北部和东南部需要同相邻的“市场街中段”等近年来的开发建设地区保持类似的模式和形态：东南部分需要同先期开发的东索马区相仿；西南部分则需要探索一种符合当前开发需求的全新形态模式，也应是未来整个地区最具有吸引力的地方。但这种新的开发形态仍然要保持整个市场街以南新建小体量组合的特点，建筑高度控制在中心区平均高度的一半左右。该地区最高的建筑应位于用地西南部分——第四街和汤森德街交叉口周围，并结合现有的加州火车系统、轻轨站点，构成区域最重要的城市节点，通过体量和清晰的建筑形态加以强化。

第二，为创造舒适的“城市空间界定”，中索马区的街道系统沿袭了美国传统的费城网格规划尺度——主要的街道宽度为 82.5 英尺，次要街道宽度为 35 英尺，街道周边建筑舒适的高度应该同街道宽度近似。从这个角度来说，中索马区仍然需要加强对旧金山特有的传统中高层厂房的保存利用。这些 5～8

层（65～85 英尺）的“中高层”建筑，具有工业和仓库遗产的特点，并被证明具有很长的使用寿命和较高的适应性，它们的大空间和较高的层高对多种用途都有吸引力，包括现代办公灵活多变的工作空间要求。

第三，在保存传统产业建筑的同时，设置高度限制以实现中等高度地区的高度控制。对于规划区内少数高度超过 85 英尺的新建建筑，需要后退街道界面，保证“城市空间界定”的空间质量。允许少数在街道转角、重要节点布置超过 160 英尺的建筑，但这类建筑决不能成为该地区的主导景观，严格限制此类塔楼的数量。有限的塔楼位于中央地铁与加州铁路线的交叉口、第五街和布拉南街的交叉口等限定位置。

同时也限制历史建筑周边的新建建筑控制高度。规划区的东南部有两个独特的历史资源集中区——南公园地块和南滩历史区的西部。规划规定，为了保持这些地区的特征和规模，城市不应提升其中任何一个用地的高度限制。

针对索马区保留大量的大体量厂房，规划也警告可能在城市形态方面出现的误区。目前旧金山，尤其是郊区地段，习惯于采取“园区”（campus）的形态组织多个大尺度建筑的群体组合，包括商业园区和办公建筑园区。但是这种“园区”做法却需要在索马区避免。同这种园区突出自身形态特点的做法相反，规划强调各用地开发同周边环境以及整个索马区的空间形态协调处理。

索马区建筑形态的控制

索马区的建筑体量要同中心区（downtown）超高层、市场街南的中高层度、长体量板式建筑不同，索马区需要更低的建筑密度和高度，但突出的挑战是如何在这样大尺度的街坊中，创造更加人性化尺度的城市环境（图 208～图 210）。对此规划想到了一系列控制做法。

2016 年索马区现状

规划中的索马区城市形态

图 208　2016 年索马区城市形态现状和未来规划形态对比

图片来源：旧金山规划局

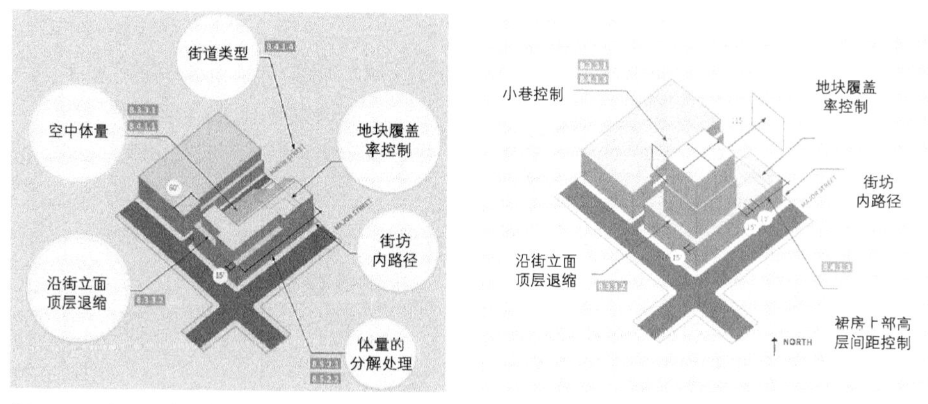

图 209 索马区规划中的建筑协调控制，2016 年索马区城市形态现状和未来规划形态对比
图片来源：旧金山规划局

图 210 索马区平坦、完整、协调的城市形态

（1）支持“空中体量”（sky plane）设计。索马区在建筑形态控制中应用了“空中体量”的词汇，英文网络用词有“sky plane”，表示“天空面”。在索马区的高层、中高层建筑，只要超过 85 英尺，即规划推荐的裙房最大高度，必须进行退界，使裙房上部的高层和中高层部分如同“空中楼阁”一般。因此，为强调裙房上部高层、中高层建筑的这一“悬空”特点以及未来建筑设计所需要的“创新性”，用原本“空中飞机”（sky plane）一词恰当地表述该地区高层建筑的特殊控制要求。这一空中体量做法已经在相邻的传教团湾近邻火车站的用地上采用过，尽管索马区还没有建设，但相邻地区已经有范例可以借鉴。

对于索马区内这样的“空中体量”，有时需要设计得更加独特。而如果在一些关键的景观节点上，这些高层部分必须更加完整，并具有雕塑感，更加通透，增加建筑周边环境对阳光和天空的体验，或者有更多的“轻盈构建”，如通过现代手法和材料设计的孟莎式屋顶，为缩小尺度而增加的阳台、钟楼等。

福尔索姆街 855 号（图 211）以及耶尔巴布埃纳 Loft 项目，充分体现了索马区的规划控制理念。所形成的空中体量、屋顶平台和整体格局都令人印象深刻，赏心悦目。建筑紧贴海湾大桥匝道，在高架桥上堵车的时候，这里的漂亮立面让人们的焦躁情绪得到疏解。

图211 福尔索姆街855号

（2）突出的特殊位置的形态。索马区内几个特殊位置需要更加细致的建筑形态设计，包括第五街和布拉南街路口、南公园和霍华德街路口、靠近高速公路几处较小的住宅区和地块。

索马区的城市更新

对旧金山索马区的更新建设的讨论从已经完成的项目、规划审批通过的项目、被否决的规划方案三个角度进行讨论，比较不同设计的价值取向和评判标准。

布莱恩特街1201号（已完成更新）

位于布莱恩特街和第十街路口的历史建筑，最初是旧金山传奇的麦圭尔家具公司的所在地，该公司以用藤、生皮和竹子等天然材料制作比例优美的椅子而闻名。

一个名为"自动驾驶汽车研究实验室"的机构购买了这栋历史建筑，并进行了更新设计，增加了入口庭院、新的外部景观、停车场和带厨房、卫生间的顶楼（图212）。

霍华德街1035号（通过接建扩建方式的更新）

1930年，位于霍华德街1035号的三层装饰艺术风格大楼由Eng Skell公司（现称为ESCO Foods公司）建造，为香料提取物、配料和糖浆的开发和生产提供了实验室、制造、仓库和办公空间。

按照设想，大楼的外立面和内部将进行翻修，部分由生产、分销和维修（PDR）改为一般办公用途。此外，该建筑沿鲁斯街的中间街区存储结构将被拆除，3 298平方米的新增建筑将高达5层，其中部分两层建筑位于原建筑之上，一个新的地下车库可容纳19辆汽车（图213）。

图 212　布莱恩特街 1201 号
图片来源：旧金山规划局

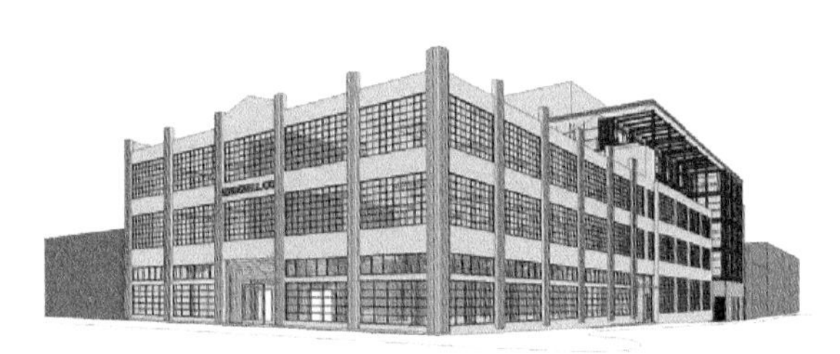

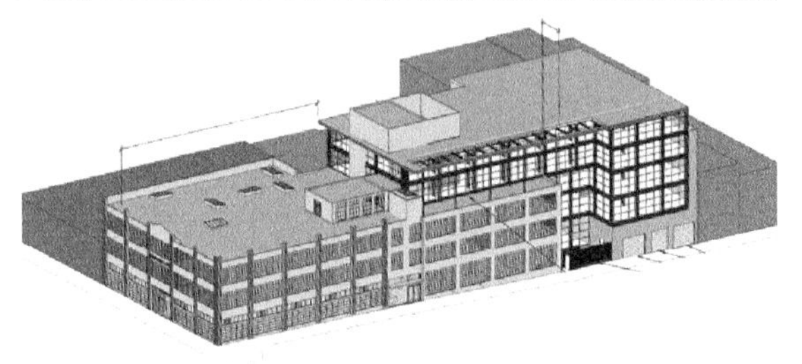

图 213　霍华德街 1035 号
图片来源：旧金山规划局

5M 项目（审批待建的高层建筑）

整个索马区呈从东北向西南方向逐步推进的态势，包括从最初的耶尔巴布埃纳中心，到此后的赛尔斯弗斯大厦地块以及正在讨论的 5M 项目（5M project）。

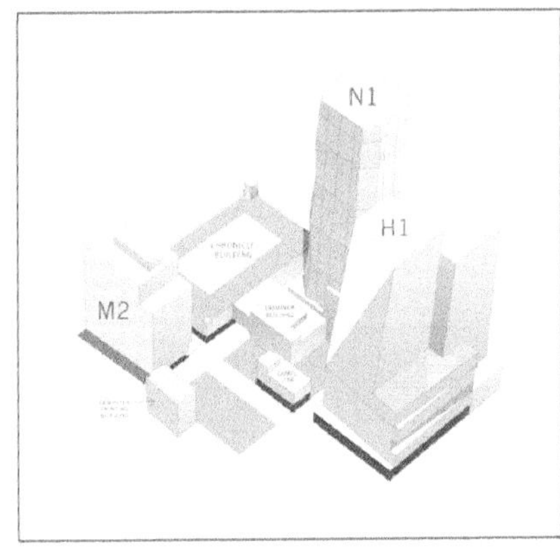

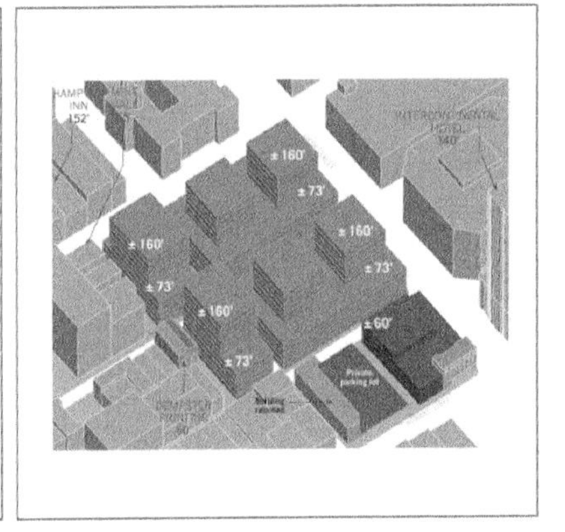

图 214　在索马区的 5M 项目中为了获得中心区的高层高密度的城市形态，通过城市设计指导开发指标，得到的结论与区划有很大差别，而开发的结果更是截然相反

图片来源：旧金山规划局

该项目耗时超过 10 年，最终于 2019 年 6 月开工建设。5M 项目的证述过程突破了“传统区划”的束缚，在城市形态设计方面进行了探索尝试。

5M 项目位于索马区中部、市场街以南，公交便利，原为多层办公楼和地面停车场，占地 1.6 公顷，位于旧金山市中心的第五街、传教团路和霍华德街之间。规划将建设住宅、办公、零售、文化和开放空间等混合功能项目，为周边社区提供服务。

所谓的“区划形态”，指美国传统规划控制中利用区划指标进行设计控制的传统理念，其强调在城市分区的基础上，保持均质、协调的城市肌理，在开发利益方面也做到相邻地块的开发指标相仿。

但在几年来的旧金山城市开发中，尤其是城市中心区的高开发强度用地中，开始越来越多地通过城市设计的方式，以“形态设计”作为确定最终用地指标的基础，例如在索马区的 5M 项目中为了获得中心区的高层高密度的城市形态（图 214、图 215）。

其中的差异值得人们思考，也给业界抛出了诸多疑问——城市设计是否会突破公平的开发政策环境？形态规模迥异的城市空间环境，如何能保持人们心中对城市和谐环境的期待？想必随着更多与 5M 项目类似的旧金山城市更新项目的实施，相应结论及其随后的规划政策调整也会逐渐出现。

对索马区城市更新的总结

索马区在整体格局方面，通过“整体感”“台阶式”等形态控制手法，突出旧金山“单中心”的整体格局

从整个旧金山中心区城市形态看，中索马区位于中心区高层群构成的“山体”的“山脚”，用地的西北部和东南部需要同相邻的“市场街中段”等近年来的开发建设地区保持类似的模式和形态：东南部分需要同先期开发的东索马区相仿，西南部分则需要探索一种符合当前开发需求的全新形态模式，也是未来整个地区最具有吸引力的地方。

保持索马区 PDR 工业肌理特色

旧金山索马区规划强调对生产、分销和维修（PDR）功能以及城市风貌

	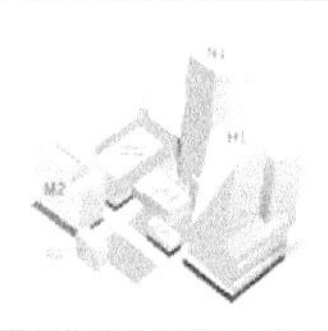 REVISED PROJECT WITH DEVELOPMENT AGREEMENT 规划审批的调整 650,000 sq. ft. office, 152,000 sq.ft. retail, 850,000 sq. ft. residential	 ASSUMED DEVELOPMENT UNDER EXISTING ZONING 区划指标下的开发形态 790,000* sq. ft. office; & 60,000 sq. ft. commercial *7.5 FAR assumes use of TDR
设计调整缴费	$ 8,883,058.00	$ 11,832,700.00
就业相关缴费	$ 15,217,476.00	$ 18,983,700.00
低收入住房豁免缴费	$ 27,290,432.00	$ 0.00
城市艺术补偿费	$ 5,441,134.00	$ 0.00 (assumes on-site art instead of fee)
中心区开发空间费	$ 1,527,498.00	$ 2,065,500.00
幼儿园配套费	$ 760,606.00	$ 1,028,500.00
中小学配套费	$ 2,641,726.00	$ 330,650.00
基本缴费小计	$ 61,761,930.00	$ 34,241,050.00
5M社区开发盈利费	$ 11,795,210.00	$ 0.00
TOTAL FEES 总计缴费	**$ 73,557,140.00**	**$ 34,241,050.00**

DIRECT PUBLIC BENEFITS 直接社会效益		
On-Site Open Space 用地内公共空间	48,600 sq. ft. public open space; 26,100 sq. ft. ground level, 22,500 roof top	0 ground floor open space; 15,800 sq. ft. -roof top decks
Public Realm Improvements 公共领域的提升	Street trees, sidewalk widening, pedestrian safety improvements, midblock cross-walk, pedestrian only north Mary alley	Standard street and sidewalk improvements
Historic Building Retention 历史建筑保护	Preserves Chronicle, Dempster & Camelline Buildings - Contribution to the Old Mint	Preserves Dempster Building
New Market Rate Housing 新增商品住房	631 units	0 units
Affordable Housing Totals 新增低收入住房	212 total units derived from: JHL + land dedication & in-lieu + on-site	75 units - JHL
Affordable Office 新增小微企业办公用房	12,000 sq. ft. Dempster Building dedicated to non-profit arts & cultural uses	none

图 215　5M 用地的“区划形态”和“设计形态”以及各种指标的比较
图片来源：旧金山规划局

的保护延续。目标在于，创造一个健康而充满活力、有各种各样的经济活动的城市。这种多样性使一个城市能够适应经济趋势和周期变化所造成的新环境，多样化的经济为企业和居民提供商品和服务。

采取“核心空间引领”的理念，组织塑造索马区空间特色

东索马区按照主要的公共空间骨架分为 8 个分区，每个分区都是通过核心地位的城市空间得以强化，突出各分区的城市特色。东索马区基本上完成了城市更新，目前的城市空间也更加细致，规划考虑得也更加周全，此后的索马区其他区域也将如此。

沿用了“张榜招贤”的传统做法

旧金山善于利用公共媒体的作用，传达政府对理想城市空间和城市形态的取向和追求。

索马区近年来通过不少媒体“广告”“张榜招贤”，宣传城市规划政策中，对低标准住宅、PDR 保护更新、城市格局延续和新型城市空间引入等发展愿景，招纳有类似理念的开发公司从事索马区的城市更新建设，这一模式延续了从 1960 年代贾斯汀・赫尔曼公开征集城市更新方案的传统，只不过发展的愿景不再是高楼大厦，变成了对公众公平的社会住宅、城市整体协调的格局形态等。

从区划形态到城市设计形态——局部空间更加不均质的趋势

在索马区的 5M 项目中，为了获得中心区的高层高密度的城市形态，通过城市设计指导开发指标，得到的结论同区划有很大差别，而开发的结果更是截然相反。

市政中心和范尼斯大道

伯纳姆在他精心编制的旧金山总体规划因 1905 年大火被搁置后，作为补偿，曾经被委托编制了市政中心的城市设计（图 216、图 217）。

图 216　市政中心夜景
图片来源：托比·哈里曼

图 217　范尼斯大道位于旧金山中心区和中央高地之间的山谷，是一条南北方向主要干道。交通属性极强，沿线所有车辆行驶禁止左拐弯，通行效率很高

图片来源：bing.com

图 218　1905 年伯纳姆提出的市政中心城市设计，中心附近的大型半圆形广场位于市场街和范尼斯大道的交会处
图片来源：旧金山规划局

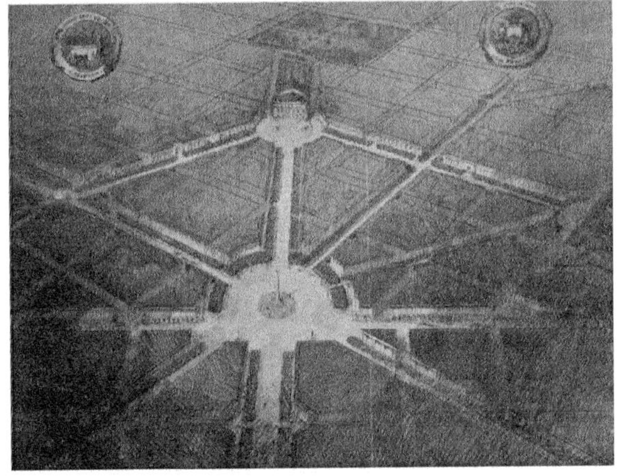

图 219　伯纳姆旧金山市政中心，与美国其他政府广场一样，打造了折中主义建筑和城市美化运动的精致环境
图片来源：旧金山规划局

伯纳姆旧金山市政中心的设计正如当时遍布美国的政府广场一样，采用折中主义设计风格和城市美化运动特有的精致环境设计（图 218、图 219）。在伯纳姆的整个构思下，由一群旧金山当地建筑师策划，由约翰·格伦·霍华德担任主席，新的市政中心包括面向中央矩形广场的五座主要建筑：市政厅、礼堂、主图书馆、歌剧院和国家办公楼。

1965 年 6 月曾围绕市政中心的更新改造举办了设计竞赛，一对居住在法国的保加利亚夫妇伊万·特韦林和安格拉·达娜杰娃在市政中心设计竞赛中胜出（图 220）。当时的评论描述为：“一系列平坦且多变的梯田组成，代表了一种新鲜的设计手法，是在许多方面令人惊讶的方法……从纯粹的美学观点来看，表面的变化、竖向的微小差异，不仅表现在纹理和颜色上，而且表现在白天和夜晚的光反射中。设计中布置了一个水池，通过反射云层和天空来强调三维深度。”

但这个一等奖方案的一些理念和手法显然过于超前，放在今天都是十分新鲜的想法。因此也不难理解这个方案被当时务实的政府官员否定了。

旧金山艺术委员会的一些委员和公园委员会的几乎所有委员都表示了严肃的保留意见，理由是，“（优胜方案）无法为广场复杂多样的各类功能提供足够大的空间（It would not provide enough space for the general public）”。作为城市最重要的市政中心广场往往需要容纳集会、庆典、市场、运动等各种各样的活动，即艺术和公园委员会所称的“各类一般性功能”，但若如方案中所显示的将广场分为各种材料、光线的小空间，甚至水面都成为无法使用、仅能观赏的空间，

图 220 伊万·特韦林和安格拉·达娜杰娃 1965 年市政广场设计
图片来源：进步建筑，1965，46（7）：58

则实际的使用将会大受影响。事实也证明，市政广场至今没有进行明显的改动，并不影响一直以来的使用功能。

最纠结的中间地带——历史和矛盾

近年来，市场街和奥克提亚地区是旧金山城市形态变化最大的区域之一（图 221）。该地区接近整个旧金山市的地理中心，2007 年该地区次区域规划给出了比较准确的区域定位，"该地区的城市形态方面，是从西侧小尺度的、均质的居住邻里，向城市中心区富有戏剧性的空间的转换（transition）"。

在实际交通系统中，该地区也位于枢纽地位。这里多处立交匝道的复杂组织使小汽车由此开始，从地面的市内交通换乘到高架的城际高速公路。

该地区与旧金山整体城市形态存在突出矛盾。一方面它是位于市场街南部的核心区，但因在 1960 年代被纳入中心区，建筑高度控制因此松动，出现了集簇化高耸形态（图 222）。作为旧金山中心区以南的一处"飞地"，在此进行大规模的高层建筑开发，显然背离了旧金山城市格局中关于"单一中心区"以及保持中心区周边高度逐渐降低的整体关系的原则。

市场街和奥克提亚地区有两次集中建设时期，两次集中建设时期都出现在旧金山中心区完成了一轮建设高峰后，由于中心区缺少高层建设用地，才选择在范尼斯大道周边进行，这里更像是旧金山中心区向外"溢出"的一个"漏水点"。两次集中建设时期中一次是刚刚被划入中心区的 1960 年代，一次就是近年来交通中心和林孔山基本建成后。今天，该地区日益增加的建筑高度，增加了旧金山人对中心区高层建筑和城市形态的讨论。

市场街和奥克提亚地区的"纠结"在于这个地区位于整个旧金山"核心

图 221 市场街和奥克提亚地区北部用地通往教堂山，与菲尔莫尔区的分界
图片来源：旧金山地形—数字网站

图222　1960年代的旧金山市政中心
图片来源：Robert Cameron

区”的中心，又位于几个空间区分截然不同的区域的中心。这样一个“夹心”位置必然使市场街和奥克提亚地区带有混合的城市形态特征，甚至是模糊不清、自相矛盾的城市形态。

范尼斯大道的早期高层建设

范尼斯大道位于旧金山中心区和中央高地之间的山谷内，是一条南北方向主要干道（图223）。其交通属性极强，沿线所有车辆行驶禁止左拐弯，通行效率很高，对两侧区域的空间划分作用也极大。

图223　范尼斯大道北端
图片来源：Natalie Tereshchenko

在城市形态方面，范尼斯大道及其周边的大体量建筑构成了中心区的西界。

但对于汽车驾驶者来说，行驶在这里却总像走到了一处陌生而令人费解的旧金山，匝道引桥逐渐抬升了人们的视线，地面的低矮房屋和树木被过滤掉，视野中开始变成中高层建筑的世界——位于市场街和奥克提亚地区、范尼斯大道东侧的几栋高层建筑，十分突兀地“混入”中心区高层建筑天际。原来集聚在科尔尼街以东的完整“集簇”形态，在联合广场周边的几栋高层的衬托下，成为松松散散的沿市场街方向的“带形”形态。显然这样的城市景观并不理想。

旧金山城市内历来严格控制高层建筑，在 2011 年之前，市场街和奥克提亚地区仅有 2 栋建于 1960—1970 年代的高层建筑，至 2011 年有 4 栋高层建筑，2 栋位于市场街以北的建筑分别建于 1966 年（图 224）和 1974 年。在 2007 年市场街和奥克提亚地区次区域规划中，开始放宽对该地区建筑的高度控制，在此背景下建成了 2011 年的 NEMA 南北双塔（表 3）。

表 3 市场街和奥克提亚地区的 4 栋现状高层建筑

	名称	位置	高度（英尺）	建设时间（年）
1	100 范尼斯	市场街以北，范尼斯大道以东	400	1974
2	福克斯广场	市场街以北	354	1966
3	NEMA 南塔	市场街以南，范尼斯大道以东	220	2011
4	NEMA 北塔	市场街以南，范尼斯大道以东	352	2011

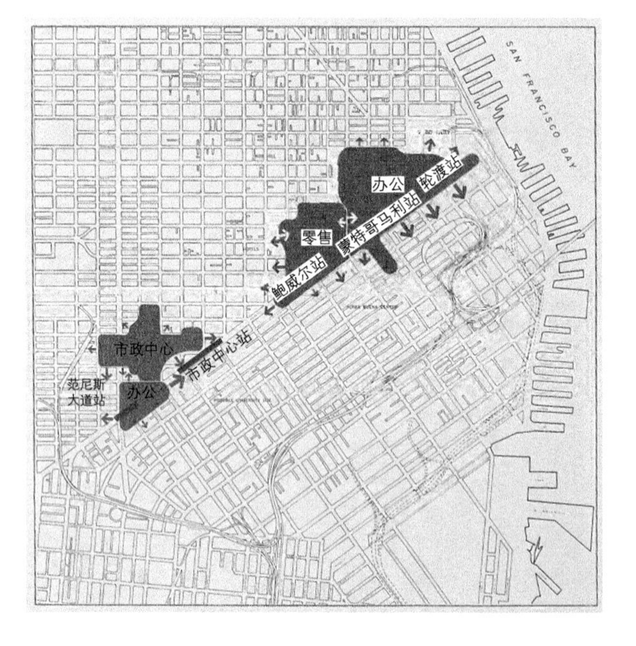

图 224 1966 年旧金山中心区规划中对功能组团的划定，由于当时沿市场街的地铁开通在即，规划也按照市场街为轴线，形成“带形”发展形态，市政中心节点作为将来的办公建筑功能节点

但如今却有多栋高层建筑在建，旧金山一直以来保守的高层建筑理念在近年来出现逆转（图 225、图 226）。人们认为从 2004 年年轻的加文·纽索姆接任市长开始，变得不惧怕城市的“曼哈顿化”，提高了城市中心区的开发力度。此后，华裔市长李孟贤更是推出了颇有争议的“市场街中段”复兴规划，直接将市场街以南三个街坊作为特殊发展地区，并为进入该地区的公司提供临时豁免，无须支付旧金山 1.5% 的工资税。作为与其紧邻的市场街和奥克提亚地区的次区域“核心区”（hub），两任市长也在规划的高层建筑指标方面留下了他们的“作为”，为今天的高层建筑开发提供了政策支持。

更冷、更暴力的时代来临——1960 年代的高层建筑兴起和 1971 年旧金山城市设计规划的评价

1960 年代的旧金山仍然处于现代主义的文化氛围下，旧金山在第二次世界大战后陆续出现了地铁等城市基础设施，也在 1960—1990 年代之间迎来一股高层建筑建设的热潮（图 227、图 228）。其中，由于 1960 年代沿市场街

图 225 2019 年的市场街和奥克提亚地区，依据规划调整的新建高层建筑已经接近完工

图 226 从下海特区看市政中心扩建，中心道路为橡树街。2017 年之前的市场街和奥克提亚地区内的几栋高层建筑已经显得比较突兀，当时的扩建正是在 1960—1970 年代建设的高层建筑基础上的整合

的地铁通车，规划部门有意识地将市政中心作为一处发展节点，预测这里将随着地铁站的形成，出现大量办公楼的市场需求，而对于当时尚处于“需求导向”的城市发展环境来说，为潜在投资预留用地空间理所当然。因此，城市中心区顺势从联合广场沿市场街拓展到市政中心，形成了城市中心区狭长形态的用地范围。

福克斯广场是 1964 年审批、1966 年开工的超高层建筑，高 107 米。该建筑 1967 年建成后，成为整个市政中心地区十分奇怪的形态，同市政厅、作为背景的双峰居住区都有很大的尺度差异（图 229）。人们此时开始热议一个话题——“曼哈顿化”，当看到远离中心区出现的这个孤零零的庞然大物，人们想象如果未来将中间的低矮建筑拆掉，全部换成同样的摩天楼，加州阳光地带可能会落入可怕的高层阴影之中。

《旧金山周末报》曾报道（2017 年），旧金山人们对失去华丽精美的福克斯剧院为代价建设的福克斯广场满怀怨恨，以至于传言“撒旦教会的创始人安东・拉维在福克斯广场设置了象征不祥的十字架”，虽然这是出于宗教思维，但从实际景观上看，这栋突兀的高层建筑，最能反映出人们对这个城市中心孤零零的 29 层高的庞然大物的反感。

在现实社会，福克斯广场不断发生着悲剧，从它建成后第二年的 1968

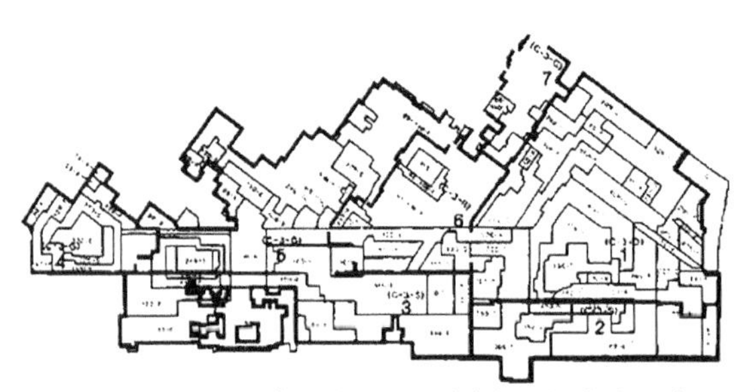

图 227　1966 年旧金山中心区规划中的基本容积率规划图

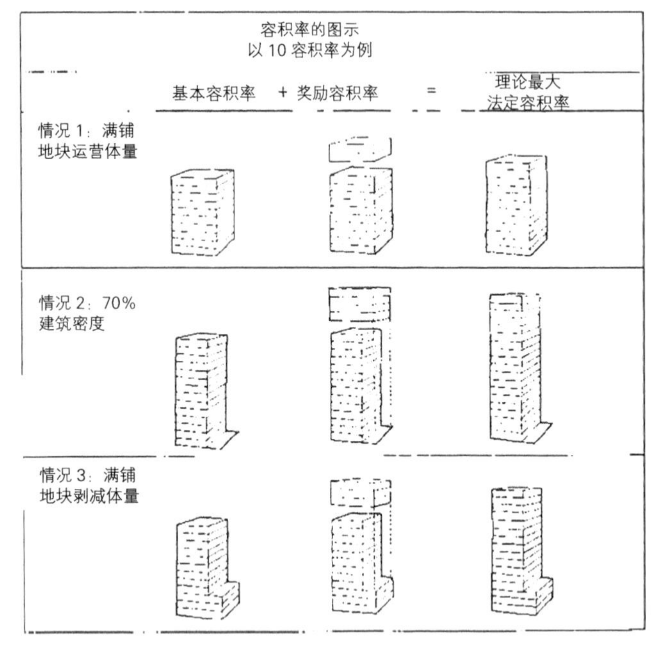

图 228　1966 年旧金山中心区规划中的高度控制分区和容积率奖励。市场街和奥克提亚地区的枢纽地区在 1966 年中心区规划中被纳入城市中心区范围内，用地性质作为市级公共设施用地，建筑高度也被作为特殊考虑，并因此形成了福克斯广场和 100 范尼斯两栋超高层建筑

图 229　福克斯广场 1967 年建成后，成为整个市政中心地区十分奇怪的形态，同市政厅、作为背景的双峰居住区都有很大的尺度差异
图片来源：旧金山规划局

年开始，就不断有人在楼内自杀，以至于它成了旧金山发生自杀事件最高的建筑（记者鲍勃・卡尔霍恩 2017 年 10 月 30 日写于《旧金山周末报》）。鲍勃・卡尔霍恩对此评论道，拆除传统风格的福克斯剧院，新建现代主义的摩天楼，代表了一次时代的转折："更冷酷和更多暴力事件的时代来临了（marked the beginning of a colder，even more violent time）。" 姑且不论高楼里的自杀事件，从我们谈论的城市形态方面而言，现代风格的摩天楼的确要比传统的、充满艺术装饰细节的剧院更加冷酷，更不人性化。对于整个旧金山中心区的整体城市形态，福克斯广场十分残酷地在中心区高层群的 1 千米之外，孤立任性地伫立着，独享四周无限的美景，的确是 "冷酷" 到家了，我行我素，不论常理。

福克斯广场的出现进一步将旧金山中心区沿市场街向西南方向拉长，影响了旧金山中心区城市形态的完整性。当然整个事件过程中少不了记者、公众的刻

图 230 1971 年旧金山城市设计规划的“大尺度建筑集中布置，能逐级向低层小尺度地区过渡”原则
图片来源：旧金山规划局

意渲染，甚至见到成效。整个1960年代末到21世纪初，该地区未见到新的高层建筑出现。

1971 年旧金山城市设计规划给予了实际应对原则（图 230）。尽管规划并没有改变中心区范围，也没有降低1966 年中心区规划对市政中心周边高达 400 英尺的高度控制，但明确了“大尺度建筑集中布置，并能逐级向低层小尺度地区过渡”的原则，形成中间高、四周低的整体格局。同时，又围绕“布局和体量”“城市景观”的各种设计原则和控制措施，基本上停止了该地区的高层建筑建设。

图 231 市场街中段的高层建筑，社会安全保障局
图片来源：孟菲斯设计事务所设计

2008 年的市场街和奥克提亚地区的次区域规划

最初，旧金山规划部门承认在市场街和奥克提亚地区建设高大体量建筑存在问题，但又无法完全制止，只能将建设重点转向其他建筑类型。因此，2004 年后的建设主要是活化利用现有的历史建筑，即使新建少量高层建筑也都十分低调含蓄（图 231～图 233）。

2008 年规划开始重提高层建筑，但也强调其整体形态的重要性。“新建筑不应明显改变这一形态（高层建筑形态）”。在这一交通设施（立交和匝道）聚集之处，应该通过将高度和体积有优势的建筑集聚起来，加强和突出这个集群形态；同时，突出自然景观，各个建筑要避让（side stepping）山体景观。

在具体的政策中，第 1.2 条政策是，“鼓励通过城市形态强化规划地区成为城市大尺度城市形态中富有特色的地方，强化其形态肌理和特色”。

对该政策的进一步解释也提到，“规划的城市形态和高度建议是基于优化提升现有地区纷杂的尺度比例和形态特征”。规划调整了不同位置的规划高度，以实现城市设计目标。

规划对塔楼的形态控制提出了明确的原则（图 234）。

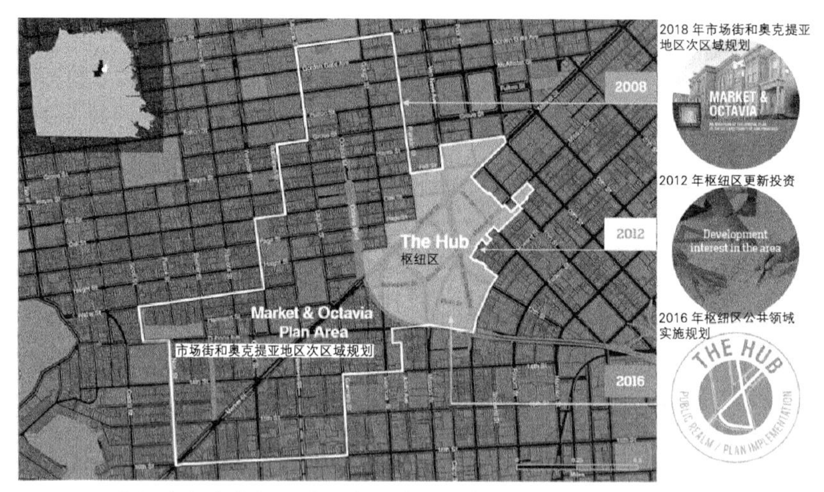

图 232　市场街和奥克提亚地区次区域的几次规划

图片来源：旧金山规划局

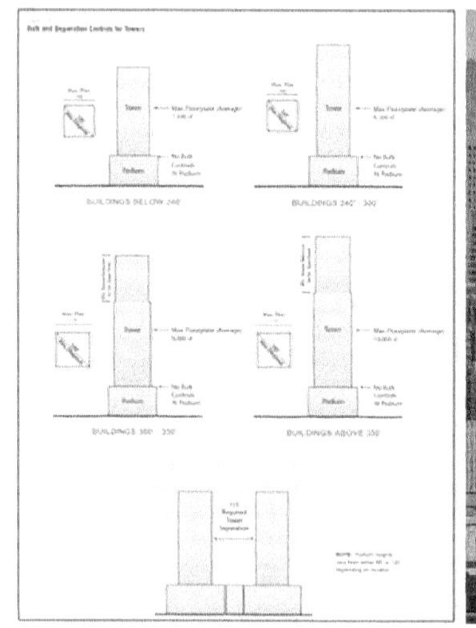

图 233　2008 年建成的高层公寓，位于菲尔街和市场街交叉口。夹在福克斯广场和 100 范尼斯之间，背景为建于 1974 年的 100 范尼斯

图片来源：Nick Zi Chen

塔的基本设计原则

在范尼斯街和市场街中心区住宅特殊用途区（VNMDR-SUD），可以允许塔楼高于 85～120 英尺。塔楼需要考虑特殊的城市设计因素，因为它们可能会对城市天际线以及街道空间的品质和舒适度产生视觉影响。

1. 应采用适应街道空间界面高度的做法。像所有建筑一样，塔楼需要建造适当的街道界面。某些形式的水平衔接对于延续街道空间秩序和高度至关重要。

2. 垂直面的变化应该将塔楼与建筑物的其余部分区分开来。垂直平面的变化将塔的体量与相邻建筑物的体量区分开来，突出塔楼的独特性。

3. 提供行人舒适性。范尼斯大道和市场 / 传教团街风力较大。像福克斯广场塔楼这样紧邻街道的做法，给行人带来了不舒适和潜在的危险条件。新建建筑周边的风速不应超过市场街上的 11.3 千米 / 小时和其他所有街道上的 17.7 千米 / 小时。应采取其他减少风力的措施。

塔楼色彩应为浅色。在大多数情况下，旧金山的建筑物色调较浅。整体效果是白色城市遍布山丘。为了保持与现有景观的连续性，应避免使用深色或不和谐的颜色或建筑材料。应避免使用高反射材料，特别是镜面或反射玻璃。

图 234　旧金山城市设计中对市场街和奥克提亚地区的高层建筑形态控制

2008年的市场街和奥克提亚地区的次区域规划的政策1.2.5提到，“将范尼斯大道和市场街的交叉点标记为视觉标志”。在范尼斯大道西边，新建筑应该具有高度和规模，以加强街道作为一个巨大的公共空间的作用。沿着市场街120英尺的裙楼限高仅适用于在范尼斯大道以东。建筑物高度沿着范尼斯大道以西的市场街控制在65～85英尺，再向周边地区过渡（图235）。

2012年之后“枢纽区”的高层建筑形态

（1）规划问题。2012年之后，华裔市长李孟贤采取了更加积极的城市政策，为吸引企业和就业，加大了城市高层办公建筑的规划建设（图236）。其

现状

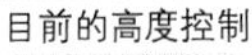

目前的高度控制

新的高度控制

图235 市场街和奥克提亚地区的高度控制在不断提升
图片来源：旧金山规划局

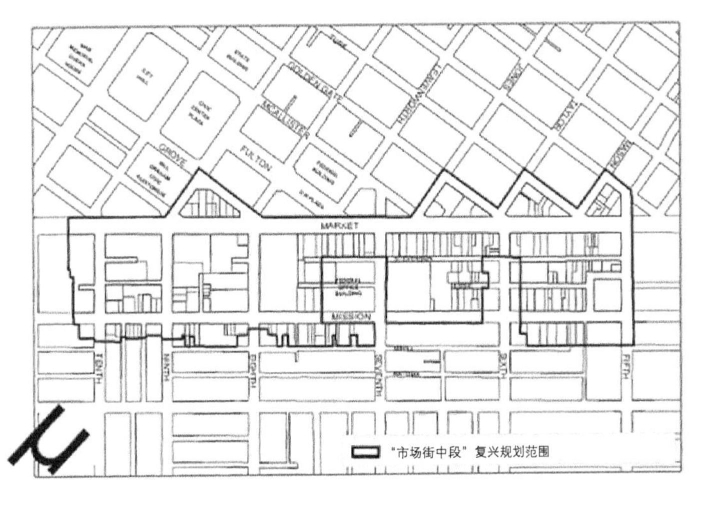

图236 2012年华裔市长李孟贤推出了“市场街中段”复兴规划范围
图片来源：旧金山规划局

中，将市场街和奥克提亚地区东侧，近邻市政中心和西索马区，范尼斯大道以东用地划为“枢纽区”，通过了将用地内高层建筑高度提高的规划修订，将高度从原来的 400 英尺提升到 600 英尺。

但令人惊奇的是，按照枢纽区规划表述，这一再三提升的建筑高度指标调整并未违反 40 多年前 1971 年旧金山城市设计规划的“城市整体高度控制图”中的整体布局，只是各用地的控制高度都整体提升了（图 237）。当然，1971 年旧金山城市设计规划是“大原则”，也具有开放性，不拘于具体的尺度，允许在不违背大原则的前提下弹性修正。1971 年旧金山城市设计规划对该地区的限高是 320 英尺，同时可以通过容积率奖励获得 400 英尺的最终高度，1974 年建成的 100 范尼斯就是依据这一原则控制的结果（图 238）。此后的 2007 年，直接将限高参照 100 范尼斯确定为 400 英尺。在限制高度提升的同时，拟建的高层建筑数量也大幅增加，规划调整的理由仍是 1971 年旧金山城市设计规划的“高层集簇发展原则”。

由于容积率奖励政策，规划高度超过 400 英尺的用地达到 5 处，除了正在建设的传教团街 1580 号低塔外（图 239），其他方案都已经确定，很快会开工建设。

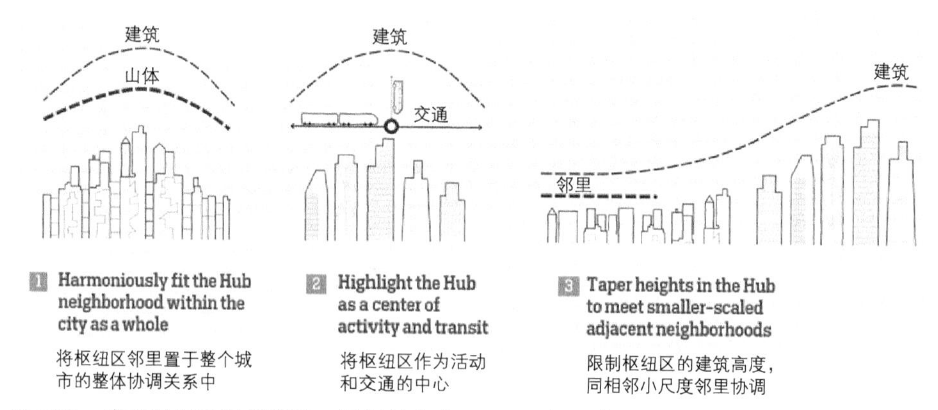

建筑
山体
建筑
交通
建筑
邻里
1 Harmoniously fit the Hub neighborhood within the city as a whole
将枢纽区邻里置于整个城市的整体协调关系中
2 Highlight the Hub as a center of activity and transit
将枢纽区作为活动和交通的中心
3 Taper heights in the Hub to meet smaller-scaled adjacent neighborhoods
限制枢纽区的建筑高度，同相邻小尺度邻里协调

图 237　按照枢纽区规划表述，规划并未违反 1971 年旧金山城市设计规划的“城市整体高度控制图”中的整体布局

图 238　从 100 范尼斯高层建筑，沿着市场街向西南方向的建设情况

图片来源：Mark Bezemer

图 239　传教团街 1580 号用地规划高层建筑，由 600 英尺的高塔和 400 英尺的低塔构成，正在施工建设的是低塔部分

尽管规划部门能够保持 1971 年旧金山城市设计规划的整体格局，但从对该区域不少已建成或封顶的高层建筑实地考察看，2019 年的城市形态有违当年的城市协调原则，包括建筑体量过大、建筑间距过密、彼此之间互相遮挡等问题，恐怕已脱离了 1971 年旧金山城市设计规划倡导的小体量、塔式建筑之间保存空隙的设计原则的控制。城市设计原则也恐有名存实亡之嫌。

（2）高层群体和体量推敲。

在市场街和奥克提亚地区新规划建设的几栋高层建筑中，建筑设计采取了流行的手法，即在意大利建筑师伦佐·皮亚诺的霍华德街 555 号和诺曼·福斯特的“泛海中心”之后，更加注重建筑透明性和表皮材料细部的做法，并开启了新的时尚。在市场街和奥克提亚地区的几栋新建建筑中都体现出这样的特点。

本章注释

1. 旧金山 2019 年大项目数量：2019 年旧金山大项目超过 40 项，高于 2018 年上半年的 25 项，略高于 2010 年以来的上半年活动平均水平。
2. 李孟贤，2011 年为旧金山代理市长，2012 年正式就任。
3. 约翰·帕曼所称的旧金山规划的“遗憾”传统：约翰·帕曼在评论文章《城市性，并非仅是密度那么简单》（Urbanity, Not Just Density）中提及 1971 年旧金山城市设计规划原则之一的“要塑造中心高、四周低的整个形态”。并认为如果在周边无节制地修改区划，增加建筑密度和高度，将给周边开发带来压力，长期坚持的紧凑中心区将可能面临失控风险。因此，他诟病这一做法是“旧金山逐案修改区划的遗憾传统（sorry tradition of case-by-case rezoning）”。意思是，规划管理者一面向 1971 年旧金山城市设计规划说“抱歉”，一面习惯性地增大建筑高度而一再修改区划指标。这一观念得到了公众的响应，旧金山城市规划的专业组织“宜居城市”（livable city）此后也引用“遗憾”传统，批评对华盛顿街 555 号用地的区划调整。
4. 旧金山重建局 1990 年城市更新项目中修改区划和违背城市设计原则的情况：重建局当时承担了七项中心区城市更新项目：（1）the Transbay Area；（2）the Bayview Hunters

Point Area；（3）the Mid–Market Area；（4）the Federal Office Building site at Seventh and Mission Street；（5）the Treasure Island Naval Station；（6）the Hunters Point Shipyard，以及中心区边缘的埃布·布埃纳（Yerba Buena）中心的规划建设，其中就出现了拒绝街道协调，建筑形态破坏协调城市格局的情况。

5. 曾在旧金山规划局工作过的学者伊文·罗斯则建议主要从两方面寻找出路：一是将区划工作做好，但这意味着走向定量领域，并将城市格局的愿景更加固化，无论如何，都必将充满争议；二是将旧金山的细化分区为单位重新进行。
6. 阿兰·雅各布斯对自由裁量权的批评："More and more things are being done by discretion rather than by what the zoning laws say. That is always a mistake because when you do that, the party with the most power always wins. And that party is never the city planner."（Rethinking Downtown: San Francisco's Downtown Plan）。

图 240　传教团区
图片来源：bing.com

第八章　片区四：中央居住区

旧金山中心区周边，北至西增区以南，南至伯纳尔高地和比利羊山一线，东至范尼斯大道，西到双峰山体，这片大致方形的区域都是连绵的居住区。由于这片居住区大致位于旧金山中心位置，我们称之为“中央居住区”(图241)。

从形态上看，中央居住区明显有别于周边。居住区呈现小尺度住宅肌理，而北侧西增区历经1960年代的城市更新，日本城等地段形成了体量增大的公共建筑和高层建筑肌理，东侧是设计区的大尺度工业建筑，南侧被相隔不远的两个山包伯纳尔高地和比利羊山分隔。这些周边的大尺度地区能将小尺度的中央居住区映衬出来。

中央居住区的西南侧多山起伏，海特—阿斯伯里、卡斯特罗和多罗丽住区等众多知名社区依山而建。中央居住区的东侧是传教团区(图241)，也是旧金山历史最悠久、规模最大的社区，至今仍然是拉丁裔人的聚集区，区域内西班牙文化明显。

从城市形态角度评价，旧金山中央居住区具有很高的艺术品质。这些散落在山谷、山坡或低地上整片的居住区，具有完整统一的肌理，包括商业中心、教堂、学校等各种特殊形态的公共建筑穿插点缀其中。从双峰、伯纳尔高地、美景峰、波托雷罗山等高地都可以俯瞰遍览均质、低调而协调的中央居住区，其体现出旧金山城市格局仍然秉持欧洲地中海的“市镇设计”思想和原则建设，采用了将地中海小镇和城邦形态延续到当代的做法(图242～图247)。

同样与欧洲地中海文化近似，这里在保持整体肌理均质的同时，更加侧重于人置身其中所体验到的文化和景观差异。市场街北侧的海特—阿斯伯里延续中心区网格，卡斯特罗和多罗丽住区随地形剧烈起伏，路网间断形成节点，

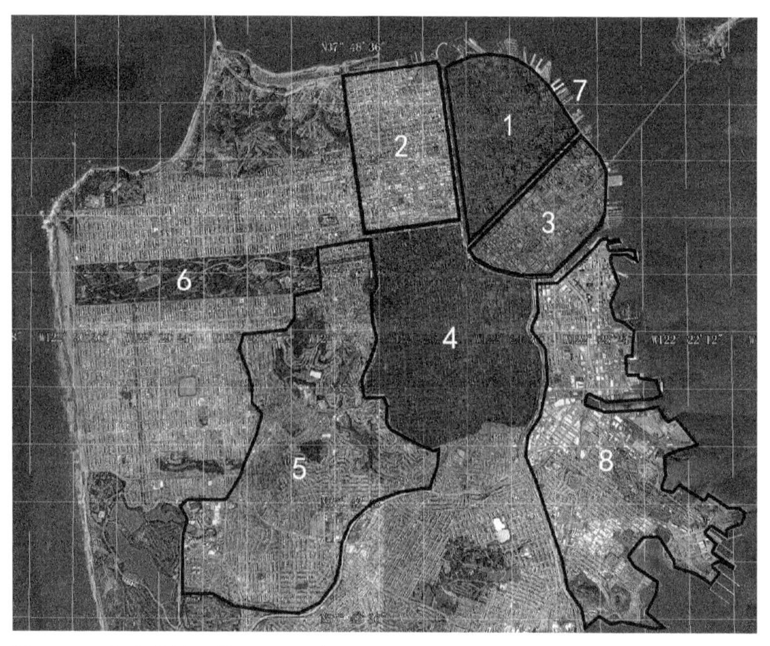

图241　中央居住区位置，图中4

图 242 拍摄于 1880—1890 年的圣弗朗西斯科·德·阿西斯教堂
图片来源：网站“美国名州特色——only in your state”

图 243 典型的印第安土坯房屋和农舍
图片来源：阿布奎基克历史博物馆

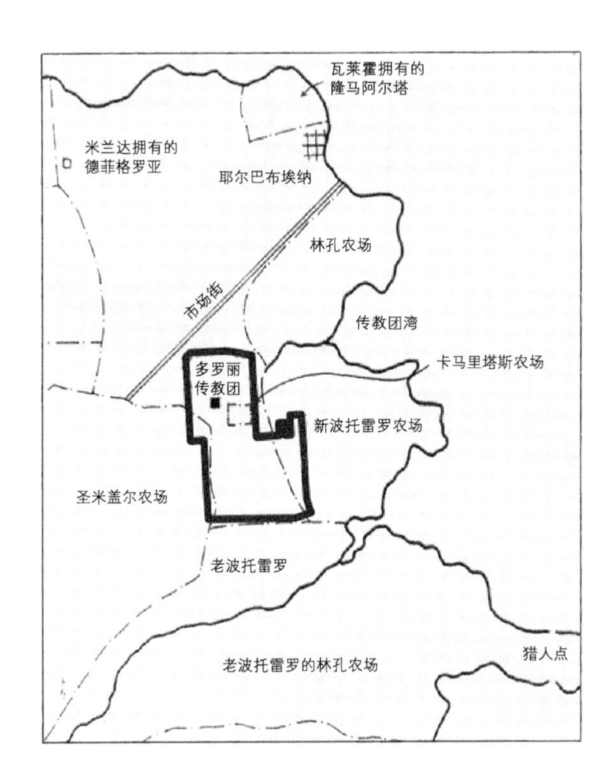

图 244 多罗丽传教团区和周边农场以及原始岸线之间的关系
图片来源：Bernadette C. Hooper

图 245 最早的传教团湾
图片来源：bing.com

图 246　19 世纪末的传教团区街景
图片来源：Bernadette C. Hooper

图 247　地中海复兴风格的住宅

传教团区平坦自然，但异域文化明显。联系不同邻里的主要道路，如市场街和百老汇街，则宽阔热闹，公交、地铁等交通便利，商业设施和建筑形态差异显著，沿路都体现出一种不同于社区的都市氛围。

历史

1906 年旧金山大火彻底摧毁了传教团区北部，第二十街以南的传教团区得以幸存。

此后，这里更多地出现了地中海复兴风格（图 247）和湾区风格，但建筑的整体风格趋于简化，不再如之前烦琐。

1911 年，旧金山获得了世界博览会的举办权，并开始在全市范围内开展公共工程和改建项目，为举办博览会做准备，包括建造一个市民中心、一个新的南太平洋客运站，以及在多罗丽街中间地带种植棕榈树。

传教团区重建的高峰时期是 1906—1907 年，到 1909 年重建建筑完成约 70%（678 栋建筑）。

传教团区内不仅有大量的宗教组织，也包含大量社会团体，各种兄弟会以及发展社团组织都对灾后建设作出了较大贡献。传教团区最有影响力的社会团体组织名为“传教团区促进会”，该组织希望传教团区可以获得足够的学校、大量的公共建筑、良好的街道和林荫道以及下水道系统、消防房、警察局、公园、公共交通等市政设施，以保持传教团区的安全、清洁和繁荣（图 248～图 250）。

图 248　传教团街热闹的游行

图 249 传教团区的传教团学校，地中海复兴风格
图片来源：Bernadette C. Hooper

图 250 传教团区东侧的波托雷罗山医院
图片来源：David Oppenheimer

“传教团区促进会”中走出了此后的旧金山市长。在传教团区长大的詹姆斯·桑尼·吉姆·罗尔夫于1911 年当选为旧金山市长，其任期直到 1930 年（图 251）。他的上任和超长任期都得益于他上任前对传教团区建设的承诺，也源自传教团区以及类似相邻的市场街南的众多工人阶层和商人的支持。

图 251 传教团区强大的社区组织，社团中曾经走出旧金山市长
图片来源：Bernadette C. Hooper

商业和混合用途

第一次世界大战和第二次世界大战期间，旧金山中心区的居住区几乎没有发生任何形态变化，只是在 1920 年代出现了一次小规模的建筑

热潮，当时正值全国范围的经济繁荣。在 20 世纪上半叶，各个社区的商业走廊保持着活力并更新扩建，增加了剧院、百货商店和家具店等大型公共设施。

传教团区北侧临近市场街规划为南工业区，因此一些工业、印刷和汽车维修销售等功能逐渐流入，建筑采取框架结构，形成混合建筑形态（图 252）。

体育运动在传教团区的工人阶级中非常受欢迎。从 1903 年开始一直到 1958 年，传教团区是旧金山棒球比赛的主场，旧金山海豹突击队棒球队最初设在“老雷克”球场，1931 年他们搬到位于第十六街和布莱恩特街的新建海豹突击队体育场（图 253）。1958 年更强人的纽约巨人队来到旧金山，海豹突击队棒球队停止运营。此外，传教团湾还活跃着各种拳击、球类等项目的俱乐部。

图 252　一些工业、印刷和汽车维修销售等功能逐渐流入传教团区北侧

图片来源：Bernadette C. Hooper

图 253　海豹突击队体育场

图片来源：Bernadette C. Hooper

在美国普遍的汽车文化影响下，这里形成了“传教团神奇一英里”（与同时期的芝加哥和洛杉矶一样，都有所谓的“神奇一英里”），特指传教团街中位于第十六街和陆军街的一段尤其是 1939—1950 年期间的繁华的商业氛围。

传教团区自由的拉丁文化，使其成为创新店面建筑的温床，这些创新归功于美国主要街道上商人和消费者互动方式的不断变化。店面的门廊延伸到人行道，通常有 10～20 英尺的进深，可以吸引行人，增加橱窗购物。1920 年代，在装饰艺术派风格的全盛时期，拱廊被设计成锯齿形或多个对角线形状。1930 年代，拱廊风格转向流线形、体现曲线美的现代艺术。建筑立面采用具有拉丁特点的瓷砖、大理石或者西班牙风格的瓷砖铺面图案装饰，有时延伸至街道的人行道。

当代的传教团区

1970 年代后，传教团区北侧仍然聚居着中低收入者，他们居住在相对廉价的公寓和住宅。南部传教团区也仍然是拉美裔人口和文化在旧金山的中心。在传教团区西部，拉美人口在 1970 年后开始下降，因为较富裕的年轻同性恋者从毗邻的卡斯特罗 / 尤里卡山谷街区搬来。同时，第十六街和瓦伦西亚街相应形成了同性恋者喜爱的波希米亚风格，其功能有咖啡馆、艺术馆、独立剧院和书店以及旧金山最早的几家女同性恋和妇女文化机构（图 254）。

此外，公共壁画是传教团区的传统，绘画主题已经从政治艺术扩展到充满活力和轻松的河流、小巷等题材。

当代传教团区住宅建设较多采用“区划奖励做法”，形成多层公寓的住宅户形态（图 255）。

一座新的六层建筑的规划正在进行中，该建筑位于传教团街 2955 号。建筑风格现代而简洁，并无过多同周边呼应的手法（图 256）。

图 254　今天的传教团区
图片来源：David Oppenheimer

图 255　从多罗丽高地看低处平坦的传教团区
图片来源：旧金山规划局

图 256　传教团街 2955 号
图片来源：旧金山规划局

尤里卡山谷

旧金山城市中心西南侧，因临近双峰而地形起伏，曾经是城市近郊公园以及嬉皮士聚集区，如今是高品质居住区。这个片区包括两大部分：以市场街为界，北侧是海特—阿斯伯里，南侧包含了卡斯特罗和多罗丽住区。这些地区赫赫有名，都是各时期诸多“非主流”运动的大本营或标志性地段。不知是否源自这里高爽舒适的自然小气候，这里被人们赞美“飘散着自由的气息”，抑或因为在此能远眺旧金山中心区，这里也成为近代历次运动风潮的“烽火台”。

历史

旧金山历来以“对性和快乐相对宽松而闻名”，乃至被冠以“欲望之城”。最早的海滨地区聚集了旅行者、水手和其他自由职业人士，他们享受着“离家漂泊”的自由感受，并热衷于寻找与他人“偶遇”的新鲜感。

1950 年代，“垮掉的一代”（反主流，打碎一切现有文化，后从中演变出来“嬉皮士文化”）在旧金山爆发，执着地反抗中产阶级价值观，这些文化信仰认识同滞留在旧金山的大量同性恋者结盟，嬉皮士文化和反主流的呼声十分强烈。

1950 年代中后期，女同性恋组织“比利蒂斯的女儿”（Daughters of Bilitis，DOB）和马塔钦协会等团体诞生。1962 年成立了第一个公开的同性恋商业协会酒馆公会，从这里走出来了第一批同性恋组织骨干。到 1969 年，旧金山有 50 个同性恋组织，1973 年达到 800 个。

1950 年代后，更多黑人、拉丁人和亚裔等非中产阶级涌入旧金山，以白人为主的同性恋者加入了当时盛行的“白人飞离”态势。1970 年后，美国整体范围的反同性恋思潮兴起，旧金山的同性恋运动受挫，支持同性恋的市长乔治·莫斯康尼和同性恋运动人士哈维·米尔克遇刺。1980 年代艾滋病流行，旧金山同性恋者居住范围缩小，最后集聚到卡斯特罗街区以及周边很小的地段内，这里目前集中了旧金山约 10 万男女同性恋者的大多数，形成了一处更加“浓缩”，但依然充满活力和强大的同性恋社区。在每年固定节庆日体现出这里的群体爆发力，大量人群涌入，挤满了整个街区，形成浩浩荡荡的游行队伍，充分显示出美国旧金山同性恋者持久的生命力和影响力。

嬉皮时尚

嬉皮时尚的基本概念是，使用廉价或免费的元素，每天创造新的组合。作为反对消费主义的一种姿态，每件东西都可以循环使用。嬉皮士文化倡导标榜每个人的独特性，最重要的是，以此表达此人彻底地游离于制度之外的自由感。

嬉皮士文化偏爱维多利亚时代饰物，喜欢从各处淘到的维多利亚时代的丝绒和饰带、迷你裙、喇叭裤以及东方珠宝和印度服装（图 257）。在建筑方面，旧金山当地史迪克风格以及之后的安妮公主风格的住宅，则同嬉皮士文化十分契合（图 258）。

尤里卡山谷历来以精美的住宅闻名，其中不少是 1906 年大火之前的留存。各式维多利亚风格房屋甚至成为同性恋街区的标志。

1970 年代，许多受过良好教育的中产阶级同性恋者拥有资本，并由衷地欣赏古老建筑。他们发现尤里卡山谷是一个完美的定居之地，因而对历史房

图 257 嬉皮士
图片来源：bing.com

图 258 嬉皮士海报，体现出特殊的审美倾向以及同旧金山尤里卡山谷细腻的史迪克木雕风格近似的取向
图片来源：bing.com

屋加强了维护，使山谷内的街区风貌得以延续。

卡斯特罗街区

对于初次听闻卡斯特罗街区的人们来说，这是一个充满神秘感的地方。但它实际上是一个普通的居住社区，只是被作为备受推崇的旅游点。

卡斯特罗街区位置四通八达，被旧金山中心区、海特—阿斯伯里、传教团街区、诺伊谷、双峰等区域围在核心位置，同时又有多条公交线路联系各区域。

被誉为“同性恋圣地”的卡斯特罗街区，之前却是最虔诚的教会社区，有“最神圣的赎罪教区”的称谓。第二次世界大战后，卡斯特罗街区因旧金山制造业衰退而十分萧条，但吸引了大量工人从滨水的港口区和工厂区迁入，包括大量黑人家庭。可以想象，这里当时同今天的猎人点和蜡烛台点等低收入社区的社会形态类似（图 259）。

旧金山同性恋文化由来已久，早在 1849 年开始的淘金时代，整个城市

图 259 早期的卡斯特罗街区
图片来源：Bernadette C. Hooper

由于处于绝对的男性社会状态中，同性恋文化就开始萌芽，当时有的餐厅专门提供为同性男伴陪同的房间（图260）。而将旧金山推向同性恋圣地地位的时机应是多年后的1945年。战争期间，各支美军队伍有计划地清除了部队中的同性恋者，战争结束后，这些被清除出部队的退伍者的复员文件中被加盖了当时看来具有耻辱性的“H”标志，而这个特殊的退伍文件则是他们返回故土最重要的身份证明，无时无刻不在嘲讽他们同性恋的身份。那时旧金山港是美国太平洋地区最重要的军港，也是人员进出国门的枢纽。大批退伍同性恋士兵从旧金山港踏上美国国土，但他们不敢返回故乡，因此长期逗留在旧金山。最初这些同性恋者集中在波克街、古尔池街、佛尔松街等地区。1950年代政府对其进行清洗，同性恋者迁往卡斯特罗街区以北的海特—阿斯伯里街区，最后在1970年代同性恋低潮期后迁往卡斯特罗街区聚集。

图260　1939年从市场街看卡斯特罗街区。可以看到带着巨大“卡斯特罗”标志的“结账和再会”（Bill & Bye）酒吧——今天的双峰酒吧，这是旧金山首家开放的同性恋酒吧
图片来源：Bernadette C. Hooper

卡斯特罗街区的同性恋群体延伸了1970年代的嬉皮士文化。从地理和城市形态方面，卡斯特罗街区和此前的核心区海特—阿斯伯里关系紧密——卡斯特罗如同一股“溪流”一般，从其北侧的海特—阿斯伯里—科罗纳街区流淌出来，蜿蜒地在山坡中形成别具特色的街区。

1970年代，嬉皮士运动中的一个同性恋分支“花的力量”，从海特—阿斯伯里街区迁入房租低廉的卡斯特罗街区，也将衰退之中的嬉皮士运动剩余的火种在卡斯特罗街区重新燃起。嬉皮士运动开始大张旗鼓地冠以“同性恋”的宗旨，全美大量男女同性恋者纷纷迁入卡斯特罗街区。如今被誉为“同性恋圣地”的卡斯特罗街区是旧金山乃至加州引以为豪的地标，代表了城市对人性的极大宽容。街区内有一座名为“超神圣的赎罪教会”的教堂，位于第十八街和钻石街路口，一如既往地接纳着同性恋者，这里的教会已经成为当今社会广泛效仿的宽容社会的典范。

从卡斯特罗街区城市位置来看，山谷的地形赋予了这里十分安静、不受外界滋扰的优势，同性恋人群得以安守自己与众不同的性价值取向。在同性恋者从进入到最后几乎完全占据的过程中，他们对这里独具特色的维多利亚风格住宅进行了普遍的翻修，使环境得以大幅改善，房价随之提升四倍。房价的暴增间接地驱赶了低收入的工人群体，社会价值理念的差异也排斥了普通的白人中产阶层，最后的结果是卡斯特罗街区形成了较单一的高收入同性恋社会。当然这些高收入者所展现出的居住文化和品位，也成为社会认可和追逐的时尚内容。

卡斯特罗街区的灵魂是“反主流”，体现在方方面面。社区内的大量建

图 261　卡斯特罗街区
图片来源：bing.com

图 262　从南侧俯瞰卡斯特罗街区

图 263　卡斯特罗街区各具特色的住宅
图片来源：bing.com

筑既具有维多利亚风格的“山墙正面”特点，又各不相同，摒弃统一模式，形成了有整体感和丰富变化的城市形态景观。这些风格“混搭”的住宅形成了“湾区风格”的住宅类型，具有 20 世纪早期现代主义理念的倡导简朴并带有可进行装配的建筑特点。最初的开发商采取了订单化生产的模式，每一种建筑构件都提供若干种选择，如檐口的材料可以选择木材或者金属。色彩也有多种选择，住户可以依据自己的喜好选择各不相同的组合关系，建筑商据此进货，在现场组装，建成变化多端的建筑式样（图 261～图 263）。

公共建筑

卡斯特罗剧院是该区域最具代表性的公共建筑，能同时容纳 2 000 人，是 1922 年建成的一个受欢迎的电影院和历史地标，为旧金山近代最著名的建筑师默斯・弗卢格的代表作品。弗卢格除了承担 1922 年的设计工作，还主导了 1937 年火灾后的重建，添加了装饰艺术的吊灯，安装了一个更精美复杂的顶棚。卡斯特罗剧院的宝贵之处在于保持了近 100 年前开业时的整体感觉，是来此旅行的人们向往的地方。

旧金山最著名、最精美的福克斯影院在 1963 年因倒闭被拆除后，卡斯特罗剧院成为旧金山最著名的影院。一位前引座员回忆说，卡斯特罗在 1969 年是一个“破旧的邻里剧院”，有着“亲民的魅力”。1976 年，新的运营商梅尔・诺维科夫入驻卡斯特罗，迎合了附近的同性恋社区需求，放映严肃的艺术品位电影、怀旧的默片和黑白片等，配合举办节日庆典、演唱会和报告会等多种经

图 264 卡斯特罗剧院的西班牙巴洛克风格，与嬉皮士、波希米亚风格品位近似

图 265 卡斯特罗剧院内部
图片来源：bing.com

营方式，这听起来更有“学术味儿”。

卡斯特罗剧院外部华丽而精美，其建筑内部更是令人真正地领略到百余年前旧金山流行的西班牙巴洛克式建筑的魅力。人们能在剧场内听到现场管风琴演奏（图 264、图 265），这是卡斯特罗剧院另一个突出特色。有一位常驻的沃利策古董管风琴（1982 年前为康涅狄格管风琴，两者同为经典管风琴）演奏家，他在电影开始前大约 15 分钟出场，用各种各样的曲调“暖场”，这些曲调可以从拉格泰姆到摇滚乐——用上百年的古董管风琴演奏现代摇滚乐。这也是卡斯特罗剧院难以替代、无法复制的地方，是旧金山多元文化魅力的又一体现。

这样的多元特色在剧场的内部达到极致。剧院修复师大卫·博伊塞尔向《旧金山纪实报》记者描述：“有一个看起来像亚洲风格的顶棚，一面看起来像来自英国乡村别墅、中间有喷泉花园主题壁画的墙壁，一个装饰艺术的枝形吊灯和一个看起来像来自欧洲某个宫殿的风琴架。”显然卡斯特罗剧院的复杂感和多样性，在专业人士看来也极为特殊。

住宅

卡斯特罗街区留存有大量历史住宅。此外，卡斯特罗街区的同性恋人群中的高收入者（同性恋雅皮士）倡导通过自建方式修建房屋，卡斯特罗街区因此设置了多处服务于房屋修复的“悬崖商店”。

除了历史建筑外，这里的“湾区住宅”具有更明显的“装配式”特点，悬崖商店的存在使建筑维护如同维修汽车一样简单。人们可以在商店内找到修复一栋维多利亚风格住宅或“湾区住宅”需要的所有物品，大到建筑材料，小到园艺植物。行走在街区内，至今仍随处可见住户自行修缮房屋。

公共空间

简·华纳广场是旧金山“给广场铺装”（pavement to parks）的三个项目中第一个实施完成的项目（图 266），其他两个项目分别是“展示广场三角地”“古铁雷洛广场”“格雷罗公园”，现在还有 6 个项目处于规划阶段。

从现今已经建成的旧金山卡斯特罗简·华纳广场分析，城市正致力于快速地实现城市空间的提质增效。通过增加长凳、花盆和护栏，将原来的停车

图 266 简·华纳广场更新前后
图片来源：bing.com

场改造成一处真正的公园（图267）。如今广场的投资不大，广场的建设也没有多么宏伟，但成效显著。

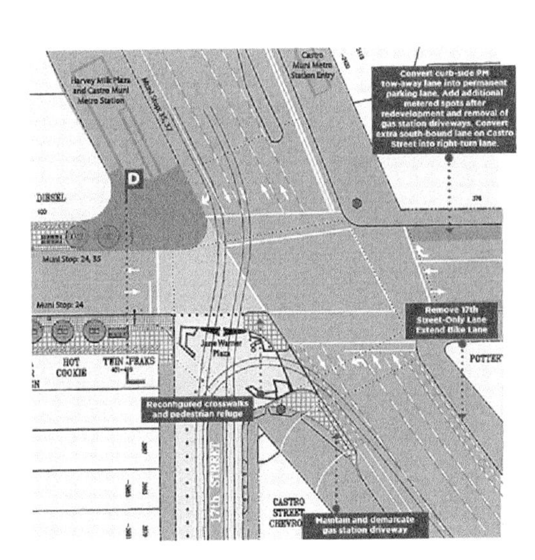

图 267 简·华纳广场的规划设计
图片来源：bing.com

巡警简·华纳在卡斯特罗街区、诺伊谷和传教团区服务超过20年，人们将广场以他命名。2010年11月，将原“卡斯特罗公地”改称为“简·华纳广场”，举行纪念牌匾挂牌仪式。

如今，广场提供了更大的场所感、更多的座位和更多的绿化（图268）。这个空间有一个如同“调色板”一般的多彩地面，搭配了耐风植物，包括各种棕榈、橄榄和其他肉质植物。广场保留了最独特的元素——历史悠久的市政F线有轨电车，曲线的车轨富有动感地穿过广场。同样多彩的街车将转过街角，沿着市场街，继续行驶到渔人码头。这里也是F线街车的终点站，游客在此可

图 268 改造后的简·华纳广场
图片来源：bing.com

以舒适地下车，去探索独具魅力的卡斯特罗街区。

多罗丽高地社区

多罗丽高地社区是卡斯特罗街区以南的高地社区，在社区高处可以远眺北侧的卡斯特罗街区、东侧的传教团区和南侧的诺伊谷（图 269、图 270）。

多罗丽高地社区在保持整体路网的同时，在几处高差大的局部将道路打断，形成了台阶踏步。这里大量重复的山花立面，赋予了多罗丽街区鲜明的特色。

多罗丽街串联了最重要的宗教、教育、娱乐功能，形成了强烈的仪式感。街道两侧于 1910 年种满了棕榈树，给街道带来了舒适的阴凉和庄严的氛围，道路两旁低矮的建筑和维多利亚式房屋富有装饰感。

当代的微更新和建筑形态

整个旧金山中央居住区已经固化，城市建设以保护历史风貌为主，而极少数的更新建设活动面临着严格的审查和高水平的设计要求。

位于诺伊谷、第二十四街和多罗丽街东北角的拟更新用地，原为一栋一层独立建筑，但不同寻常的是该建筑内有多个家庭居住，因此旧金山区划中将该用地作为“多户家庭居住用地”，而不同于独立式居住用地。因此，在更新改造过程中，新的设计可以有条件和理由仍然按照“多家庭住宅”的合理面积进行扩建。

著名建筑设计公司温德尔・吉布森建筑师事务所提出更新方案，并认为“没有实际理由保留现有结构的任何部分”，正提报规划局审批。方案在 40 英尺限高下设计了三层建筑。

由于卡斯特罗街区所具有的文化意味，一旦出现一点儿风吹草动，旧金山的人们便会对此讨论不休。

人们看到了旧金山区划法案中的“僵化”问题，认为这栋现状建筑更像是独立式住宅，如果按照多家庭住宅更新，规模的增加将影响街区的整体风貌，因此区划法案需要改改了。

对照前些年诺伊谷曾出现的类似更新现象，人们认为诺伊谷距离中心区较远，在名气上也不如卡斯特罗街区，因此这些规模较小的居住用地具有“改

图 269 多罗丽高地
图片来源：pixels.com

图 270 诺伊谷的一个景点是相邻的双峰部分阻挡了太平洋的沿海雾和凉风，使小气候通常比周围的社区更温暖

造溢价”，如此不合理的情况是应该引起人们关注的。

也有相反的看法认为，既然是建设多户家庭住宅，就需要实事求是地加大规模，建设一栋真正的“公寓”，至少容纳 5～6 户家庭甚至更多。

关于建筑式样，在方案公示过程中，公众持有批评态度，认为“但愿效果图中只是一种意象形态，大量细部还没有在图中表达，否则，这将会是温德尔·吉布森履历中最丑的建筑”。批评者言辞激烈地说：“积极的炫耀和山墙屋顶轮廓的做法看起来像 1988 年”。要知道，1988 年前旧金山规划局的规划管控主要针对中心区的高层建筑，相对而言，旧金山居住区的更新建设品质比较差；而 1989 年地震后中心区高层建筑停滞，规划局将目光聚焦于居住社区，相继推出了各社区的详细规划以及居住设计导则，居住区品质获得了极大提升（图 271）。

图 271　第二十四街和多罗丽街东北角的拟更新用地

图 272　双峰和西南部居住区

第九章　片区五：西南部居住区

西南部居住区包括双峰和戴维森山周边的大片用地，其城市肌理有别于旧金山其他地区，以顺应地形的自由形态为主（图 273）。其中双峰西侧和南侧的住宅区开发较早，戴维森山周边住宅开发较晚，但规模更大，布局形态和手法也更多样（图 274）。

双峰周边用地最初为各大农场。双峰西麓这片土地最早是西班牙后裔拥有的圣米盖尔农场，也是旧金山最后的两处墨西哥农场之一。另一处是位于山下默塞德湖滨的拉贡纳农场。淘金时代旧金山著名商人阿道夫・苏特罗在获知隧道建设的可能性后，于 1880 年购得大量土地。土地范围从今天的日落区南部到戴维森山。但苏特罗生前并未进行大规模开发，只是给自己建设了豪华住宅、大型公共泳池等设施，并引入大型欧洲植物桉树，覆盖了大部分土地。

1910 年，阿道夫・苏特罗去世 12 年后，他的继承人将大部分土地出售给地产商鲍德温和豪威尔房公司，另有一部分西南角用地出售给英格勒赛德，建设跑马场和台地住区。鲍德温和豪威尔公司编制了总体的开发规划。不久，政府宣布双峰隧道建设的消息，承诺从隧道的西门户到市中心的有轨电车的通勤时间为 20 分钟。鲍德温和豪威尔公司开始向有兴趣为新居民建造高端住宅的公司出售大片土地，同时自己也进行住宅项目开发，从而开启了双峰西麓开发的第一阶段。

但由于 1910 年政府宣布隧道建设消息后迟迟没有行动，因此双峰西麓的住区建设一直断断续续，建设位置只集中在“门户大道”，即预计的街车线

图 273　西南部居住区，图中 5

图 274　双峰南侧的戴维森山
图片来源：bing.com

路两侧。鲍德温和豪威尔公司还在辛苦地四处兜售自己大量存储的土地。

1918 年 2 月，双峰隧道的开通拉开了这里大规模的地产开发的序幕，巴尔博亚台地、戴维森山庄园、西木公园、西木高地、蒙特雷高地、舍伍德森林和米拉隆马公园已经建立并繁荣起来（图 275），到 1920 年代末基本完成了土地开发（图 276）。

1950 年代和 1960 年代后期的双峰和苏特罗山一带，开发了中城山庄和森林高地社区，并向更多的中产阶级买家推销，但直到地形起伏的街道规划和台地景观建成、成为人们眼见为实的美景后，人们才纷纷来此消费。

本书选择每个阶段的 1～2 处典型住区介绍山地住宅区的开发过程，尤其是旧金山独具特色的曲线形态道路传统的建设历程。

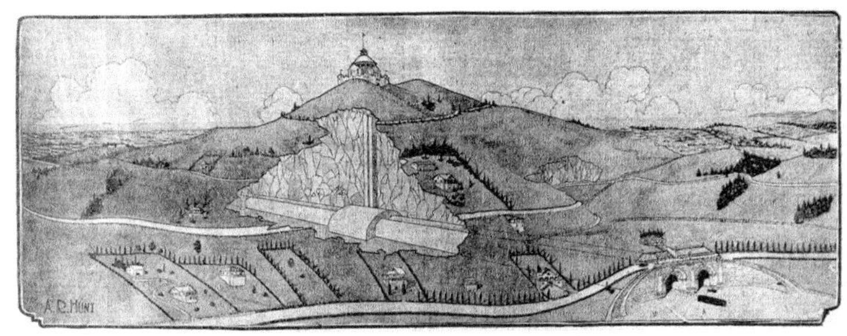

图 275　双峰隧道，强调隧道对住区开发的重要性
图片来源：西部邻里项目专题网站 The Western Neighborhoods Project, http://outsidelands.org

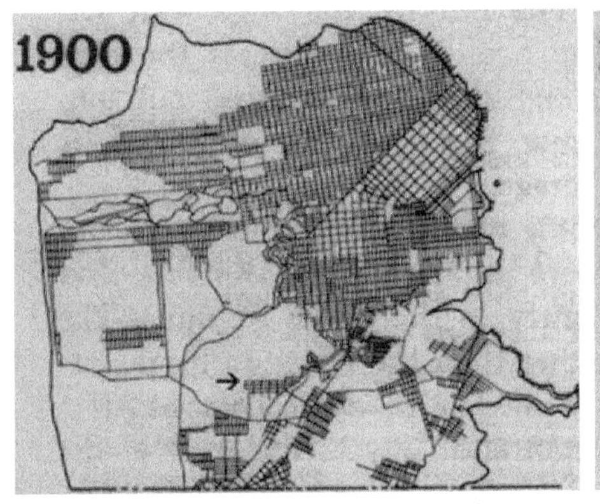

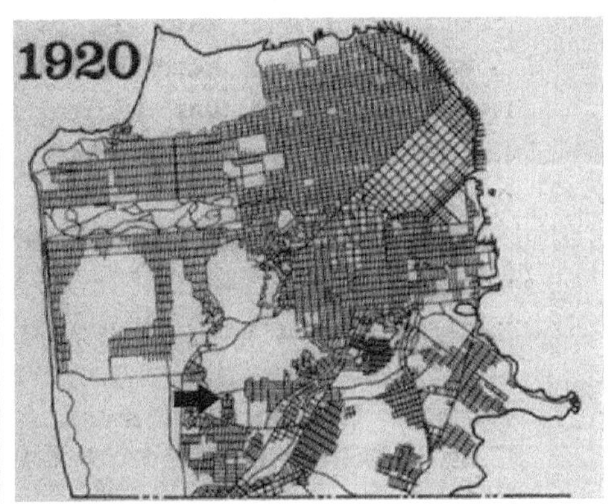

图 276　双峰和戴维森山周边建设情况
图片来源：Lynn Oakley

伯纳姆1905年对双峰西麓的构想

丹尼尔·伯纳姆在编制1905年旧金山规划时，一直居住、工作在双峰，他向西俯瞰太平洋和旧金山西侧的土地，看到红色的朝霞、金色的落日、空中时常飘来的云雾以及映射到山脚下默塞德湖的倒影。伯纳姆认为双峰是旧金山城市的边界，整个西侧用地应作为田园化的城市郊区。伯纳姆在规划报告中用文字表述了当时的心情。

“这片由双峰组成的公园区域，包括环绕圣米盖尔山谷的山丘，以默塞德湖为终点，是旧金山环城公园链中的一处节点。公园的种植（因为公园总应该部分种植），应在双峰的南北两侧利用高大的树木将山体加高，并将树林向山下‘铺洒’下去。（树种的选择）要形成整体的装饰色彩，使双峰从山下升腾起耀眼的光彩，使双峰成为受人瞩目的城市焦点。”

“临近圣米盖尔山谷与默塞德湖之间的轴线，是极好的日落观景点，应清除轴线上及其两侧山丘上的森林，形成观景轴线。”

“一个（新规划的）湖，作为一个有使用功能的水库，选址在双峰的西侧、山谷的高处，尝试将水系同拉贡纳本田湖甚至默塞德湖联系起来。”伯纳姆所选的水库位置同今天苏特罗水库位置大致相同。

伯纳姆方案中还包括一个中心或学院，这个中心或学院将安排各种学习和艺术活动功能并提供住宿。在这里划分独立学习或合作区，理想环境给人们带来大量的灵感。它将包括行政、集会、接待以及其他必要的服务，适合特殊工作或学习的小型工作区需求，提供生活住宿。此后的确在双峰周边建成了两所大学——旧金山州立大学和旧金山社区学院。

在双峰周边还建造了一个占地19.3平方千米的公园，从双峰延伸到默塞德湖。当代作家雷克斯·贝尔评论道，公园是“一个风景优美的广阔区域，比金门公园宽三倍，也更长，从西南部的双峰一直延伸到默塞德湖。这个景色令人叹为观止……这个景观确实可以同世上极少数巨大的尺度和结构相媲美，让人想起古典希腊和古罗马景观”（图277）。

伯纳姆规划被旧金山接受，但第二年的火灾使急于重建的中心区大大简

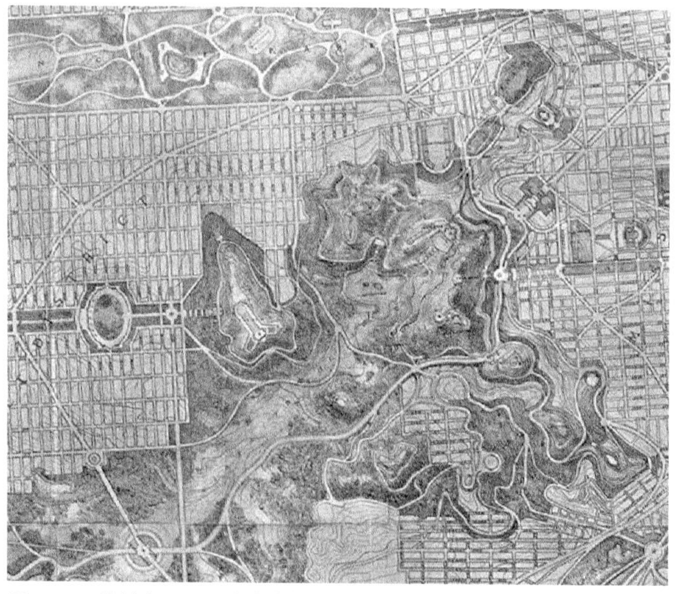

图277　伯纳姆1905年规划关于双峰山脉的局部设计
图片来源：雷克斯·贝尔

图 278 1948 年的戴维森山周边，图片近处是斯特恩树林公园
图片来源：西部邻里项目专题网站 The Western Neighborhoods Project，http://outsidelands.org

化，甚至搁置了伯纳姆规划。相对而言，双峰西侧要好很多。伯纳姆规划理念中城市公园的部分成为之后建设的基础，包括：伯纳姆将整个双峰西侧作为城市郊区的定位，决定了在占城市用地一半的空间中，并没有设置任何城市中心或副中心的做法；虽然伯纳姆规划中巨大的城市公园没有实现，但却通过高尔夫球场、默塞德湖、苏特罗湖以及各个山体公园，实现了伯纳姆规划中的“环城公园链”的理念（图 278）。

双峰周边的山地居住区

旧金山西双峰周边包含了大量旧金山 20 世纪初以后建成的著名居住社区，包括巴尔博亚山庄、森林山社区、森林高地、中城山庄、戴维森山庄园、谢伍德林地、圣弗朗西斯伍德社区、西木高地和西木公园等众多建于不同时期、大小不一的闻名遐迩的社区。

其中双峰西侧和南侧开发较早。这一阶段建设了森林山、圣弗朗西斯伍德和西木公园社区。这些住区从一开始就有别于旧金山其他地区，在城市中第一次大量出现了弯曲的道路形态，这是当时美国盛行的新型社区形态，也契合了基于城市美化运动的“花园住区”理念，典型案例如奥姆斯特德的湖滨居住区。其典型特征包括曲线形的街道规划，郁郁葱葱的景观，装饰性的街道设施、入口和楼梯。住区禁止建设低标准和低造价住宅，同时，这类社区也并无城市中常见的整齐划一的退界。

圣弗朗西斯伍德社区

圣弗朗西斯伍德社区在建成后曾被誉为美国最好的“公园式住区”之一。

1910 年代初，根据阿道夫·苏特罗的遗嘱，鲍德温和豪威尔房地产公司向他的继承人购买了圣米盖尔农场中的 2.9 平方千米土地，另一位开发者邓肯·麦克杜菲（1877—1951 年，图 279）从中划出 0.7 平方千米的土地来建造圣弗朗西斯伍德社区。

整个双峰西侧地区在 1910 年前，一直有建设双峰隧道的传言，地产相关活动也都在这个消息的背景下预热。1914 年双峰隧道终于开工，同时建设的还有市场街延伸线。交通条件的提升，使人们看到了这里巨大的发展潜力。

面对区位条件更好的双峰东侧以及用地南侧诸多已经建成社区的竞争，双峰西侧出入口附近这片空地的规划需要更高的品质才能吸引此时已经十分富裕和挑剔的旧金山市民（图 280）。

由丹尼尔·伯纳姆倡导的“城市美化”运动理念影响了社区规划，尤其是他在 20 世纪初旧金山规划中对双峰西侧用地带有欧洲山城的发展愿景，给人们带来了对这里未来依山就势、充满欧洲城市环境韵味的遐想。城市规划部门也对此提出了各种控制规定。圣弗朗西斯伍德社区的规划中规定：沿街建筑必须是独栋建筑形式，禁止大尺度建筑形态；建筑高度两层以下，街道至少有 20 英尺的退界并不小于道路宽度的 25%；应在人行道下铺设公用设施，并铺设宽阔的街道；最初的房屋成本必须超过 3 500 美元，并且规划需要得到圣弗朗西斯社区协会雇用的监督建筑师的批准。与当时的其他居住社区一样，白人之外的少数种族不得在此获得居住权。这一具有种族隔离的做法到 1960 年代才取消。

圣弗朗西斯伍德的开发商邓肯·麦克杜菲热爱自然，曾经担任过自然保护协会的领导，也帮助政府创建了州立公园系统，倡导保护旧金山独有的红杉林。在这样的背景下，他选择了当时流行的花园城市理念就不足为奇了。在他此前开发的住区中，他习惯于引入交通、电力、电信、燃气等较先进的基础设施。

为了开发圣弗朗西斯伍德社区，麦克杜菲访问了当时美国花园城市的典型案例，包括堪萨斯城的乡村俱乐部区、巴尔基摩的罗兰德公园以及长岛的森林山花园。在看过这么多花园郊区后，麦克杜菲尝试创造属于他自己的新模式——他聘请了著名的奥姆斯特德兄弟，为他设计社区中的曲线道路、公园和园林景观，聘请著名的巴黎美术学院学派建筑师约翰·格伦·霍华德，制定住区建筑设计标准，并聘请监督规划师确保这些规则得以贯彻实施。

图 279　圣弗朗西斯伍德的开发商邓肯·麦克杜菲

图片来源：Lynn Oakley

图 280　约 1918 年的圣弗朗西斯伍德社区交通地图

图片来源：UC Berkeley

麦克杜菲承诺，圣弗朗西斯伍德社区内的建筑风格，必定比旧金山任何其他设计都要丰富。建成后，圣弗朗西斯伍德的建筑风格的确复杂多元，包含意大利文艺复兴风格、西班牙摩尔风格、殖民地风格、罗马艺术装饰风格、英国乡村风格、法国城堡风格等（图 281、图 282）。

圣弗朗西斯伍德社区的建筑师中，不少人履历显赫。如茱莉亚·摩根是

图 281　圣弗朗西斯伍德社区内建于 1935 年的法国殖民地风格建筑
图片来源：sf.curbed.com

图 282　圣弗朗西斯伍德社区内的城堡式住宅
图片来源：Brock Keeling

旧金山知名建筑师，亨利・古特森曾在著名的巴黎美术学院任教。当然。尽管建筑式样丰富，但这些建筑师都普遍偏爱古典风格和地中海复兴样式，也因此使圣弗朗西斯伍德众多风格多样的住宅做到整体协调，浑然一体。

圣弗朗西斯伍德社区高雅古典的建设品位还得益于许多住在这里的早期建筑界人士，包括威利斯•波尔克、马丁•雷斯特、汤默斯•弗卢格、伯纳德•梅贝克和茱莉亚・摩根。以他们为骨干的圣弗朗西斯家园协会承担了维护和加强社区豪华景观和道路设施的监督职责。几十年来，另外两个社区组织，圣弗朗西斯伍德花园俱乐部和圣弗朗西斯伍德女子联盟，也提供社交活动并筹集资金来维护旧金山的“花园住区”。

圣弗朗西斯伍德社区的景观规划特色旨在“让人联想到意大利文艺复兴时期最美丽的花园”，因此用精致的材料装饰了地面，包括一个精致的入口和主要交通干道圣弗朗西斯大道上的两个喷泉。奥姆斯特德兄弟制定了曲线形街道规划，建筑师约翰・格伦・霍华德和亨利・古特森先后担任监督建筑师（图 283）。街道上精心设计的灯管、经过专门设计的人行道铺装材料、入口处的列柱和喷泉等都富有设计感（图 284）。在此后的 30 年里社区内在用地高处建设了巨大的上层喷泉和众多特色房屋。

图 283 精美而富有多样感的山地建筑，被认为得益于担任监督建筑师的亨利・古特森
图片来源：Lynn Oakley

图 284 圣弗朗西斯伍德社区城市美化运动的景观，一个精致的入口和主要交通干道圣弗朗西斯大道上的两个喷泉
图片来源：Lynn Oakley

森林山社区

森林山社区与圣弗朗西斯伍德社区于同年（1914 年）从苏特罗遗产继承者手中购买。社区开发者纽维尔・默多彻受到英国花园城市理念的影响，赞赏曲线形道路、独栋和双拼形式的住宅，营造“居住在森林里”的居住理念。

最初的业主鲍德温对森林山所处的自然环境印象深刻，他希望给城市居民创造一种公园感受的主题。

纽维尔・默多彻也受到伯纳姆城市美化运动的影响，这种影响体现在社区内的林荫大道和新古典主义的装饰细部上。社区内以占地大的豪华别墅著称，不少出自当时湾区知名设计师伯纳德•梅贝克。而社区的规划师是马克•丹尼尔斯，他完成了海边崖地社区，其规划手法的特点是体现出用地等高线的形态，在必要的情况下，通过挡土墙获得开发建设用地。这样的规划获得了曲折安静的街道以及“画境式”的景观品质。

但在当时网格城市形态盛行的旧金山，自由形态的道路系统在建成后相当长的时间里，由于不符合城市规划要求，一直都由社区自行进行道路养护。

为实现“居住在森林里”的居住理念，社区规划构建了通往山林的步行路径；同时也为塑造“纯居住”功能的安静社区，在社区内部没有任何商业功能，仅通过在车站周围设置一条商业带，以及一条连通森林山社区和街车车站的路径，解决了商业服务的功能（图 285）。因此，从布局和理念上看，森林山社区可谓是最早的“TOD 社区”。

森林山社区中的住宅更有豪宅韵味儿。一些住宅依山就势（图 286），另一些住宅则占地较大，有些设计成当时流行的草原设计风格（图 287）。

图 285　位于隧道街车的“森林山站”周边的几个商场，1923 年建成的 Newell Murdock 商场以及 1933 年建成的 Safeway 商场
图片来源：Lynn Oakley

图 286　森林山社区住宅，1916 年建成，已经设置了车库
图片来源：Lynn Oakley

图 287　森林山住区内的草原风格建筑
图片来源：Lynn Oakley

图 288　森林山社区俱乐部内举行的公共事务讨论和聚餐活动
图片来源：Lynn Oakley

森林山社区最著名的建筑是住区俱乐部，由伯纳德·梅贝克设计（图 288）。该建筑将业主们凝聚起来，人们在此举行各种公共事务讨论聚会以及各种沙龙和培训，实现了多种社会交往，起到了突出的社会凝聚作用（图 289）。

图 289 森林山社区俱乐部
图片来源：Lynn Oakley

戴维森山西南麓的低密度社区

在肌理完整的日落区向南，越过被高速公路分隔的两片高尔夫球场和史坦树林公园后，将抵达地形更显复杂的戴维森山。这里的居住区开始打破整齐划一而平坦的日落区、里奇蒙德区延续下来的规则城市形态，富有特色的居住区不断出现，彼此争奇斗艳，其中包含西木公园、西木高地、帕克默塞德等。此外还包含旧金山州立大学以及旧金山第一处郊区购物中心——石镇购物中心等公共设施，构成了这一地段富有变化、同日落区截然不同的城市形态。

整个戴维森山—双峰西侧的土地最初属于阿道夫·苏特罗，他最多时曾拥有旧金山 1/12 的土地，今天这里很多的地名也因此由他的名字命名，如苏特罗高地、苏特罗塔、苏特罗小学、苏特罗森林等。由于山体的阻隔，在当时的马车时代难以逾越，因此西木公园社区最初建设缓慢。但 1918 年双峰隧道和街车开通后，大大缩短了这里到旧金山市中心的时间，乘坐马车的近 1 个小时路程缩短到 20 分钟。通勤郊区的概念诞生了，双峰以西大量住区，巴尔博亚山庄、戴维森山庄园、蒙特雷高地、舍伍德森林和米拉隆马公园以及西木公园和西木高地，一时间陆续兴建。到了当代，这些社区尽管华丽精美，但面临城市郊区化和空心化的冲击，如何挽救行将衰败的精致郊区社区成为城市发展的难题之一。

相邻的两个大椭圆——英格勒赛德山庄和西木公园

英格勒赛德山庄是在赛马场的基础上建设而成的，因此尽管名称叫作“山庄”，却相对平坦。跑马场跑道被山庄完整地保留下来，成为后来的主要社区道路（图 290、图 291）。

西木公园和西木高地都位于戴维森山西麓，也同为旧金山最老牌的房地产商鲍德温和豪威尔公司开发。西木公园位于低处，并于 1916 年先行开发；而西木高地地势高而陡，是 1918 年双峰隧道开通后在当时的“街车郊区”开发潮中建成的（图 292）。

西木高地社区意图获得“为中产阶级市场提供高性价比的设计”，社区强调通过设计和布局改善和整合社区品质。

西木公园有 650 套住宅，由知名工程师约翰·M. 彭奈特设计，除了米拉马尔大道作为轴心林荫大道外，社区主要道路“没有一条直街”。两条大型椭圆形弯曲街道的整合经过精心设计，以确保社区良好的空间秩序（图 293）。

图290 沿阿仕顿大道从南向北看向英格勒赛德山庄

图291 西木公园建设前的跑马场，中国大屋顶风格
图片来源：Lynn Oakley

图 292　1923 年从英格勒赛德（近处）社区看到的西木公园（远处），其更高处的西木高地尚未开工建设

图片来源：outsidelands.org

大多数建筑都是在 1918—1923 年的 5 年间建成的，社区选择了“简易别墅”（或译为“平房”），今天也称为“湾区住宅”的风格（图 294）。这种风格产生于英属殖民地的孟加拉国，加入了英国工艺美术装饰元素，20 世纪初期兴起于加州，尤其是北加州旧金山地区。简易别墅影响了梅贝克、波尔克和其他旧金山建筑师，人们欣赏简易别墅的适度、廉价和低调。开发商通过从图示目录提供的菜单式选项，帮助业主确定自己喜好的房屋样式，房屋构件通过铁路或船舶运输并在现场组装。这种简单高效的做法，在当时没有大建筑公司的美国城镇都很常见。大多数平房采用一些大规模工厂化生产的元素，典型的门、窗和内置家具，如书柜、书桌或折叠床，均来自木材场或菜单式目录，满足了大量中产阶级从公寓搬到私人住宅的不断变化的需求（图 295、图 296）。

它们在一段时间内非常受欢迎，许多城市都拥有 1920 年代建造的“简易别墅”。这些社区通常沿着有轨电车线聚集在一起，并随它延伸到郊区。

图 293　相邻的两个大椭圆——英格勒赛德山庄（西侧）和西木公园（东侧）

图片来源：Harrison Ryker 1948 年的航测图

图 294　西木公园最早的房屋广告

图片来源：outsidelands.org

图 295　简易别墅

图片来源：Lynn Oakley

图 296　西木公园

单元式联排住宅形态的出现——西木高地

西木高地是 20 世纪早期到 20 世纪中期美国私人开发商规划实践的原型。它倡导郊区生活方式，是经过高度控制和规划的社区。

西木高地社区位于西木公园的北侧高处，由旧金山最早的开发商鲍德温和豪威尔公司开发，在 1925—1929 年间建造了 283 所房屋。

西木高地社区可以说是最早采用“单元式联排住宅”形态的社区，同时也是美国最早的一批采取“社区规章”的社区。此时的旧金山的郊区化逐渐成熟，业主也不再是清一色的绅士淑女，人们的素质教养变得参差不齐，出台大家共同遵守的一套“规矩”变得势在必行。“社区规章”里也尽是些看似最基本的要求，“任何时候都不得制造或销售麦芽、葡萄酒或烈酒……不能经营任何营业场所，包括火葬场、疗养院、庇护所……不能有牲畜有关的牛场、狗窝、屠宰场、猪圈……也不得开设地毯打浆厂或管乐乐器学校等。”西木高地社区的房屋是根据单元模块化系统建造的，每户作为一个模块，有时会有 2～4 个模块拼接在一起。同时设计一系列不同的窗户、入口和车库形态可供组合。在街景方面，规划兼顾统一感和多样性：每个房子可以选择各种配置，而基本上不改变邻里的整体设计特征和尺度关系，不仅对设计元素进行了统一，而且还确保了街道的整体外观的协调。

西木高地社区成为旧金山通过灵活的路网和小尺度的单元模块进行山地开发的先例（图 297）。此后，戴维森山—双峰周围开始了整体式开发，其中鲍德温和豪威尔公司延续了西木高地单元式联排住宅布局形态的做法。

图 297　西木高地，1930 年代
图片来源：outsidelands.org

西木高地的一个重要考虑因素是街道和地段的价值分级，地形是考量地段价值的重要方面，陡峭地形的用地通常规模偏小，也间接导致房屋面积不大，从而影响地段价值；另一个考量因素是景观，如果拥有风景如画的城市景色会更值钱，用地东侧的一些地段因此拥有更高的价值（图 298、图 299）。

图 298　塔花街和蒙特雷街交汇处，1930 年代
图片来源：outsidelands.org

图 299　西木高地住宅，塔花街 451 号住宅，建于 1925 年
图片来源：《旧金山金门报》记者 Anna Marie Erwert

双峰顶部的居住区

在众多旧金山山峰中，双峰显然是最重要的，具有枢纽地位。它向东直通山脚下的市场街，连接中心区，向南延伸到更高大的戴维森山，向北蔓延到美景峰和金门公园。从某种意义上说，双峰和中心区作为旧金山的两处制高点，成为城市中隆起的“哑铃形”的两端，支撑起了整个城市的形态结构（图 300）。

双峰南侧是峡谷公园，其两侧用地是旧金山最后的大规模用地，直到第二次世界大战前还没有开发。此后的住区开发方式却同以往相反，将地势低而相对平坦的柳树峡谷保留下来作为公共公园，而对山包处用地进行开发，形成了柳树峡谷公园两侧的米拉隆马和钻石高地两处住区（图 301）。

钻石高地

钻石高地是第二次世界大战后旧金山规划和城市研究协会的第一个项目，旨在利用其重建权力，在城市中心的山丘上开发住区，并充分尊重地形。

这里几乎没有需要安置的居民，省却了以往城市更新的棘手问题，只需要完成一系列教堂、学校、公园和商业中心等常见的公共设施和住房。

钻石高地的 8.9 公顷的地区也就是著名的红石山社区。由建筑师约翰·卡尔·沃尼克、厄内斯特·J. 昆普、唐·E. 波克豪德组成的建筑顾问小组和开发商葛森·贝克、斯坦福·魏斯从 90 个方案中选出了 10 个最佳方案。在第二阶段的比赛后，4 个方案被选出，并提供给有兴趣的开发商，他们根据其中一个方案提交了建议书。获奖的设计由 B. 科拉德·科恩和詹姆斯·K. 勒夫森设计，方案反映出现代主义手法的特点（图 302）。

但这样的巨大建筑一直被束之高阁。在陡峭多风的山脊建设更加高耸的摩天楼，对开发商来说毫无吸引力，由著名建筑师评选出来的高层方案最终并没有实施。此后，开发商进行了方案调整，建筑由高层住宅改为低层别墅，建造了一组联排别墅，并于 1970 年代建成（图 303）。实施方案又进一步调

图 300　从双峰东侧看山地居住区

图 301　今天的双峰高地

图 302　1961 年钻石高地设计竞赛中建筑师马里奥・齐安皮的现代风格方案

图 303　今天可以用无人机跃过双峰，看到更加优美壮观的城市景观

整为由独户住宅、联排别墅和公寓等多种住宅模式组合而成的形态。

这个地区的规划最初令人兴奋，之后无人问津，实施方案则平淡无奇，以至于今天的人们已经无从想象该地区曾设想过一个宏伟的大型建筑群。从中也可以看出，在旧金山这样的商业社会，最终手持美元的开发商才是旧金山真正的评审者，市场的开发预期较之造型形态是更重要的影响因素。

中城山庄和森林土丘

山庄（terrace）一词常常作为住区名称出现在旧金山，如英格勒赛德山庄、波托雷罗山庄等。山庄通常仅仅体现出住区所在的山地区位，而中城山庄却的确是一处围绕台地做文章的特色住区。

1950—1960 年代末，戴维森山和双峰周边用地已经基本被开发，只余山巅和山脊少数用地。位于圣萨特山和双峰之间的两个住区——中城山庄社区和森林土丘社区开始建设，形成了特色起伏的街道和梯田景观，并向更多的中产阶级推销（图 304）。社区的空间气氛也同美国中产阶级一样低调，许多旧金山居民无从知晓它的存在，这里没有商店、餐馆或企业，也没有商业街。像郊区发展一样，它完全由单一家庭住宅、消防局、小学和教堂等最基本的设施组成。

1953 年，标准建筑公司（由盖勒特兄弟、卡尔和弗雷德拥有）规划建设了这一当时旧金山最大的一宗土地，规划的密度低于周边社区。该社区建设持续约 6 年时间，开发方式遵循早先的“城市美化”概念，重点放在将社区与自然环境融为一体，并充分利用所处区位的优美景观。

双峰西坡被划分为 7 个不同的台地，每个台地都设计为容纳一条新的街道。在当时的规划设计过程中，旧金山规划部门同样对这样具有创新性的陡坡住区以及对复杂竖向设计的调整充满兴趣（图 305）。据 1959 年 2 月 25 日《旧金山新闻报》报道，城市规划总监保罗·奥普曼、助理规划师和景观师露丝·加菲都参与了对住区的规划和景观设计。景观师露丝·加菲提出，景观设计考虑了三重景观层次，“第一层次是在中城山庄七个不同道路标高上种植行道树和高大植物，第二个层次是灌木和中等高度植物，第三个层次是地被类，如常春藤和耐寒地被”。

奥普曼对此解释说，“城市官员对双峰项目感兴趣是正当合理的，因为双峰本身就是旧金山官方总体规划的一部分”。言外之意，奥普曼所代表的规划

图 304　双峰左侧为“中城山庄”社区，呈现水平线条的布局

图 305　1958 年站在为森林土丘的台地上看中城山庄和双峰。中城山庄社区的规划布局方式开创了旧金山通过水平方向的布局形态，强调山体垂直变化的手法。1971 年旧金山城市设计规划将此总结为“山体上设置迂回曲折的街道，建筑与道路走向协调，如同绷带一般，将小山沿水平方向紧紧包裹起来，形成山体形态的对比”的城市设计原则

图片来源：Earl Martin

局本应以中心区等公共领域（public realm）为工作对象，对住区等私人领域（private realm）应放手交给市场。但此次奥普曼将中城山庄与相邻的双峰公园作为整体考虑，并因双峰公共领域性质，而一并成为官方规划内容，也因此兼顾了公私两个方面。

奥普曼同样认为中城台地是城市规划的一次“巨大的机会”，“可以开发一个非常精致的住宅区，可以看到非常有效的景观，以平衡该地区有时经历的恶劣天气”。他补充道：“通过精心设计的斜坡稳定性以及优越的场地和建筑规划，可以证明它是旧金山最具吸引力的新住宅开发项目之一。”

为支持中城山庄项目，在住区基本建成后的 1959 年（图 306），旧金山市政府将双峰大道从克莱顿大道延长到泡特拉干道，投资 6.7 万美元，这条道路完全是双峰公园内部道路，并不能产生支路服务两侧住区，但却能很好地联系沟通双峰北坡的科尔谷、海特—阿斯伯里，南坡的柳树公园等商业配套设施更好的传统社区。一方面，住区内部的人们能借助周边设施获得各类服务；另一方面，也是更重要的，周边更多的人可以十分方便地通过双峰大道进入山顶公园，享受壮观的城市美景，来双峰俯瞰旧金山全貌。随后又延长加宽了克莱顿大道和泡特拉干道，这三条道路正是构成了整个山地顶部的主要道路系统。

规划官员保罗·奥普曼的一次谈话道出了旧金山规划局在中城山庄建设过程中的理念和追求，他提到，规划部门正致力于创造一个“双峰绿带”，将从格伦峡谷一直延伸到泡特拉干道，越过山峰，并通过景观和远足小径与克莱顿大道以北地区相连。

“也许有一天，”当时奥普曼谈到，“公共和私人的共同推动将使双峰公园的巨大潜力得以充分实现。”这袒露了旧金山规划部门的理念，希望能获得公共利益和开发效益的平衡，最终为城市实现最佳的环境、社会和经济效应。

50 多年过去了，今天中城山庄住区仍然是一个稳定的中产阶级旧金山社区，吸引年轻的家庭、工作的夫妇以及专业单身人士，一些居民仍然是最初 1950 年代的购房者，大多数房屋维护得很好，反映了社区给人们带来的归属感和自豪感。美丽的户外环境、干净安静的街道、古色古香维护良好的传统风格住宅、便利的地理位置和小镇氛围，使这个社区成为这座城市最独特的社区之一。人们称这是真正的“生活在旧金山市中心的乡村”。

图 306　1959 年位于双峰西侧的中城山庄

图片来源：outsidelands.org

湖滨居住区

湖滨居住区及其周边聚集了旧金山几处独一无二的形态要素，包括旧金山唯一的州立大学、最早的郊区购物中心以及“图形式”的大型居住社区，也包含旧金山少有的集簇分布的多栋高层住宅建筑（图307、图308）。

石镇购物中心——典型的美国郊区购物中心模式及其今天的状况

石镇购物中心如今名为“石镇格拉斯瑞”，最早由斯通斯兄弟于1948

图307 湖滨居住区远眺
图片来源：贾斯汀·沙利文/盖蒂图片社

图308 湖滨居住区。旧金山州立大学、最早的郊区购物中心以及图形式的居住社区
图片来源：outsidelands.org

WATCH FOR OPENING

"STONESTOWN"

The City Within A City

Location: 19th Avenue and Winston Avenue

To Have:

Modern three to nine Story Apartment Buildings and the most modern and largest stores and shops.

To Be:

San Francisco's Largest, Finest and Most Modern Shopping Center.

STONESON BROS.

3455 NINETEENTH AVENUE

图 309　石镇购物中心和周边公寓开业广告

图片来源：outsidelands.org

图 310　1948 年 3 月的石镇购物中心，采取的模式是当时美国乃至整个世界都备受流行追捧的形态。布局同当时著名的瑞典魏林比郊区中心十分相似，为商业居中、高层公寓周边布置的形式

图片来源：Mel Scott

年建成开业，采取商业居中、10 层的高层公寓周边布置的形态，可容纳 3 000～3 500 人（图 309、图 310）。从规模上看，石镇购物中心在当时美国排第四。开发商斯通斯兄弟还采取了另一种文化路线，他们同旧金山州立大学经过长期谈判，吸引来这所始建于 1899 年的老校同他们的购物中心做邻居。1953 年默塞德湖附近的现有校园开放，并于 1954 年 10 月正式投入使用。

此后，随着斯通斯兄弟年迈，商场被出售给养老基金组织。1987 年，石镇购物中心由建筑师约翰·菲尔德再次设计，进行了翻新和重大改造，增加了第二层商店、玻璃中庭和大理石地板以及 350 个新的地下停车位。

但石镇购物中心却没有迎来预期的发展，而是陷入经营困难并多次易手。1996 年，梅西百货收购了原属于石镇购物中心集团的百货店“皇家百货”时，石镇购物中心的主力店更名为梅西百货。2017 年 11 月，梅西百货宣布计划关闭其在商场的商店，并于 2018 年 3 月正式关闭。2018 年 6 月 6 日，一篇文章报道称，另一家高端百货——诺德斯特龙，也将在未来 18 个月内关闭，这将使购物中心没有任何主力店。显然，电子商务的飞速发展影响了实体零售业的生存，即使梅西百货和诺德斯特龙这样在美国广受欢迎的商场也不例外。或许石镇百货的建筑形态正在面临又一次更新，形成更能适应网络时代的城市形态，让我们持续关注吧。

住宅产权也几经易手。2003 年 12 月，全国性地产公司海特曼放弃了一个近 300 套的住宅和一家商场，用地规模约 17 公顷的用地。邻里团体认为该项目会加剧该地区的交通拥堵，并造成安全和环境问题，从而反对项目建设。海特曼不堪应对邻里团体对项目的反对声，选择放弃开发。

帕克默塞德社区

旧金山形态独特的住区帕克默塞德社区，被称为是美国居住区建设历史上两种模式的“混血孩子”——19 世纪末的早期花园住区和第二次世界大战后的社会住宅建设的结合体。

帕克默塞德社区显然是特立独行的社会住宅项目。当时纽约等大城市在推行社会住宅项目时，由于历史城市的羁绊，只能在城市内通过城市更新获得土地，社会住宅的出现导致了大量历史地段的拆除消失。但旧金山帕克默塞德完全相反，在一片空旷的滨湖美景土地上，可以放任地选择住区模式，人们会想到此前诸多美国理想住区实践——如波特兰的里德增建住区（1891 年）和辛辛那提的马丽蒙特（1925 年）[1]。

帕克默塞德社区规划建设与发展始于美国联邦住房法案颁布不久的 1939 年，是最早的一批联邦支持的项目之一，同时期的纽约也仅仅建成了三个联邦项目。但帕克默塞德社区建设由于第二次世界大战而放缓。1944 年初，第一批租户搬进了方特大道公寓。开发工作于 1950 年代初完成，为第二次世界大战和朝鲜战争后返回的许多军人家庭提供了住房。社区也适合中等收入的租户，并因其邻近旧金山州立大学受到学生和教师的欢迎。

帕克默塞德是当时的业主大都会生命保险公司在纽约布鲁克林区帕克切斯特住区（图 311）取得成功后，按照类似模式在全美各地复制的三个住区之一，另外两个住区是洛杉矶的帕克拉布雷亚、弗吉尼亚的帕克费尔法斯特。但在这四个同时代、类似模式的居住区中，旧金山帕克默塞德的不同之处在于，它是唯一一个近邻风景区、高校等难得文化自然资源的项目，因此，被普遍认为有资格列入加州历史资源登记册作为历史街区（尽管其并未被列入）。

由建筑师莱尔纳德·舒尔茨（1877—1951 年）和景观设计师彻驰设计的帕克默塞德社区，被称为“城市中的城市”。最初用地 77 公顷，住宅 3 480 户，超过 8 000 人。社区采用组团式布局，每个组团内部都设计了精美而引人入胜的庭院，所有庭院都由景观设计师精心设计。最重要的是，景观被视为住房主要用途的一个组成部分。它的设计因其“简约、实用和美丽”以及作为“明天的现代社区”而受到称赞。

值得注意的设计特色是“组团式布局”，建筑师舒尔茨称之为“饼干形态”。与早前雷德伯恩模式的建筑师克拉伦斯·斯坦和亨利·赖特设计的美国人车分流的花园社区不同，在帕克默塞德社区中，公共绿地、组团庭院、停车场和宽阔的城市美化运动风格的林荫大道彼此交融，低密度的布局不影响人车混合。两层高地的住宅建筑和内部庭院之间的小气候条件，为郁郁葱葱的树冠

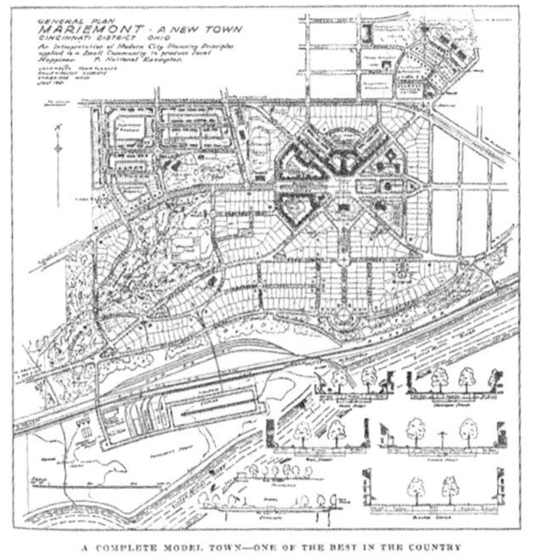

图 311　纽约布鲁克林区帕克切斯特住区（1936 年），典型的联邦支持的社区形态（左图）与辛辛那提玛丽蒙特住区（右图）

和选定的地中海植物提供了生长条件，这些植物现在已枝繁叶茂。简单的种植交通圈、横穿整个场地的整体轴线和位于酒店主要交叉点、被称为“胡安•巴蒂斯塔圆环”的大型中央圆圈，被认为是帕克默塞德社区的“心脏”。

设备齐全的设施，包括观景台、洗衣房、东部的商业区以及西北部的休闲区，均采用兼容的建筑和景观设计，并整合入整个建筑群。在该综合体西侧的四座塔楼高层建筑之间形成了一片大草地，通往默塞德湖，目的是将居民与这个风景如画的休闲资源联系起来。建筑师也设计了大量细部设施，包括围栏墙壁、垃圾桶、种植箱、楼梯扶手、露台以及木质的独特建筑细部、简洁优雅的曲线路线等，街道名称印在混凝土、座位和挡土墙等多处位置。社区的东北侧有轻轨通往城市中心区，用地的北侧有一座设有 16 个班的学校。

1971 年旧金山城市设计规划高度赞扬了这一社区的设计，认为是“高大或更具突出识别性的建筑能提供导向点，并能增强形态的清晰性、多样感，能与大规模极度枯燥的单一形态形成对比”这一城市设计原则的典型，并将其总体形态作为城市形态范例（图 312）。

长期以来，帕克默塞德社区相对低廉的租金和优质的社区环境，为旧金山中低收入家庭提供了物美价廉的居住选择。此外，它的当地吸引力还体现在能容纳多代家庭的比邻而居，不少家庭的三代住户都在社区内有适合自己的住宅。在某种程度上，社区的多种住宅户型设计为住户在此长久居住提供了可能性，也间接赋予了社区长久的生命力，并使社区成为具有历史意义的社区景观。

帕克默塞德社区也并非尽善尽美，否则，之后旧金山不再出现类似模式的“低密度、大规模”社区就难以理解了。1971 年旧金山城市设计规划一方面赞赏社区的形态布局和多样感，另一方面认为社区应作为一种尽量限制的开发类型，此类大规模开发容易带来忽视公共设施、建筑密度等问题。

帕克默塞德业主已经向规划局提交了该社区整体更新的申请。该项目将在 30 年的时间内实施。根据规划，社区内除保留现有 11 座塔楼外，将整个场地夷为平地。通过遍布整个场地的新建高层和多层建筑，社区内住宅数量将从现在的 3 221 套增加到 8 900 套。该规划旨在提供新的商业和零售服务以及其他城市公共设施，所有的景观和庭院建筑都将十分遗憾地被拆除。

图 312　帕克默塞德社区被 1971 年旧金山城市设计规划认为是“高大或更具突出识别性的建筑能提供导向点，并能增强形态的清晰性、多样感，能与大规模极度枯燥的单一形态形成对比”这一城市设计原则的典型
图片来源：1971 年旧金山城市设计规划

设计方 SOM 公司在其设计要点中提到，“该计划将 1950 年代以汽车为中心的社区转变为新型步行化城市形态——一个以行人为中心的社区，建立一个富有成效的开放空间网络，应用不断变化的环境技术来减少能源和水的使用，并通过降低对小汽车交通依赖性，增加公共交通”（图 313）。显然，作为 1950 年代汽车主导社会形态下的产物，帕克默塞德开敞的汽车道路网络成为此次更新的把柄，尽管显然可以通过其他方式进行改造，而不必将其拆除重建。事实上，更多的开发利益和优越的市场前景是此次更新背后众所周知的缘由。

对于志在保护帕克默塞德传统社区的人们来说，是否应该作为历史资源加以保护再次成为社会关注的焦点。同当年俄罗斯山居民一样，帕克默塞德居民也以加州《环境质量法案》（CEQA）为由，抗议密度增加对环境的影响。但此次未能奏效，“该国的任何环境规划师都会告诉你，为了建立一个代表旧金山所需价值的城市，包括价格、服务、步行能力和开放空间，你将不得不拥有密度”，旧金山环境部主任贾里德·布鲁门菲尔德解释说，他显然支持此次更新。

保护帕克默塞德传统社区最大的支持者是州政府。加州环境署在方案审批过程中认为帕克默塞德符合加州关于历史街区的标准，并敦促旧金山市调整方案，将保留社区中心原历史核心区作为保持环境品质的底线。旧金山文化遗产组织也赞同环境署调整方案的调查结果，认为可以适当进行一些填充式开发，而获得保护历史社区和新建开发容量的平衡，但不能大拆大建。文化部门还联合国家历史保护信托基金会、加州保护基金会、文化景观基金会、美国历史景观调查会北加州分会，共同向旧金山规划委员会提交了关于抗议破坏拆除帕克默塞德社区的信函。五个组织联合敦促规划委员会采用一种替代方案，最大限度地保护帕克默塞德历史社区，并保留其参加国家史迹名录的资格。该信件认为该项目此前的粗暴做法违背了“城市规划在对保留地标和历史建筑所具有的优先权地位”。同时规划中相关措施并不足以有效地弥补重建帕克默塞德历史区所造成的损失。

尽管付出了上述努力，但 2011 年 5 月，旧金山市政府最终还是以 6–5 投票批准了这一重建规划。

图 313　帕克默塞德更新方案
图片来源：帕克默塞德社区官网

帕克默塞德在优越的景观条件下长期保持公寓这一中低收入阶层住宅特点，而又突然于 2011 年后面临拆除的决定，在这看似突发的情况中，却掩盖着住房股权变更背景下的特殊走向，反映了美国房地产私有化制度下，业主可以一定程度上凌驾于公众和政府的主导作用。

美国的公寓建筑产权以企业为主。其中隶属于政府部门的公寓建筑产权占据少部分，隶属于非政府和私人企业的占绝大多数。业主通过每年收取租金进行长期经营，政府为其提供减免税费、外加维修资金补贴等支持，各地政府情况不一，但大致呈一种政府“扶持”的状态。因此，对于公寓住区，其“生杀大权”掌握在业主企业手中，而非如同俄罗斯山地区的各个住户群体中。帕克默塞德 2011 年的重建决定正是由业主更迭引发，如果新业主同历史遗产认识存在偏差，住区的命运就存在变数。

帕克默塞德的发展历程充分体现了这一点。最初建设社区的大都会生命保险公司在经过初期的精心维护后，1970 年代初将其卖给莱昂纳・赫尔姆斯利。这位新业主的怠慢态度，使经营维护情况变得糟糕。1990 年代末后又历经一系列产权更迭，并分割为多个业主共有，其中包括旧金山州立大学。直到 2005 年，被由大资本财团摩根大通和加州大开发商卡梅尔合伙人地产公司合资成立的“斯特拉管理和岩点集团”用 6.87 亿美元收购。资本大鳄开始谋划大手笔，而几年后帕克默塞德的拆除重建计划就宣告启动。

图 314　帕克默塞德更新方案与现状对比

图片来源：帕克默塞德社区官网

对比整个旧金山西部滨海区空间形态，重建后的帕克默塞德将会使该区域变得不再完整统一，但新的规划也的确是一种兼顾了开发利益和整体城市空间完整性的折中做法，保持了帕克默塞德社区的历史空间格局和主要路网系统，最高的新建建筑不超过原来保留建筑的 13 层高度。只能说是一种“妥协和折中”。但对于旧金山大量城市形态完美主义者来说，当然充满遗憾（图 314）。

另外，规划部门也不愿接受新旧两种城市形态的反差。对此的应对是“采取谨慎的长期策略”——规定了帕克默塞德社区更新必须经过 20～30 年的超长开发周期。这一策略旨在使人们默默地、分阶段地忘掉原来的帕克默塞德，如同一个人的自然老去，或如同一个孩子的缓慢长大，逐渐迎来新的社区（图 315、图 316）。

当然，这种做法不论对城市传统文化的认知，还是对住户的周转搬迁都

图 315　帕克默塞德更新实景合成照片
图片来源：帕克默塞德社区官网

图 316　今天的帕克默塞德
图片来源：帕克默塞德社区官网

有利。尤其是最初第一步骤的建设是围绕空地进行，没有拆除任何原有住宅，新建的 390 户新住宅主要作为第三、四期拆除的 567 户的周转住地所用。第二期也并不拆除住宅，而是现行拆除几栋停车库。如此安排能最大程度地保持原有社区的生活稳定。

本章注释

1. 波特兰的里德增建住区和辛辛那提的马丽蒙特：拉开了第二次世界大战后“邻里单位”（PUD）设计模式的序幕。第一个对网格式风格提出变化的是 19 世纪末的里德增建项目，由银行家里德于 1891 年布置，戏剧化的设计采用一种早期同心圆式的花园住区概念，在新世纪之后这一概念更加流行。凭着对华盛顿规划的记忆，波特兰银行家设计了方形地块加对角线道路的形态，很多道路种植榆树，包括 4 个玫瑰园以及中心景观岛，基本上是在波特兰东岸网格上建立了蛙跳式的邻里。辛辛那提的马丽蒙特社区由著名建筑师约翰·诺伦设计，业主之一、实业家的女儿马丽·埃莫莉（Mary Emery）参观过英国的莱斯沃斯和韦林等花园城市，此前也曾为工人们设计过带有骑楼的社区。此次由约翰·诺伦设计的新型住区规模大（占地 1.5 平方千米，早期容纳 500 人，后期容纳 10 000 人），由每公顷 6～7 栋独立住宅构成低密度社区，能社会化开发，是一处经济可行的独立社区。

图 317　从圣名耶稣教堂向北望的规则网格，这是整个旧金山市西北片区的典型规则形态
图片来源：托比・哈里曼

第十章　片区六：西部居住区

位于旧金山核心位置的双峰—戴维森山，如同一座“屏障”，分隔开了西部、南部居住区和旧金山中心区。这里的城市形态为典型的美国网格式，包括要塞区、金门公园、里奇蒙德社区和日落区（图 318）。

要塞区 / 里奇蒙德区 / 金门公园 / 日落区

旧金山西侧滨水区被东西方向直线所“切割”，用地被“裁剪”成规则的四部分，从北向南依次为要塞区、里奇蒙德区、金门公园和日落区。

图 318　旧金山林肯公园的西侧海崖，看中心区方向
图片来源：performanceimpressions.com

要塞区

要塞区内主要是退役废弃的军事设施，通过城市更新，今天已经作为旧金山梅森堡艺术中心，是作为艺术家空间的成功范例（图 319、图 320）。

里奇蒙德区

旧金山 1852 年将西侧的日落区、里奇蒙德区和帕克默塞德社区纳入旧金山城市范围。但此后到 20 世纪初的漫长时间里，这里一直被称作“外围地区”，被认为受到贫瘠的沙土地条件、频繁袭来的浓雾和大风影响，不适合作为人们居住区使用。

图 319　要塞区以及位于金门大桥桥墩下的梅森堡
图片来源：bing.com

图 320　要塞公园
图片来源：bing.com

金门公园

1866 年，里奇蒙德和日落区等城市“外围土地”被纳入旧金山行政范围，外围土地管理委员会任命了一个专门监督委员会，建设一处巨大的公园，从贝里街一直延伸到西侧海滨，即今天的金门公园。在 1875 年的朗力地图中（图 321）显示了此时已经完整地规划了金门公园两侧的街道和街区。

1906 年地震后，这里成为大量难民的居所，建成了超过 5 600 个小木屋，被称为“地震棚户”。每个棚户都是标准的 14 英尺宽、18 英尺长的矩形。但不到 1 年之后，旧金山市政府鼓励难民在周边形成的街坊中建设条件改善的住所，提出“如果拆除各自的地震棚户，将提供居住住所的贷款”。因此，这里的“外围地区”，尤其是地震棚户周边的里奇蒙德区，在短时间内迅速建成，但限于最初的地震棚户的低标准和简单重复化布局，这里的新建住区也带有类似的标准化建设特征（图 322）。

早期最主要的开发商亨利・多尔格擅长在开发住区中利用相同或相似特征的房屋进行布局，大多数住宅面宽约 25 英尺，灰泥外墙有色彩变化，房屋之间仅保留法定最小间距。直到后来的开发商奥利弗・罗素才通过更多个性化住宅获得区域的变化。

但相对低标准、重复式的规划布局，却在金门公园两侧的地区保持了更加简洁的城市肌理，使整体结构更加清晰，空间骨架更加有力。日落大道是交通的骨架，贯通于整个西部地区，连通金门公园和默塞德湖。

日落区

东西方向除了金门公园外，南侧建于 1910 年的斯洛特林荫大道及其北侧的史坦树林公园，为日落区和默塞德湖滨居住区提供了空间分隔，也构建了最重要的空间骨架（图 323）。史坦树林公园是一个树木繁茂的公园和露天剧场。位于第十九街和第三十四街之间的斯洛特林荫大道以其一年一度的夏季节日而闻名。

人们评价这里大尺度的城市肌理“是一个简单但影响深远的网格，有一种被大自然封装的感觉”。因此，它成为一个安全、和平、宁静的家庭社区，并且在住房存量和人口方面是整个城市中最大的一个。

由于 20 世纪前后的建设背景，这一地段仍然保持了欧洲传统城镇“教堂—广场控制肌理”的特点。如从双峰向北看金门公园方向，网格城市在地形的起伏下仍旧呈现出丰富的变化。

在 1917 年建造双峰隧道之后，道路布局和建筑肌理仍旧保持了以往的规则网格格局（图 324），至婴儿潮时代的 1950 年代最后一个沙丘被填平，整个日落区完成建设，这里一直延续着独栋和多拼住宅的形态。

图 321 本图为 1875 年的朗力地图，显示了此时已经完整地规划了金门公园以及两侧完整的街道和街区
图片来源：Lorri Ungaretti

图 322 1906 年地震后大量难民迁至“外围地区”，图为金门公园以北的里奇蒙德区
图片来源：Lorri Ungaretti

图 323 1920 年代的日落区。照片中能看到西侧临近海滨已经初具规模的居住社区，但远离海滨的用地仍然是低洼的沙石盆地，直到很远处临近金门公园的位置才出现少量的住宅

图 324 重建后的要塞公园高速公路，使穿过要塞公园到金门大桥变得更容易，同时为克理斯场公园创造了更多的公园空间
图片来源：要塞信托基金会

图 325　2019 年夏天，从旧金山滨水区最南端的猎人点远望的景观，中间的大量在建工程，显示此时旧金山滨水区正处于建设的高潮时期

第十一章　片区七：传统滨水区

旧金山湾地区的水深和自然环抱的平静水面使这里的港口建设具有天然的优势，城市从一开始就一直围绕滨水地区发展。自然的岸线曲折多变，在电报山、林孔山和波托雷罗山之间都有狭窄的海湾，因此大量的填海工程将岸线取直，从今天的渔人码头到位于传教团湾的中国盆地（今天棒球场位置），都通过填海而成（图 326）。

旧金山传统滨水区（图 327）的更新始于 1930 年代的博览会建设，从此开始，大致沿着“顺时针”方向逐步向东南推移（图 328）。此后，尤其是 1960 年代后，迎来了建设高峰，大量建设项目集中出现，包括方塔那双子塔、吉拉台里巧克力厂改造、渔人码头建设、电报山南麓社会住宅、轮渡高速公路拆除、波特曼的轮渡中心等等项目都位于市场街以北。

尽管旧金山港在第二次世界大战结束时是该地区最大的港口，但奥克兰港首先发展了集装箱航运设施而后来居上。奥克兰的优势在于拥有大规模、未

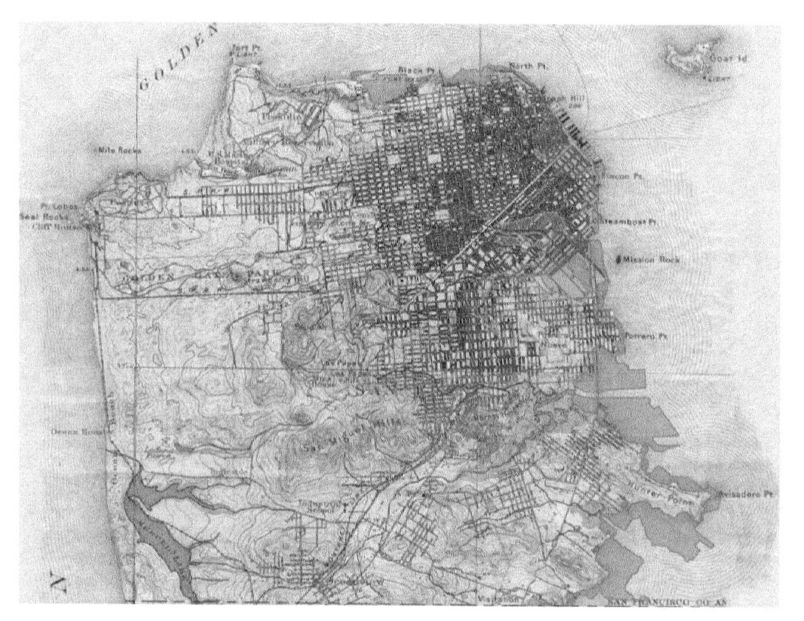

图 326　基于 1895 年旧金山历史地图绘制的城市填海范围
图片来源：奥克兰博物馆，绘图人克里斯托弗・理查德，2008

图 327　旧金山滨水区，从北侧轮渡码头（右端）到猎人点（左端）

图 328　1950 年代高速公路建设时代的旧金山
图片来源：bing.com

开发的平坦土地，用于储存集装箱，也拥有比旧金山更好的与东部市场连接的铁路和公路。今天，旧金山仅东北部滨水区的部分地区继续用于散货装卸运输，码头大量被空置且破旧，该地区的大部分港口资源未得到充分利用。

旧金山南部滨水地区的更新项目很多都在 1980 年代就开始论证，并作为整个旧金山工业用地更新的重要组成部分进行过综合论证研究，主要包含传教团湾区、中央海岸、南旧金山滨水区以及猎人点船厂地区四处滨水区域。但真正动工兴建还要到 2000 年之后，目前也仅有传教团湾和 70 号码头等个别项目实施，整个旧金山滨水区更新显得极为谨慎。

旧金山滨海岸线的若干特殊情况

旧金山滨水区的小尺度地段和港城一体的传统

首先，在长期历史发展过程中，旧金山形成了诸多小尺度的历史地段（图 329），各滨水地段原来都隶属不同的功能和码头，今天尽管不再使用，但仍旧延续着历史地段特殊的划分，如传教团滨水区、39 号渔人码头、70 号码头、猎人点造船厂、蜡烛台滨水区等。

图 329　以旧金山滨水区为主题的早期油画
图片来源：猫头鹰出版社

其次，形成了旧金山特有的“港城一体”传统。传统的旧金山港口从要塞公园，经东北海岸，一直沿旧金山东侧海岸向南延伸到蜡烛台船厂，几乎将整个旧金山滨水岸线全部占据，这样的特点也为今天旧金山留下了大量产业建筑和众多的栈桥码头。这些工业时代的特色都被旧金山规划部门作为城市特色的一部分，融入各个地段的城市设计要求中。

填海而成的港口用地通过信托约束获得公共开发的途径

旧金山绝大多数的港口用地都通过填海造地获得。旧金山在这一土地变迁过程中，将城市早期完成填海工程获得港口用地的全体市民假想为一名“受托人”，并以这名虚构的受托人的名义进行转让。因此，隶属旧金山港务局名下的诸多填海岸线用地，并非港务局所拥有，而是由城市全体公民通过“信托授信”的方式，将使用权移交给港务局。旧金山港口的“公共信托”具有商业、航海和渔业的公共信托功能，港务局在保证旧金山城市利益的同时，还可以进行金融投资等商业活动，“获得使用或租赁港口拥有的土地所产生的收入进行与潮汐地和淹没的土地有关的行为”，2011 年 10 月 5 日获得加州州长批准（第 418 号议事法案第 477 章）。

港口作为受托人，有义务促进海上商业、航行和渔业，保护自然资源，并在这些公共土地上开发供公众使用的娱乐设施。

“信托”类似于一种城市公有制的属性，但在这个基本的定性基础上，却不排斥诸多具有私人属性的开发活动。例如在不发生信托转换的前提下（土地仍然属于旧金山城市），可以将“与公共通道隔绝的土地，出售给私人开发者进行私人功能开发”，而这样的私人开发显然需要信托人在未来进行公共开发活动时提供土地，并承担用地与公共通道相接等义务，但土地的所有者仍旧是信托人。再例如，通常填海用地都属于旧金山城市，但这一“信托人”仍然有权收购在岸线周边的高地，进一步补充信托土地规模，进行更大规模的开发建设。

港口更新开发建设过程中，原来港务局所属的港口用地又再一次交还给“受托人（虚拟的旧金山城市）”，并由他将信托授信转移给其他建设单位。此外，归于“信托”范围内的土地需要遵守信托法的种种约束，而不能任由开发部门随意决定。在这个转换过程中，未来用地规划功能和规模必须严格按照政府法令要求，必须实现公共利益。根据信托法，州政府会对未来的港口使用进行若干约束，如 70 号码头的信托法规定，必须包含“AC34”，即举办 34 届美洲杯帆船赛事。

滨水工业用地的转换的 PDR 区和 IPZ 区

20 世纪末的旧金山城市经济强劲复苏，发展不仅局限于人们预想中的金融、房地产、高科技等新兴产业，传统产业也同样增长强劲。但这样的全面发展态势造成了规划部门面对有限的城市用地而难以取舍，面临用地结构失衡的风险[1]。一方面，城市需要通过将这些转型后的工业用地补充到土地供给中；另一方面，旧金山又不同于当时欧洲传统工业城市，运行尚好的工业土地的转型之路必将有别于以往经验。

“旧金山工业区的功能转换研究”始于 1998 年。针对旧金山中心区以南，市场街和范尼斯大道以东，包含港口用地[2]的共约 8 平方千米产业用地，提出了一种新的区划用地分类——“PDR”（生产、物流和维修）用地。这类用地不仅贡献了大量就业岗位（6.8 万个，占全市的 12%），还将是未来城市低成本更新的主要用地。1999 年的“工业用地专项研究”（图 330）认为旧金山应在未来保持足够的工业规模，但具体业态则需要转型，并为城市居民提供工作的多样性。

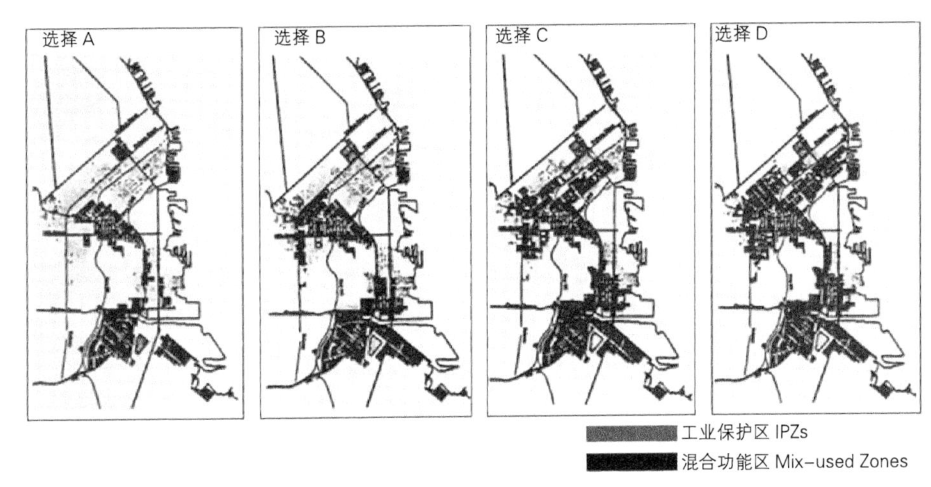

图 330　1999 年“工业用地专项研究”中，旧金山工业区的功能转换研究比较了工业保护区和混合功能区的四种搭配方式，最终采纳了偏向于保护工业用地的政策（选择 D）

在 PDR 用地内，为强化工业用地的保护，又划出了另一种新的区划用地分类“工业保护区”。工业保护区内保持就业和城市工业景观，原则上禁止新建住宅[3]。工业建筑的功能改变在原则上也是被禁止的，除非通过特定的规划审查。而在工业保护区之外，PDR 用地可转变为混合功能，并鼓励建设供产业工人居住的低收入住宅。在两种用地的布局方面，研究比较了四种搭配方式，分别侧重于住宅建设和产业用地保护以及两者的平衡发展。最终采纳了偏向于保护工业用地的政策，形成了以保留工业用地为核心、居住用地围边布置的规划格局。到 2008 年完成了中央滨水区等多项规划[4]，并将工业保护区纳入区划图则。

在今天旧金山已经完成更新建设的传教团湾、东索马区，大量产业建筑按照 PDR 和 IPZ 的控制要求进行了“适应性更新”建设。

支持中央滨水区适当部分“知识产业”

旧金山在滨水用地更新中，强调了“知识产业”的作用。旧金山界定的知识产业包括金融服务、专业服务、信息技术、出版、数字媒体、多媒体、生命科学（包括生物技术）以及环境产品和技术的企业。知识部门的特征是高收入的同时给城市带来高税收，为城市经济带来倍增效应。

从土地利用的角度来看，知识产业需要办公楼、研发和制造业等全产业链的不同建筑形态，能充分利用旧金山滨水区的工业用地和综合用途用地上的现有建筑，也更加欢迎旧金山滨水区较低的租金和较低的发展水平。此外，中央海岸与传教团湾多年来培育形成了生命科学研究和医疗用途的功能，在未来也会发展支持更多上下游的知识产业（图 331）。在旧金山滨水区的规划政策中鼓励知识产业同 PDR 区域结合，尤其支持知识产业充分利用 PDR 用地的二层以上建筑空间。但在旧金山整体岸线的功能布局中，也刻意避免某一知识产业业态门类过分单一和垄断，如在传教团湾地区布置了旧金山分校医学院和各种生物产业后，在 70 号码头等公共岸线更新规划中，不允许再布置生物和医药产业，以避免这一高收入产业在滨海区域的过分集中。

保护中部海滨的海洋和海洋相关活动

旧金山的港口是城市历史发展的基础，但随着 1960 年代后集装箱在海运中的关键作用，旧金山城市内部大量码头陷入萧条或废弃。而从另一方面

图 331　今天的传教团湾区

图 332　早期被大桥和高速公路阻隔的滨水区

图 333　1966 年的旧金山轮渡码头和市场街，高速公路和轮渡码头占据了滨水空间，阻断了城市空间联系
图片来源：1966 年旧金山中心区规划

说，仍然维持经营的少数市内码头却成为极为珍贵的城市滨水资源，包括 70 号码头及其干船坞、80 号码头及其集装箱业务等。这对于延续海滨城市的特色、吸收市民就业和持续发展经济具有积极意义。

图 334　远眺传教团湾，可以看到加州大学旧金山分校的传教团湾校区主建筑——威廉姆・J. 鲁特中心

图 335　旧金山铁路调车场
图片来源：萨莉・B. 伍德布里奇

旧金山规划十分强调对上述市内滨水港口等海洋相关活动的保护，如对于已经成功转型为集装箱业务的 80 号码头。这样可以进一步带动港口相关的船舶维修、海事活动，保留仓储以及航运等功线，形成滨海城市应有的城市特色。

传教团湾

传教团湾是一个由来已久的城市更新用地，1981 年由约翰・卡尔・沃尼克在一份规划中提出，是旧金山第二次世界大战战后用地规模最大的项目。传教团湾距离市中心 1.6 千米，占地 0.4 公顷，曾经是南太平洋铁路公司的一个主要的铁路调车场（图 335）。铁路交通被小汽车替代，美国各个大城市中空旷的铁路调车场成为当时城市更新热点地带，更加著名的还要数波士顿的铁路调车场更新项目[5]。

1985 年，城市规划部发布了修订的指导方针。在迪恩・麦克里斯的指导下，启动了一项名为“城市邻里”的计划。新的计划由易道（EDAW）的建筑师设计，并在 1987 年提出，规划形态归于简单平直，街道走向同城市周边地段取得协调（图 336）。易道方案确定了传教团湾空间的大致格局，但同旧金山以往诸多失败方案类似，财政短缺很快就笼罩了这个规划，项目被又一次搁置。

随着 2000 年旧金山城市更新政策的调整，尤其是倡导城市更新的原华人市长李孟贤在任期间积极推动，项目得以确立实施。李孟贤市长曾称之为“我的遗产项目”，这也是旧金山城市更新政策变革时代的成果。

当然今天的传教团湾显然有别于以往的菲尔莫尔区，尽管用地规模很大，但并未因此缺少精细的设计考虑。项目成功地从港口仓储用地转变为高科技的生物技术和医疗保健中心，尤其是其中多样的用地功能、丰富的公共空间，都使如今传教团湾成为旧金山最成功的、规模最大的也是城市形态最完整的一项城市更新案例（图 337）。

在传教团湾规划确定后，一期工程于 2010 年完成，主要项目分为两部分：（1）加州大学旧金山分校、传教团湾校区及其附属生物科研和医疗机构；（2）位于用地边缘、沿铁路的公寓及配套设施。

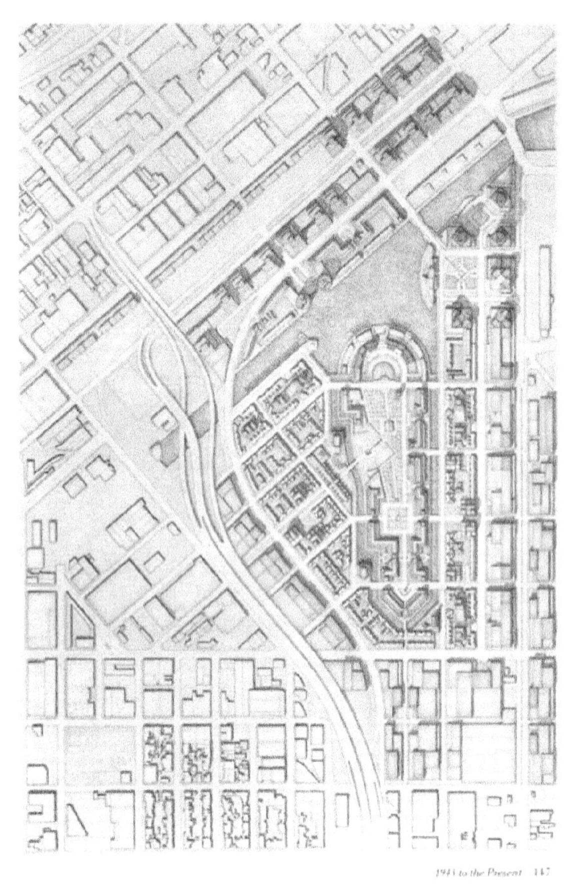

图 336 易道的建筑师 1987 年的方案
图片来源：萨莉·B. 伍德布里奇

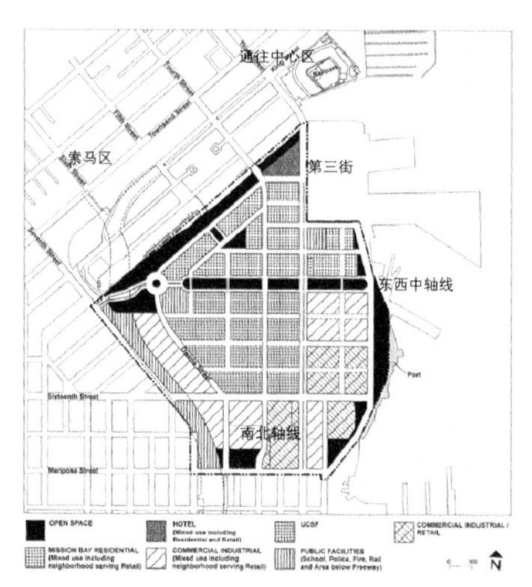

图 337 定稿后的传教团湾规划
图片来源：旧金山规划局

网格的旋转和城市肌理的变化

传教团湾区道路系统与相邻的索马区有显著的扭转，并带来了空间秩序的变化。首先，网格变化形成了传教团湾区更加内聚完整的组团感。其次，也是更明显的变化，网格旋转增加了传教团湾区同旧金山城市中心区的联系。用地整体肌理被旋转，由第三街组织区域的整体空间走向，并能通过第三街一直连通到索马区、城市中心区，使传教团区同城市中心区的联系更强。在实际体验时，会有旧金山中心区规模拓展的感受，尽管有角度扭转，但相同的道路断面和尺度保护了空间的连续感，即传教团湾区成为与旧金山中心区关系更加紧密的周边区域。

规划了网格形态的道路系统，既适合实验室、办公建筑等通用建筑形态的布局，对于规模更大的功能也能通过多个街坊的合并解决，如新的勇士球馆大通中心就通过将原来规划为通用厂房或零售业的四个街坊合并而得以建设。

东西—南北向中轴线两侧的核心区

由南北方向的第三街为交通骨架，传教团湾区在东西方向的传教团湾林荫大道设计了一条中心绿化轴线（图 338），第三街和传教团湾林荫大道构成了一个传教团湾区“十字形”的空间骨架。该空间骨架两侧的用地现均已建设完成。

轴线的东侧是住宅和科研办公的组合。轴线以北是高端的马德龙公寓，该建筑有两座塔楼，能俯瞰旧金山湾；南侧布置了科研办公建筑，由世界领

图 338 传教团湾更新中的主要公共轴线

图 339 沿传教团湾林荫大道的东西向轴线的西侧，为配合南侧的医学院，在中轴线内设置了小型足球场等体育设施

先的抗癌药研究企业内克塔治疗公司总部以及拜耳制药的美国创新中心构成，两栋建筑位于同一个街坊，通过围合内院组成，另一个街坊为互联网企业思科研发公司。

沿传教团湾林荫大道的东西向轴线内，根据两侧功能的不同，设置了景观绿地、休闲餐饮、体育娱乐等多种功能。如东侧布置景观绿化功能，配合了两侧的公寓；轴线中段布置了餐饮功能，并设置了提供餐食饮料的小品式建筑，该段轴线内设置餐饮座椅，由该段轴线两侧的办公和研发功能提供午餐服务；轴线最西侧为配合南侧的医学院，设置了小型足球场等体育设施（图 339）。

整个传教团湾区更新项目包含大量公寓，计 6 404 套公寓。其中包含 1 806 套面向中低收入的限价公寓，比例为 30%。在项目进行前，该用地受到北侧索马区科技研发功能、南侧设计广场区设计业等的影响渗透，它已经成为“GAP”“老海军”等知名服装品牌总部所在地，加州再生医学研究所的初始创建总部也位于此。正是受到这样的发展趋势的启发，在新的规划设计中强调了生物医疗功能，并在用地功能中侧重于企业总部的引入。

加州大学旧金山分校传教团湾校区

加州大学旧金山分校是一个以研究生教育为主的医学研究院，不招收本科生。按照纯学术排名，加州大学旧金山分校在 2015—2016 年软科世界大学学术排名中位列医科世界第二，仅次于哈佛大学，而生命科学位列世界第五。加州大学旧金山分校的发展模式既位于城市核心地段，又同城市生活需求紧密结合，与同属旧金山湾区郊区的其他名校如伯克利和斯坦福的区位理念相反（图 340、图 341）。

用地内部通过一条宽阔的轴线组织空间，轴线垂直于第三街。教学科研的核心组团通过西方校园空间常见的“方形绿地”组织起来。中轴线对景建筑为主要教学建筑——威廉姆•J. 鲁特中心，建筑造型采用传统的砖红色墙身，屋顶很少见地采用绿色，红绿颜色的对比使建筑获得了十分突出的视觉效果。在核心组团的南侧布置了实习医院，北侧布置研发功能。

在校区东侧，第三街以东以科研机构为主，形成名为“健康之石”的生物研发园区，2010 年一期完成后已经汇集了 56 家生物技术公司，包含较著名的种子加速器企业——数字健康初创公司。

校园的西侧为美国最大规模的医疗企业——恺撒医疗集团的医院。

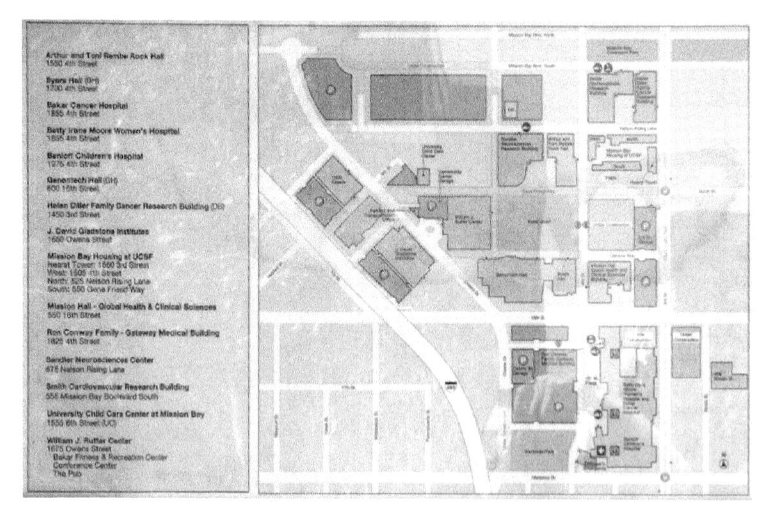

图 340　在传教团湾区最初建设加州大学旧金山分校用地时，区内仍然保持着原来的网格，同市场街南其他用地走向一致
图片来源：PWP 事务所

图 341　传教团湾的核心标志性建筑——加州大学旧金山分校传教团湾校区

图 342　传教团湾勇士球馆
图片来源：旧金山规划局

最近期的开发——娱乐设施（勇士球馆）

2014 年著名的 NBA 冠军球队金州勇士队主场球馆获得审批，传教团湾的公共属性得到进一步提升。

2018 年 NBA 冠军球队金州勇士队从赛尔斯弗斯公司购买了 4.86 公顷传教团湾用地，计划为 2019 赛季的 NBA 赛季做好准备，2019 年夏季球馆建成。对于促成此事的总裁韦尔茨来说，这完成了他和勇士队的重要目标，“我们从来没有忘记最重要的目标，那就是将勇士带到旧金山，建造这个世界级的体育和娱乐场所”。而此前勇士队主场位于湾区文化气氛相对较差的奥克兰郊区。

对于勇士队这一受到整个美国乃至全世界篮球迷关注的球队而言，主场赛馆从奥克兰远郊的工业区搬迁到旧金山中心区不远的滨水地带，不论是景观环境，还是交通条件和治安秩序等都得到大大改善，极大地提高了球迷和市民的体验感受（图 342、图 343）。

景观设计公司 SWA 为勇士球馆（被冠名为“大通中心”）设计了景观，考虑了大量步行空间、零售功能、1.3 公顷的广场或公共开放空间以及相邻的

图 343　勇士球馆环境

图 344　SWA 的景观设计
图片来源：bing.com

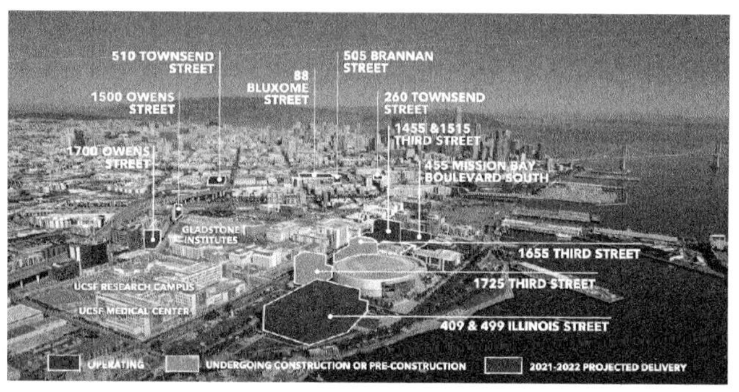

图 345　传教团湾项目
图片来源：bing.com

图 346　传教团湾区公寓
图片来源：bing.com

办公楼、艺术装置等（图 344）。

无障碍性、灵活性和弹性是大通中心球馆公共领域的设计特征。SWA 着眼于将勇士球馆延伸到室外，遍布整个滨海岸线，让旧金山居民、邻近的上班族以及不论有或没有球赛门票的游客都可以欣赏到海湾的壮观景色，享受野餐，到零售店购物，感受篮球文化。

传教团湾区公寓

传教团湾区北侧边缘与城市中心区的索马区由宽阔的铁路相隔，同传教团湾区其他用地也隔有一条宽阔的水道，因此这一狭长用地在空间上相对独立（图 345～图 349）。

建成于 2000 年的贝肯公寓项目是旧金山最大的公寓大楼之一，拥有 595 套公寓住宅，坐落在一个完整的城市街区，北边是汤森德街，南面是国王街。

贝里街的三个项目相邻的滨水用地是 2004 年竣工的贝里街 255 号、2007 年竣工的贝里街 235 号以及贝里街 325 号。三栋公寓都采用中高层的形态，九层高度，均位于贝里街和观澜溪之间，主要为两居室中低收入住宅，底层设有联排别墅风格的公寓，朝南的客房拥有小溪和南使命湾的景致。

展示广场和波托雷罗山

展示广场和波托雷罗山位于传教团湾以南、恺撒・查韦斯街以北，其东西两侧各有一条高速公路——101 号和 280 号公路，将该地区限定为南北方向狭长地带。展示广场和波托雷罗山东侧为 70 号码头滨水区，西侧为传教团湾区，南侧为工业区（图 350、图 351）。

图 347　加州再生医学研究所

图 348　旧金山国王街火车站

图 349　旧金山火车站，并没有保存历史建筑，而是十分简易的透明钢结构，也是整个索马区城市风格的写照——弱化形态而强化功能

展示广场位于传教团湾以西的汤森德街和第十六街之间的低洼地区，这是一个混合的工业办公室零售区，目前集中了陈列室、高档商店以及加州艺术学院的旧金山校区，其南侧的波托雷罗山为居住区（图 352）。

展示广场是旧金山早期自我更新的产物。这里最初是临港工业和仓储业区（图 353）。随着第二次世界大战后旧金山港口竞争力下降，港口规模严重萎缩，该地区出现了建筑空置情况。至 1970 年代初，位于旧金山金融区

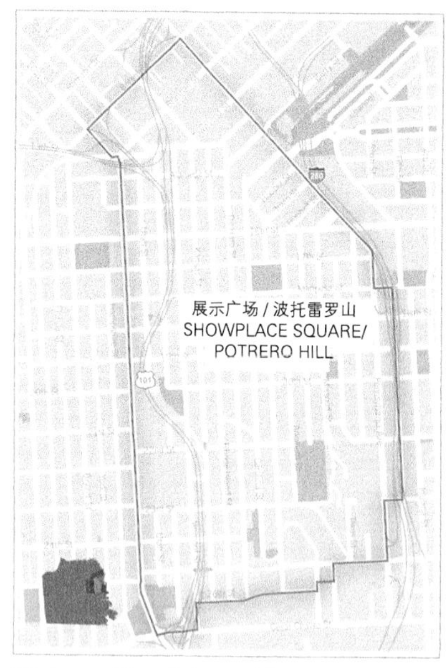

图 350　展示广场和波托雷罗山范围

图 351　图片右侧为北向，高速公路为展示广场西侧的 101-80 公路。此时原来的堪萨斯街已经改名为“亨利・亚当斯街”

图 352　波托雷罗山住区

图 353　展示广场的传统工业建筑

北侧的杰克逊广场租金上涨，部分高档家具企业在杰克逊广场坚守，但开始向更高端的古董、首饰和室内设计行业转型，大部分高档家具企业流出至今天的展示广场，形成了家具业包括设计、制作、维修、销售等的上下游企业。

这些家具企业看中了展示广场便利的交通以及工业建筑留下来的大规模空间等优势。这里不仅位于多条高速公路交汇处，同时还临近铁路专用线，使仓库中的家具可以方便地通过铁路运送至外地，或运往码头进行转运。这里原来的工业建筑内部空间开敞，外观尺度宏大，尤其是旧金山工业建筑富有工业时代的美感，有富有变化的街道空间，也不乏丰富迷人的艺术装饰主义细部，这些特征十分适合既需要高大室内空间又具有一定的审美品位的高端家具销售。

1970 年代初，在著名的房地产商、美国最大的家具展示建筑——芝加哥商品市场[6]的西部总裁亨利・亚当斯的召集策划下，对展示广场的规划进行了统一布局，新增建筑尝试模仿杰克逊广场古典的建筑特色。亚当斯带头在堪萨斯街 2 号购买了原邓纳姆・卡里根和海德仓库，将其作为设计中心和展厅。随后，短时间内就汇集了超过 100 家家具设计企业，其中许多是原来位于杰克逊广场的高端企业，进而联系到超过 2 000 家制造企业来此。到 1980 年代，展示广场已发展成为美国最成功的家居和办公室家具、室内设计服务和高端家具制造业中心之一，并获得了“展示广场”的称号。到 1985 年，规划中的展示广场地区内，所有具有美国工业时代特色的红砖仓库都将被用于同设计行业相关的“新型工业”产业。

波托雷罗山是旧金山中心区边缘的传统山地居住区，具有较高品质的环境，同时又邻近周边的港口、展示广场和市场街南等工作场所，是旧金山难得的居住地。该区南侧有低收入者的公共住宅，这些住宅为联排形态，布局松散，同独立住宅不协调。该区临近工业区，面朝高速公路和港区，与波托雷罗山有围墙分隔，更像是港区和工业区配建的宿舍，充分体现了美国社会阶层差异和对立的情况。

尽管历经了轰轰烈烈的信息革命的洗礼以及生活—工作一体化的 Loft 生活方式对工业建筑再利用的冲击，但今天的展示广场仍旧保持着旧金山室内设计中心的地位。作为家具销售的核心，这里仍然活跃着大量知名家具制造、室内设计企业。

展示广场的家具销售行业在业界具有良好的口碑和影响力，这反映了美国当代线下商业同网络购物并重的特点。但旧金山市从整个港区更新的发展“知识经济”目标出发，近年来陆续有住宅和办公室项目获批。而从城市形态角度看，这些新引入的住宅和办公室项目有可能对展示广场的传统 PDR 形态特征产生影响。因此，显然这是一个尺度和形态上的矛盾，即如果引入住宅和商业，展示广场特有的工业建筑尺度会遭受破坏。规划部门认识到这一问题后，叫停了传统住宅的更新做法，尝试考虑新的更新策略，并在规划中进行统筹考虑。

展示广场 / 波托雷罗山规划

展示广场自 1980 年代初期开始考虑规划问题。规划部门看到了这里的发展活力，开始有意识地进行开发过程中的环境引导，包括保持这里的工业建筑特色，避免住宅和商业功能引入后形态不协调。1983 年的规划征集了展示广场核心区中业主的意见，形成了保护工业建筑形态尺度的规划（图 354）。

2008 年，面对旧金山知识经济热潮的背景，展示广场的规划强调保护“设计导向”的 PDR 建筑，包括其中的历史建筑。规划以展示广场为核心，向北、向南扩大范围，进行综合统一考虑。

规划对住宅、办公和零售有所松动，对展示广场周边地区的开发变得并不绝对排斥，尤其是北侧临近索马区的地段开始有意识地向混合功能引导。但其他地段仍旧对零售、住宅和办公功能加以限制，支持展示广场中独特的设计功能。规划将整个展示广场进一步划分为 5 个分区，分别是展示广场北段、展示广场设计核心区、第十六街和十七街走廊、波托雷罗山居住区和波托雷罗山社会住宅（图 355）。

规划相应地确定了 5 个分区不同的控制原则：

（1）展示广场北段：作为已经更新完成的居住区，保持住宅和混合功能。

（2）展示广场设计核心区：以“设计导向的 PDR 商务区”作为展示广场的核心区，保护历史风貌建筑，鼓励限制零售和办公空间，支持设计功能，禁止新建住宅。

（3）第十六街和第十七街走廊：鼓励新建特定形式的住宅，与保留的 PDR 建筑进行合理的混合，展现该区作为“（密度和尺度）转换走廊”的定位——在第十七街两侧保持小尺度，控制零售尺度，与相邻南侧的波托雷罗

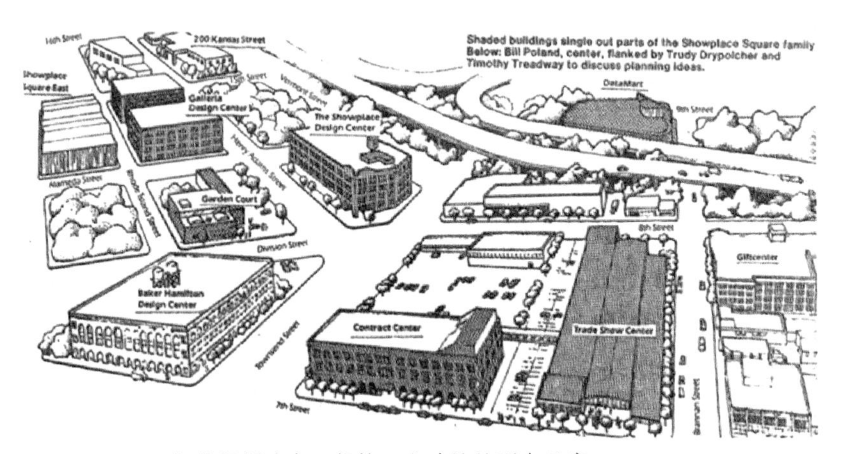

图 354　1983 年的规划确定了保护工业建筑的形态尺度
图片来源：《旧金山纪实报》

山居住区协调；第十六街尺度和密度增大，向索马区混合尺度过渡。

（4）波托雷罗山居住区：保持小尺度居住区，保护现有波托雷罗山邻里特质。

（5）波托雷罗山社会住宅：在旧金山社会住房计划（HopeSF）出台前，保持现状，配合旧金山社会住房计划的编制过程，调整社会住宅用地的区划。

图 355　2008 年展示广场 / 波托雷罗山被规划为 5 个区域

图片来源：旧金山规划局

不同于展示广场，波托雷罗山是具有较高环境品质的山地居住区，规划主要目标是保持当前小尺度环境以及保护山地社区特色，而未来建设的重点则是波托雷罗山北麓与展示广场相邻的地区以及南侧的低标准住宅区。对于北侧同展示广场相邻的第十六街南侧和第十七至十八街两侧走廊区域，鼓励开发新型住宅，并能同现有的 PDR 功能和建筑形态协调。沿第十六大街的建筑开发密度适当提高，从第十七街开始开发密度逐步降低，直到同波托雷罗山居住区的低密度肌理相协调。控制商业、零售功能的尺度，强调其作为社区服务的特征。

对于波托雷罗山南侧的社会住宅，规划在旧金山社会规划内，并于 2017 年通过（图 356），尽管仍然保持目前作为社会低收入者住宅的用地功能，以改善环境为主，但未来将面临更大规模的更新改造。2019 年完成了用地最高点的公园和运动场地的建设，使该地区的居住功能更加完善。

图 356　旧金山社会规划于 2017 年通过，未来将面临更大规模的更新改造

展示广场的历史建筑保护

旧金山规划部门对展示广场的整体风貌评价认为，展示广场内的历史风貌建筑遍布整个地区，体现在建筑的大尺度和独特的视觉冲击力上。从波托雷罗山或高速公路等高处看，展示广场赋予了旧金山 20 世纪早期独特的工业特征，是旧金山甚至整个加州罕见的、大规模且分布集中的早期工业建筑，是类型独特的旧金山历史街区（图 357～图 360）。

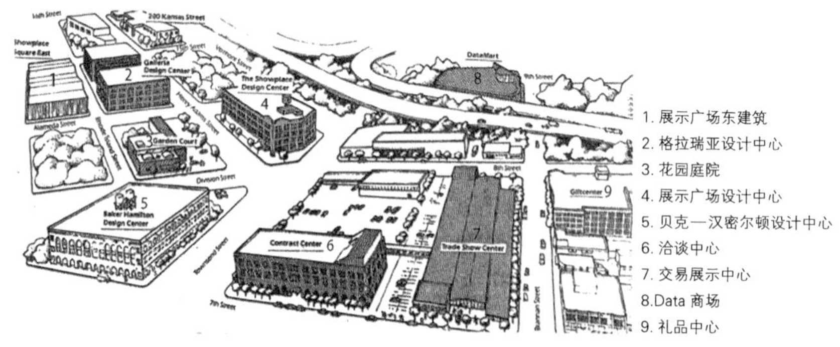

图 357 展示广场

图 358 展示广场紧邻旧金山中心区，这里的传统工业建筑因此备受重视

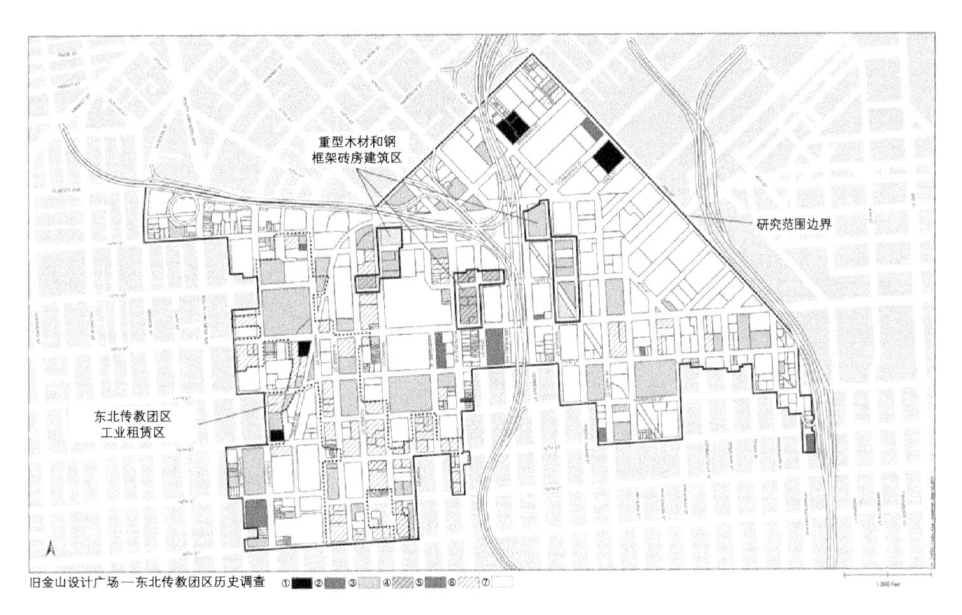

图 359　展示广场内的各类风貌保护建筑
图片来源：旧金山规划局

①黑色——用地“全部”纳入“国家遗产”名录；②深蓝色——用地内的“部分”纳入“国家遗产”名录；③浅蓝色——用地内的部分用地是“加州遗产”名录或城市地标；④带阴影的浅蓝色——用地内的部分用地可作为备选的“加州遗产”区域；⑤灰色——潜在的历史资源（即需要进一步研究的区域）；⑥带阴影的白色——目前没有历史资源，但需要在详细规划中确认（并不能确定没有历史资源）；⑦白色——没有资源、空地，或 1963 年之后建设的较新建筑，以及已经被改造的新建筑。

图 360　从波托雷罗山看 280 号公路以东的传教团湾城市形态

建筑保护方面，规划部门将展示广场的历史工业建筑特色归纳为两类：重型木材和钢框架砖房。

展示广场和波托雷罗山交界处的项目案例——PDR 政策下的城市更新项目波托雷罗 1010 号

波托雷罗 1010 号位于展示广场“第十六街和第十七街走廊”用地北侧。第十六街在该用地南侧，东侧同传教团湾区仅相隔了一条 280 号高速公路（图 361～图 363）。

按照 2008 年规划，“第十六街尺度和密度增大，向索马区混合尺度过渡，并鼓励新建特定形式的住宅”。但开发强度的增加需要符合规划局有关规划政策，关系最大的有两个政策——PDR 政策和低收入者住宅密度奖励政策（AHBP）。

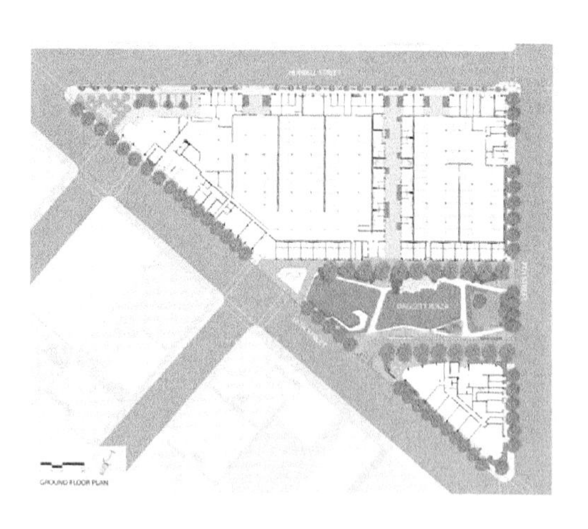

图 361　波托雷罗 1010 号项目区位
图片来源：戴维 · 贝克事务所

图 362　波托雷罗 1010 号项目
图片来源：戴维 · 贝克事务所

图 363　波托雷罗 1010 号项目的重要创新是引入了机械停车，减少了对空地的依赖
图片来源：戴维 · 贝克事务所

PDR 政策旨在保护旧金山传统工业建筑，制定了在保持工业建筑传统风貌的基础上进行功能混合活化的鼓励政策。PDR 政策鼓励包括艺术活动、表演空间、家具批发和设计等功能；而低收入者住宅密度奖励政策，是指新建项目通过增加额外的低收入者住宅数量，换取更大的用地开发强度和建筑高度的机制。这一政策的目的是通过增加开发强度，调动开发商的积极性，最终增加低收入者住宅数量。

波托雷罗 1010 号项目的设计者戴维·贝克事务所为符合 PDR 政策要求，整合利用了沿哈勃街的一排 PDR 空间，使其在住宅区和该地区的轻工业区之间形成一个缓冲区。这些 PDR 空间由加州艺术学院工作室和画廊占据。

在具体设计中，设计者利用较小的三角形地块，形成引人注目的标志性建筑，设计者称其为“鸡蛋大厦”。

建筑色彩方面仍旧延续了旧金山的彩色城市特色，建筑立面的设计采用“城市迷彩（urban camouflage）”的概念，以从波托雷罗山采样旧金山的天际线作为建筑物的调色板。

未来几年的滨水休闲区：中央海岸和 70 号码头

中央海岸包含 70 号码头和港口西侧“工宿结合”的多帕奇高地社区[7]（图 364）。

150 多年来，70 号码头内构成了完整的工业生态，包含造船和修理、钢铁生产以及支持重工业等功能。随着联合铁厂于 1880 年代的创立，70 号码头成为一个主要的造船中心，完成了大量工业时代的伟大创举。例如，这里

图 364　在多帕奇高地社区看滨水区，体现出小尺度、有形态特色的新建建筑同大尺度厂房建筑的协调整合

建成了整个太平洋地区第一艘钢壳船，建造了大量商船和战舰，是美国海军在美西战争和两次世界大战期间的主要供应地。70 号码头是美国工业化向太平洋沿岸扩散和全球战略的重要基地。

由于 70 号码头所在的中央滨水区中保留了大量工业时代特色，在 2001 年旧金山工业地区设计导引的四处滨水区域中强调将 70 号码头作为旧金山岸线大型工业遗产集群保护的起点，而在其北部的传教团湾区和索马区主要以结合 PDR 功能用地的适应性更新为主。

中央海岸和 70 号码头采取编制规划、立法、组织详细规划设计的程序分三步骤进行用地更新。规划设计于 2010 年完成，紧接着 2011 年完成规划立法工作，包含将港口作为法定历史资源以及将港口用地在信托法背景下进行“从公到私”的转换，最后在 2019 年完成了面向实施建设的详细规划。

规划

从 2001 年旧金山工业地区设计导引到 2010 年规划设计的遗产保护和城市更新内容

在 2001 年旧金山工业地区设计导引（图 365、图 366）中，围绕遗产保护和城市更新，对中央海岸和 70 号码头提出了多项具体的设计导引，主要有：保留多帕奇社区的现有特征；尊重公共景观走廊和亲水性；鼓励沿第三街发展零售和商业用途，上部开发住宅；强化交通节点；加强东西主要街道和滨水之间的联系；强调海湾小径作为非机动交通方式的走廊；保护现有的海洋和工业功能；创造一个与社区相连的重要城市交通中心；将伊利诺伊街作为住宅和工业用途之间的缓冲区；提炼文化资源并制定保护政策；提供经济适用住房并加强社区规划；重视社区公共空间。

上述内容延续了旧金山滨水区的主要理念，包括延续了吉拉台里巧克力厂更新的增加亲水性和公共性理念，东北滨水区提出的保持海洋功能理念，此前在工业用地政策研究中确定的传统工业建筑的风貌价值等。

在 2010 年编制的 70 号码头的规划设计中，强调了遗产保护和城市更新的协调关系。针对 70 号码头内的历史风貌，首先将从最为重要到仅作为一般文脉背景的三类保护内容分解出来，其次进行增加公共空间和填充式开发两项工作了（图 367）。而在规划设计中，在明确划定保护

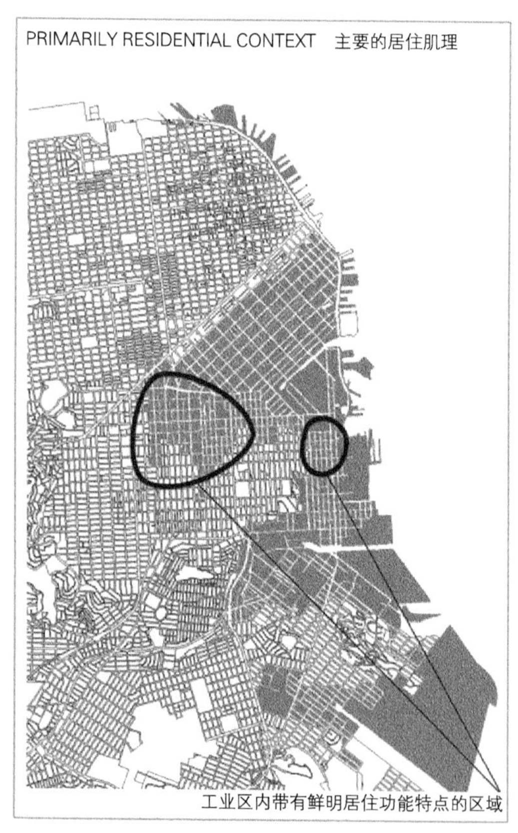

图 365 2001 年旧金山工业地区设计导引中将中央海岸和 70 号码头作为“居住肌理”
图片来源：旧金山规划局

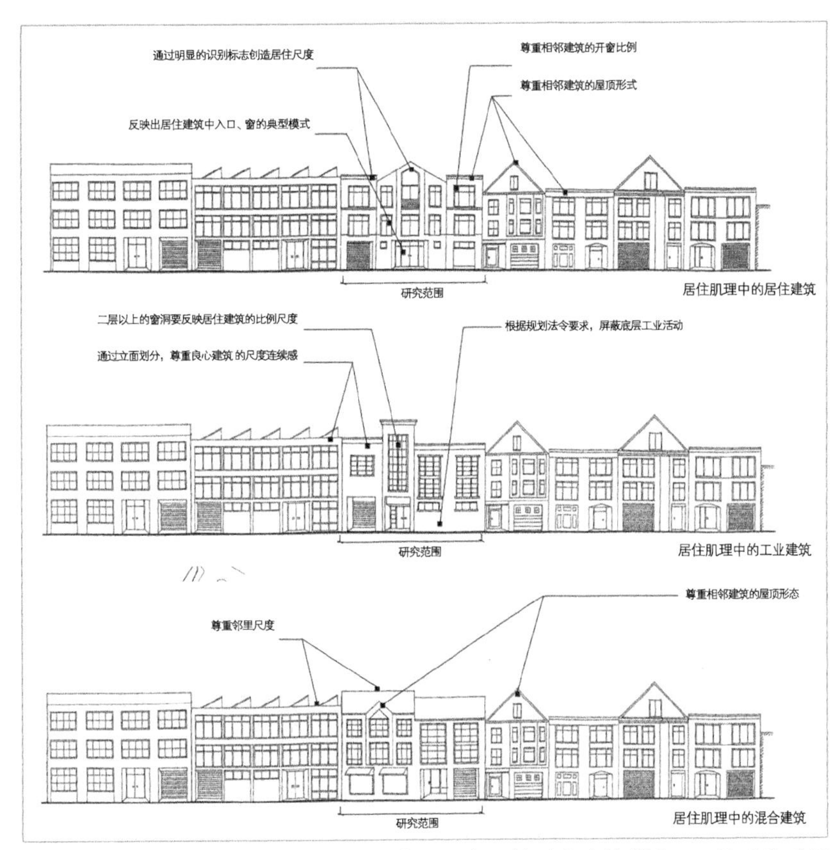

图 366 2001 年旧金山工业地区设计导引中，针对中央海岸和 70 号码头“居住肌理”，提出了新建居住、工业和混合建筑的设计导引

图片来源：旧金山规划局

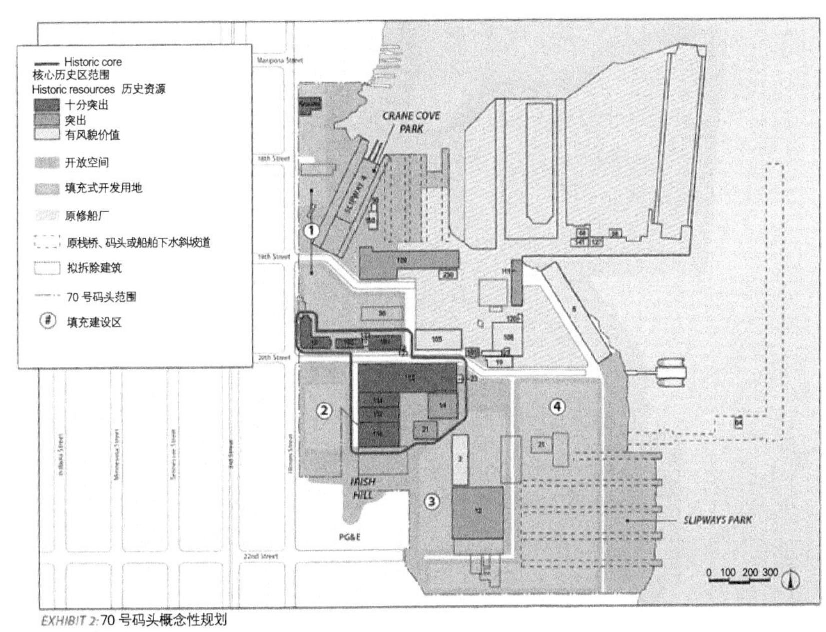

图 367 针对 70 号码头内的历史风貌，规划理念十分清晰明确，首先将从最为重要到仅作为一般文脉背景的三类保护内容分解出来，其次进行增加公共空间和填充式开发两项工作

图片来源：旧金山规划局

区域后，对填充式开发和公共空间两类空间进行了清晰的划分，使它们同保留保护空间具有紧密的“咬合”关系。

城市形态

在2010年规划设计中提到，从城市设计的角度来看，70号码头的更新设计取决于它的过去以及历史资源的性质、品质和气质，这些特色包括景观和海湾海岸线、街道、铁路线、滑道、码头的城市和工业模式，以及如何使其众多历史资源持久地保存。

保护的遗产区域体现了70号码头的历史发展脉络，从1860年代早期的造船时代到1940年代的第二次世界大战鼎盛时期，70号码头建设的密集和设备的先进性证明了其世界领先的港口地位。在2010年规划设计所划分的四个保护区域中，有三个区围绕着相关的历史资源群确定开发区，另一个原船台所处的区基本上是空的，可以支持最新的开发。

规划保持了约6公顷的地区继续运营现有船舶修理厂。适应性再利用的历史建筑面积约65 000平方米，建造约278 000平方米的新填充开发，与历史街区兼容，主要用于创造就业机会，如办公室和技术空间，提供约6 000～8 000个新工作岗位，建造约4.5公顷的滨水开放空间和另外3.6公顷的内部开放空间，并增加公众进入海滨的通道。为了达到促进信任的目的，还需要通过立法来改善信托土地的配置。

对于填充式开发项目，2010年规划制定了“填充开发设计标准”，在整体规划层面有6条原则，分别是：

（1）设计新建筑以反映其时代、区位、文脉和功能。

（2）区分新建筑和旧建筑，避免“假古董”。

（3）设计新建筑，使其在材料、特征、尺寸、规模、比例和体量方面与历史建筑兼容。认识到新旧对比也有助于让人关注历史资源。

（4）展现精湛工艺。设计新的建筑作为该地区的永久性补充，使用能够改善小气候并能同老工艺匹配的新工艺。

（5）保持各个历史建筑及其特色之间的主要群体关系。

（6）根据周围历史建筑的密度，确定新建筑与旧建筑以及彼此之间的距离。保持新建筑之间的间距等于或大于给定区域内历史建筑之间的距离（图368）。

对于尺度、体量、形态和材料，规划主要针对空间、建筑立面（图369）等建筑学问题，从复杂感等方面提到10条原则。

（1）在规模、体量、形式和材料方面追求变化，以保持该地区的复杂性，同时尊重历史背景。

（2）考虑远离历史建筑的用地，通过增大体量和高度展示个性，塑造新的建筑形态。

（3）使用规划场地现状中已存在的传统建筑材料，如砖砌体、混凝土、波纹金属和木材等，或使用具有工业特性的可兼容新材料。

（4）参考70号码头历史区已有的屋顶形式，包括双山墙、锯齿形屋顶、天窗和单层整体屋面，以新的方式进行重新诠释（图370）。

（5）鼓励建筑增加开窗，在室内需要透明性时，鼓励使用玻璃幕墙。

（6）在建筑首层需要设置拱门、内凹门或宽门时，需要参考呼应历史工业时代的设计做法。

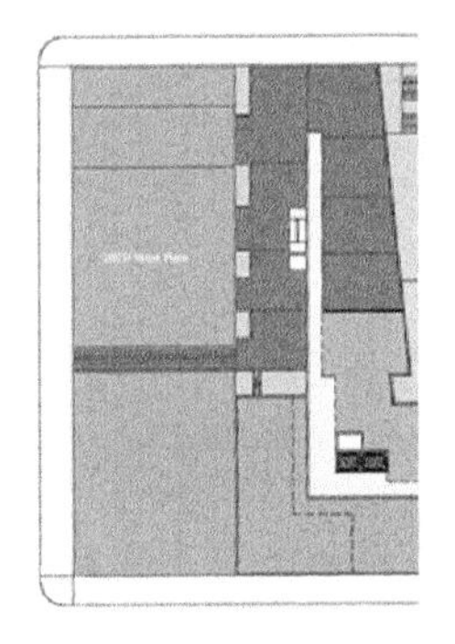
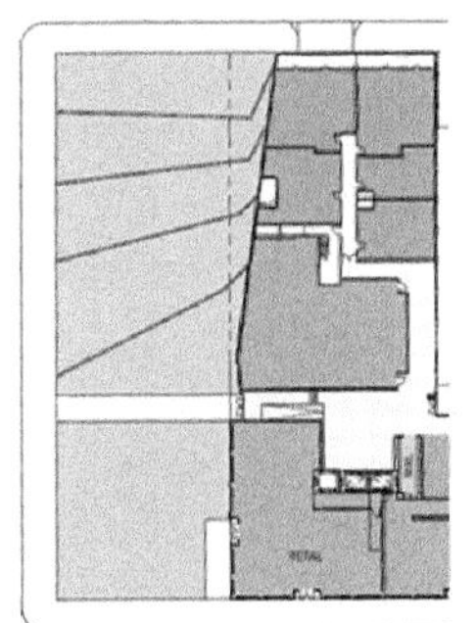

图 368 70 号码头新建建筑，对历史建筑加强避让
图片来源：旧金山规划局

1 HISTORIC DISTRICT 历史区　2 NEW RESIDENTIAL 新建居住区　3 PDR+ INDUSTRIAL 工业区

图 369 历史区、新建居住区和工业区建筑立面的对比
图片来源：Central Waterfront Dogpatch Public Realm Plan Adopted，October 2018

图 370　屋顶的丰富变化，体现了城市设计导引的内容

（7）保留现有的街景，创造反映工业时代特征的新街景。

（8）在适当的情况下，考虑使用鹅卵石等单位摊铺机，而不是整体式沥青或混凝土摊铺机。考虑沿着第二十街露出历史悠久的鹅卵石。

（9）在可能的情况下，保留和暴露铁路线、基础设施走廊和历史材料等富有动感的工业特征。

（10）控制种植和草地的规模，并考虑利用具有工业感的天棚，以增强街道的行人引导性。

填充建筑的高度体量具有一定的弹性，主要依据相对严格的空间系统来确定。

立法

美国旧城更新面临复杂的法规背景，而港口用地又需要遵从信托法，履行由公有用地向私人开发的各项手续，更加复杂。不论已建成的传教团湾区，还是刚刚梳理清晰法律权属的 70 号码头，都花费了近 10 年时间，这正说明了美国旧城市更新需要遵守的法规的复杂性。

70 号码头立法首先申请国家历史遗产的法定地位。为此，70 号码头准备了一份将码头列为“国家史迹名录”的申请，现已获批。“国家史迹名录”的审批文件中提到，70 号码头是旧金山滨水历史街区的贡献者，码头遍布了历史悠久的工业遗产建筑，它们传达了 70 号码头地区早期海洋工业历史的氛围，对 70 号码头的保护将增强通往旧金山滨水空间的体验感。由于 70 号码头破坏严重，码头内与海洋有关的历史建筑成为加州重要的历史资源，其保护和恢复将使整个加州的公众受益，通过 70 号码头实例还可对公众进行海运业相关教育。

其次，旧金山通过了包含 70 号码头法定内容的 418 号法案——《AB-418 号议事法案》，其第 477 章为潮汐和淹没的土地　旧金山市和县　70 号码头[8]。此章将规划编制过程中所落实的每栋建筑和每块用地的功能和规模明确写入规划中，使之具有法律效力，成为不得更改的刚性指标（图 371）。

这样，通过两级立法体系，70 号码头内的历史建筑和文化遗产被置于优生保护地位，同也对其他开发项目加以明确，形成了保护和开发的底线。

图 371 70 号码头的群体形态

本章注释

1. 1999 年旧金山用地结构：1999 年旧金山 60.7 平方千米土地中，超过 70% 为居住用地，约 14% 的商业用地容纳了城市半数以上的就业。4 平方千米的 PDR 产业用地内有 6.8 万个就业职位，占整个旧金山的 12%。
2. 20 世纪末的旧金山港口用地：港口用地与 4 平方千米的 PDR 用地相邻，规模也是约 4 平方千米。滨水港口是旧金山最后的大规模待开发用地，受到当时管理港口土地的公共信托法规的限制，不能进行 PDR 功能的开发，但却是最大的潜在功能用地。此前被认为这些用地仅仅是暂时滞留在城市，寻找机会和合适的郊区地段进行外迁。
3. 旧金山工业保护区内住宅控制原则：旧金山工业保护区内原则上禁止新建住宅。在特殊情况下，住宅的规划建设仅建立在同周边住宅建设相协调的条件下，且需要严格审批。
4. 2008 年完成的东部工业区规划：2008 年底，旧金山规划部门完成的区域规划包括传教团区、波托雷罗山 / 剧院广场、东索马和中央滨水区。
5. 波士顿铁路调车场更新项目：格罗皮乌斯和贝聿铭等建筑大师的主导和参与，使该项目在当时建筑学领域备受瞩目。
6. 芝加哥商品市场：位于芝加哥河畔，拥有 40 万平方米的面积，其中可展出面积为 5 万平方米。芝加哥商品市场是美国芝加哥以家具展示为主题的商业建筑，在 1930 年开业时曾是世界上规模最大的建筑。
7. 多帕奇高地社区的范围是，北部大致以马里波萨街为界，南部以第二十五街为界，西部以宾夕法尼亚州为界。
8. 《AB-418 号议事法案》AB-418 Tidelands and Submerged Lands: City and County of San Francisco: Pier。

图 372　湾景区城市形态
图片来源：David Oppenheimer

第十二章　片区八：面临更新的滨水区

今天，沿正在施工的70号码头向南，从波托雷罗发电厂开始，似乎就已经离开精致漂亮的旧金山，进入了混乱无序、十分破败衰落的状态。

地段内废弃的厂房、社会住宅以及大片空地混杂，高速公路、铁路线、城市各类道路同社区道路无序交叉，尽管濒临海滨，却十分缺少公共空间，尤其缺乏亲水空间。地段内包括波托雷罗发电厂、湾景低标准社区（图372）、猎人点社区、蜡烛台点社区。

港口和产业变迁导致了最深刻的衰败。历史上的发电厂和军工造船厂，曾聚集了大量低收入的黑人产业工人。但近年来厂纷纷关闭，使这里缺少就业来源。

此后为填补功能有过多次尝试，包括1980年代在此建设了旧金山49人队橄榄球场，2016年也曾尝试在这里申请举办夏季奥运会……，但收效甚微。

2000年以来，旧金山规划部门针对主要地段编制了数轮规划，力求改善该地区。经过局部地段的启动建设，今天也确有少数地段有复兴迹象。

猎人点

猎人点是旧金山滨海岸线中规模最大的半岛岬角（图373）。1849年地产投机商罗伯特·E.亨特试图在此建设一座城市，此后人们虽忘记了投资者，但“亨特（猎人）”的名字却流传下来了。猎人点在1860年代末至1939年期间一直是华人的养殖岸线，这里为原来从事铁路建设的华人提供了职业转型后的生存空间。1939年，旧金山市政府因卫生原因清理了华人虾池，后于1941年建设了海军造船厂，并一直运营到1974年。为了船厂建设，原来猎人点起伏的岬角山丘被削切改造，山体的石材被用于船厂用地的填海工程，自然山体地貌变得不再明显。

猎人点更新规划从1969年开始，历经多次编制和变更[1]，城市更新的愿景也从最初的宏大构想一步步转变为旨在改善居民生活环境的更为切实可行的目标。2000年后大量贴近社区生活的市政设施完成，MUNI线和第三街的轻轨线路开通。站点周边的城市环境率先得到改善，同时也刺激了私人开发的热情。

猎人点船厂从2004年开始移交给重建局，此后最终规划编制完成。猎人点船厂是旧金山一系列退役军事设施中的一个，与之前要塞区梅森堡、马林县巴里堡的海角艺术中心都是军营向艺术创意产业功能转换的成功案例。猎人点船厂在新规划中布置了许多适合艺术家和艺术组织使用的功能，给旧金山带来新的活力和特色以及通过旅游带来经济效益（图374）。

针对两个地区更新的统一行动计划，形成了一套针对蜡烛台点和船厂地区的共同规划（图375）。规划愿景是：（1）紧凑发展，提供用地混合利用、BRT交通站点导向开发；（2）综合开发，包含商品住房和低收入保证住房以及旅馆、体育馆、研发机构；（3）蜡烛台点和船厂地区滨水开放岸线系统。

规划形态上，不同社区需要具有各自不同的可识别性，不仅通过统一规划的开放空间、步行和自行车系统联系起来，同时又与现状社区相结合。确定

图 373　猎人点和蜡烛台点之间的南盆地

图 374　2010 年的蜡烛台点和船厂地区，49 人队橄榄球场尚未被拆除
图片来源：蜡烛台地区 面向开发的设计 Candlestick Point Design for Development，Adopted June 3, 2010

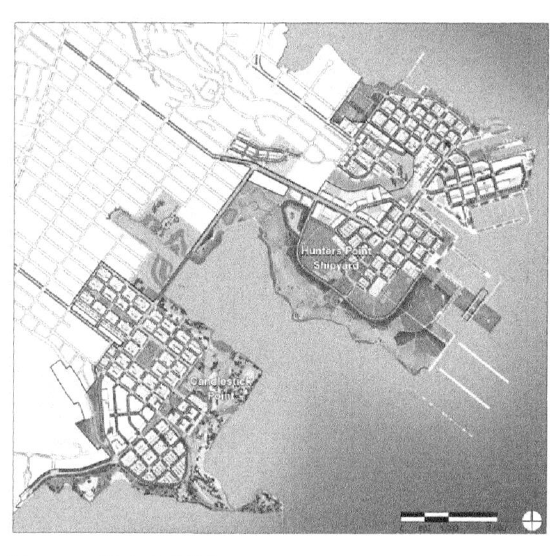

图 375　猎人点规划
图片来源：旧金山规划局

了 9 项规划目标，包括：

（1）通过密度提升带来活力。倡导通过密度的多样性，实现具有较好导向性、舒适感和人性尺度的城市设计。该规划中的高密度来自两部分：一方面，规划中住宅用地的密度从较低的 15 户 / 英亩（1 英亩≈ 0.4 公顷）到 285 户 /

英亩不等，建筑形态涵盖了从独立低层住宅到高层住宅的密度范畴；另一方面，用地高密度通过在区域内增加就业工作功能的建筑，实现规划对工作和居住的平衡、低密度住宅同高密度工作的平衡。

（2）提升开放空间和自然特征。规划用地兼具旧金山著名的山地和海景，同时两个用地都有进一步提升岸线质量的机会，蜡烛台点内有加州州立公园，船厂内有干船坞等工业设施，这些都是难得的滨水景观资源。规划中需要将这些滨水资源联系起来，也需要将社区同滨水地带联系起来，创造明显的滨水区开放感和联系感。

（3）加强街道和街坊间的联系。通过规划，蜡烛台点和船厂地区成为与旧金山联系紧密的一部分。将湾景 / 猎人点社区道路肌理向规划用地延伸，不仅获得整体协调路网系统，而且能具有更好的导向性。

（4）打造网络化的交通系统。根据旧金山都市圈交通委员会的交通研究，引进了 BRT 快速轨道交通，站点选择两个地区最重要的道路交叉口地区，保证了新开发活动处于站点的 5 分钟步行距离内，并刺激以交通站点为导向的开发。

（5）打造友好的步行和自行车网络。通过减小街廓尺度降低车速，增加道路 / 人行道绿化和照明、街道家具等，提升步行景观的吸引力。利用旧金山已经形成的滨水郊游路径，在用地开发过程中增加用地同郊游路径连接的机会。在新开发用地周边和公园地区中以及区域内主要道路中，增加路外自行车道。

（6）形成具有吸引力的建成环境。规划采取紧凑的城市环境，延续了如传教团湾区、市场街南和北滩等旧金山社区的传统发展模式，形成了积极的建筑立面、具有吸引力的街道绿化和人性尺度的街道退缩。

（7）塑造城市场所。形成遍布开发地区的具有识别性的独特场所，构建五种场所类型。一是门户。在干道哈尼路南侧形成蜡烛台点地区门户。二是标志。在船厂南侧 4 号干船坞形成轮渡门户，利用桥吊、干船坞、栈桥、山丘等形成标志特征。三是边界。在大尺度的公共空间周边相应布置尺度更大、界面更连续的建筑，形成室外围合式空间，强调空间的界面。四是视线通廊。有意识地强化社区通往重要地标或海湾方向的通道，形成视线通廊，从山丘高出的景观也需要得到保护。五是焦点。关键道路、通道和公共空间的交汇处会形成焦点，这些位置的建筑和公共空间需要在尺度上和形态方面显得更加明显。

（8）形成邻里特色。通过明显的公园、街道和建筑类型，形成邻里特色。

（9）布置零售设施。服务 1.05 万人规模的大型商业设施布置在蜡烛台点，即原 49 人队橄榄球场位置。该商业中心的布局有别于传统汽车导向的郊区商业中心，由两条步行道路组织起来。船厂地区则由渔夫街组织商业设施，它的特色是结合了大量艺术家工作室，也因此更具有艺术氛围。

猎人点的社会住宅更新

船厂员工以黑人居多，因此船厂西侧的山包上布置了黑人居住社区。居住区随船厂的发展而成，从 1943 年开始建设，共建成 50 栋联排式低标准住房，现保留了 264 户早期建设的住宅。从猎人点居住区的高处能远眺旧金山中心区和海湾另一侧的奥克兰港城及高山。猎人点传统住区具有很好的地形关系，联排式板式住宅分布在不同的标高，采取平行等高线和垂直等高线手法，整

图 376 猎人点现状

图 377 猎人点的社会住宅

体布局协调而灵活（图 376、图 377）。

2018 年猎人点规划

2018 年 8 月出台《猎人点船厂第二阶段——面向开发的设计》[2]。

规划整体愿景

对于船厂部分，规划的核心问题是如何“从大尺度船厂遗产，转变为独特的、有识别性的小尺度社区场所”。规划提出了 2 个愿景。

第一个愿景是，“拥抱具有传奇色彩的、原真性的、独具特色的猎人点船厂”。其确立的 3 条原则是：（1）保留并强化 28 号和 40 号街坊的历史建筑，并进行适应性再利用，同时建设新建筑，与具有纪念性的传统保留建筑形态相呼应，唤醒历史记忆，使用传统建筑细部工艺。（2）充分利用船厂平坦的地形，展示滨水特色。通过建筑高度控制和退界保持，加强滨水景观。猎人点半岛的南北两侧位于较陡的自然坡地，要延续旧金山滨水区传统特色，从高到低建筑高度依次降低，坚持“突出山地地形，提升景观质量”的原则。加强船厂用地的建筑体量和高度，体现出区域之间的形态差异。在关键的视觉走廊、步行小径，布置富有生气的街道，并能联系丰富多样的开放空间、居住区、零售和办公功能。（3）在用地中展示人类的创造力，并使之成为大尺度可持续发展项目的范例，如建设低碳生态社区。

第二个规划愿景是，创造符合旧金山邻里传统的“城市建设”模式。其确立的 5 条原则是：（1）重新将船厂作为猎人点的文化和经济引擎，为船厂地区引入新的就业，建设社区、市政设施和研究机构，提供使原有社区和新居民共同受益的功能和设施。（2）创造具有多样性住房类型的邻里，创造多元化的城市生活和有活力的街景。为此，街道规划需要系统设计，街道的间隔和街坊的尺度要适中，街道两侧的临街立面需要有活力，体现出公共空间和零售功能等不同气氛，提供从公寓到联排别墅等不同密度的住宅类型，建筑设计过程中也要创造良好的步行者体验。（3）在社区中提供零售功能，丰富街景和社区空间的愉悦感。建筑设计需要在底层开敞通透，使建筑内部和外部的活动可以互动。商业的位置优先考虑在人们活动集中的街道和步行通道。利用商业和娱乐功能联系不同的区域，鼓励人们的活动，并创造社区交往的场所。（4）为办公和研发提供场所，巩固旧金山在全球创新经济方面的领先地位。利用保留厂房形成符号化的科技办公形态。新建建筑能呼应保留的工业建筑，烘托公共空间氛围，尤其在东侧的码头区和南侧的仓库区。设计大尺度的建筑内部空间，鼓励创新性，在建筑设计中采用建筑学水准的细部和高品质的材料，通过建筑工艺水准体现船厂地区深厚的文化传统。（5）创建富有活力的艺术文化区，保留 101 历史建筑并增设新的艺术家工作室和前区广场，沿渔夫街和罗宾逊街设置吸引人的文化街景。

区域划分和空间形态控制

在城市形态控制方面，规划将用地分为 4 个分区，包括北部岸线、郊区中心、码头区、仓库区，对每个分区的城市形态进行分别控制（图 378）。

仓库区的城市形态是沿“共享绿地”周边形成混合功能邻里中心。“共享绿地”周边包含两栋保留的第二次世界大战时期建设的海军建筑，两栋建筑分别构成这个中心环境的南北两个界面，给空间的整体气氛“定调”，也确定了大尺度的空间感受，在克里斯普街、“共享绿地”周边创造连续的界面。

郊区中心是船厂地区的创新和文化核心节点，处在其他三处区域汇集的位置。这里有浓郁的艺术气氛和众多的艺术家工作的场所，包括艺术家工作室和画廊（图 379）。由建筑围合而成的广场，为艺术家提供了工作和展示空间，新建的建筑呼应保留的历史建筑，这栋建筑从 1980 年代开始就作为艺术家社区的中心而存在。

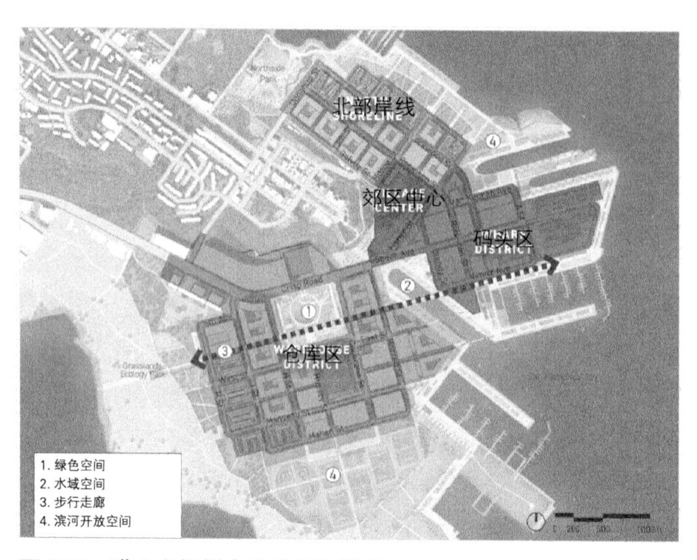

图 378 猎人点规划中的分区和结构
图片来源：旧金山规划局

图379 第二次世界大战时期建设的海军建筑，一直被用作艺术家工作室
图片来源：旧金山规划局

图380 猎人点新建的社会住宅

码头区是就业、创新和企业的中心，与猎人点船厂形成历史空间上的呼应。码头区侧重于科技研究和技术开发，区域内轻工业和制造业同居住用地和低层商业功能混合布置。其中商业空间位于保留建筑和新建建筑之间，以满足现代工作需求。街道走向保留了历史痕迹，建筑的高度体量也呼应历史文脉。规划布局要求该地区需要考虑从东侧、南侧和北侧三个方向的视觉贯通。

北部岸线的城市形态体现出猎人点的城市景观传统，这里作为整个项目的居住功能核心，提供多种多样的住宅类型。住宅的建筑形态以低层到多层为主，并同公共空间紧密结合，从用地南侧的高处依山就势，顺坡而下通往北侧滨水区。沿滨水地带的建筑体量更小，密度也更低，有条件构建不同街坊之间的空间和视觉联系（图380）。北部岸线的渔夫街和罗宾逊街上布置了邻里服务的零售、小型办公设施，对整体空间构图起到点缀作用的高层建筑位于渔夫街的两侧，这些高层建筑界定了整个船厂用地的天际线。

在码头区、仓库区和郊区中心三部分之间，同"共享绿地"类似，又设置了另一处"共享水面"，同时设置了一个步行走廊，联系起"共享绿地"和"共享水面"以及仓库区和码头区，并向西侧连通山丘公园，向东侧通往滨水岸线（图381）。

此外，规划强调了"开放街坊"的理念。"街坊内部通道"（简称MBB），将街坊划分为不同的地块，通道内可以组织商业步行活动和邻里交往。"街坊内部通道"作为步行和自行车道路，既能保证用地规模和车行道路合理的间距，又能提供小尺度街坊和可步行的空间体验。

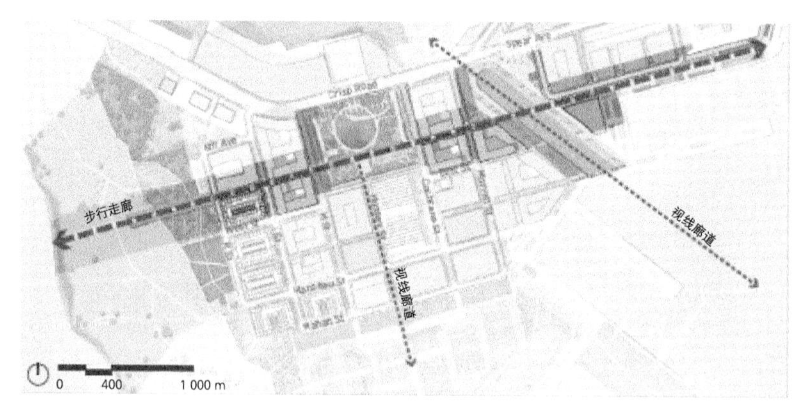

图 381 设置了一个步行走廊联系起“共享绿地”和“共享水面”以及仓库区和码头区，并向西侧连通山丘公园，向东侧通往滨水岸线
图片来源：旧金山规划局

建筑形态控制

从猎人点和蜡烛台点更新规划中，能看到当代旧金山城市设计中如何尝试将新模块（建筑群）系统有机地融入复杂的城市形态体系中。

建筑密度控制

针对猎人点地区的建筑形态控制，规划提出了一种三维的控制理念。对于居住建筑，当建筑高度低于 40 英尺时，建筑密度可以高达 100%；当建筑高度为 41～85 英尺时，建筑密度控制在 75%；当建筑高度为 86～120 英尺时，每层建筑面积应小于 30 000 平方英尺（1 平方英尺≈ 0.09 平方米），此次规划中仅有 45 号街坊适用该规定；当建筑高度超过 121 英尺时，每层面积进一步缩小为 12 500 平方英尺以下，此次规划中仅有 15 号和 23 号街坊适用该规定。

对于非住宅建筑，当建筑高度低于 40 英尺时，建筑密度同住宅一样可以高出 100%；当建筑高度为 41～95 英尺时，建筑密度控制为 90%；当建筑高度为 96～120 英尺时，建筑密度控制在 80% 以下。住宅同非住宅比较，显然非住宅允许的建筑高度更高、密度更大。

通过这样的建筑密度控制策略，既获得了街道布局的协调，又获得了相对较低的群体密度和松弛有序的布局（图 382）。

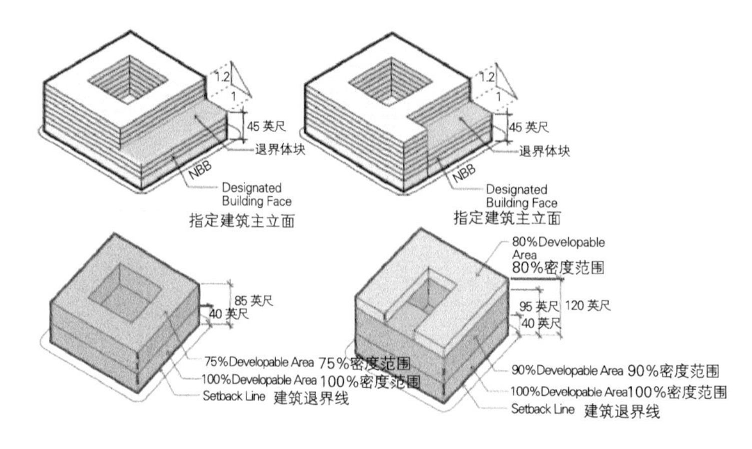

图 382 猎人点规划的建筑密度控制，住宅同非住宅比较，显然非住宅允许的建筑高度和密度都更大
图片来源：旧金山规划局

建筑高度控制

针对猎人点地区的建筑高度控制，规划提出与退界和建筑界面的控制结合起来，形成了特殊的建筑密度的“高度控制”策略，突出体现在不同高度在退界的高度和形态控制上。规划强调了“街坊内部通道”两侧须进行退界的尺度控制，即保持 1∶1.2 的退界比例。通过高度控制，获得规划鼓励生成的城市形态，如“街道墙”“隐含立面”以及各种有遮蔽的室外休息区（图 383）。

猎人点的保障房更新

猎人点船厂在 2010 年完成了一个小规模、低标准的社区建设，用地规模约为 1.7 平方千米。

米泽姆设计公司的著名建筑师丹·所罗门描绘了当他接手这个项目时，在用地现场看到的情景：“与开阔的城市景观形成鲜明对比的是，进入项目的半个街区完全没有意识到外面的世界。死胡同的街道缠绕着山丘的轮廓，建筑物没有沿着街道行进，而开放空间则过于消极，缺乏功能和生气。生活在这个项目中的孩子们，如果冒险走了两个街区就会到达另一个社区，每个社区混乱的布局会给这些孩子们带来危险。”

2005 年旧金山市议会将猎人点船厂的重建项目交由美国最大的地产公司之一莱纳地产公司承建。目前一期工程已建设完成，包括 1 400 套住宅、10

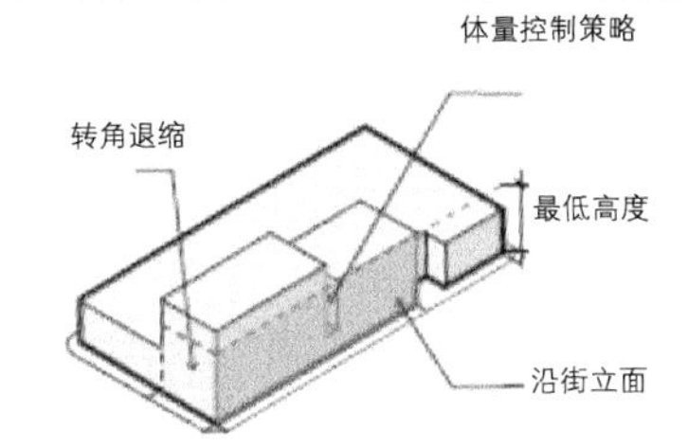

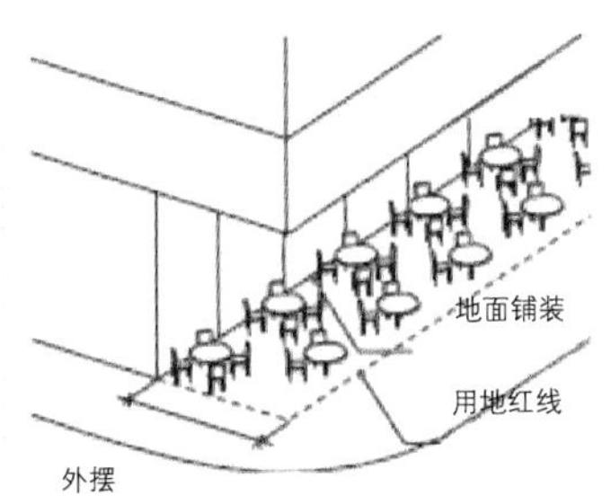

图 383　规划中的街道立面控制要求

图片来源：旧金山规划局

图 384　猎人点传统的联排式经济适用房同新建联排建筑的对比，新建筑在建筑质量和设计方面显著提升

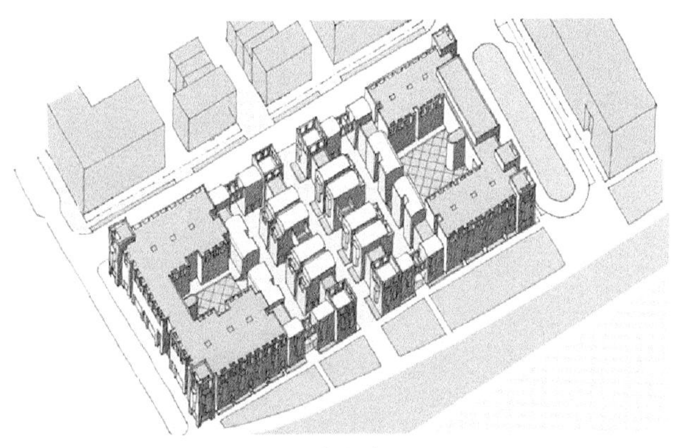

图 385　建筑师所罗门的街坊方案

图片来源：所罗门公司

图 386　更新后的猎人点儿童公园位于高地，孩子们站在此处能看到远处的波托雷罗山、金融区和海湾大桥，享受美景，同时也能被周边建筑内的家长看到
图片来源：bing.com

公顷公园和旅游观光的开放空间，以及 836 平方米的商业功能空间，使该区域实现了从海军基地到住宅社区的转变（图 384～图 386）。

蜡烛台点

蜡烛台点同猎人点相隔一个海湾，因此有时将两者统称为“猎人点海景区”。蜡烛台点地区已经接近旧金山市城市南部最边缘，包含蜡烛台加州州立公园、原国家橄榄球联盟旧金山 49 人队橄榄球场、爱丽丝 · 格里菲思公共住宅开发项目用地等多个用地单元。

今天蜡烛台点比较陈旧落后的面貌，主要归因于近年来多项改造规划接连受挫。最初在此规划的旧金山 49 人队橄榄球球场，因球队在 2006 年决定迁往硅谷地区的圣克拉拉市而被搁置。在 2016 年旧金山曾申办夏季奥运会，但最终申办失利，作为整个规划的一部分，在湾景区到猎人点建造奥运村的计划也因此被取消……蜡烛台点地区的更新建设一直缺少一个契机。

在各大项目一个接一个失败后，当地社区活动家团体指责政府只顾城市形象工程，而忽视猎人点当地中低收入居民的实际利益。新一轮规划吸取了教训而更加务实和有操作性。

蜡烛台点地区的用地权属中，归属政府和有政府背景的机构占绝大多数，如州立公园归属加州政府，球场用地归属旧金山市政府和县政府，爱丽丝 · 格里菲思公共住宅开发用地的业主是旧金山住房委员会，私人开发用地只有詹姆斯顿地块和球场西部的几个小地块。

规划整体愿景

蜡烛台点地区的规划愿景是，形成多个各具特色的居住社区，并能整体协调，成为旧金山南部一处令人瞩目的大社区，具有大尺度的公共空间系统、多样的漫步道和绿廊以及连续的水岸公园。

图 387 蜡烛台点城市设计
图片来源：旧金山规划局

在规划的整体城市形态上，街道和开放空间采取固定模式，以滨海岸线景观为核心，构建周边区域的联系。具体方式为：采用“楔形”绿地公园，将公园周边步行为主的街道系统与滨水区域联系起来，并延续西侧湾景猎人点社区的肌理，引入“街坊内部通道”（图 387）。

建筑形态上采取周边布置低层、中低层建筑，在区域中心、大尺度公共空间等重要节点附近布置更高密度的建筑形式的模式。建筑形态同步行秩序协调，并衔接公共空间、住宅入口形态，创造多种形态的住宅建筑。

蜡烛台点的 BRT 站点连接加州火车线路和第三街轻轨系统，并与商业中心结合。

建筑形态控制

规划明确指出，高度的控制旨在形成公共空间周边协调并富有变化的界面。在蜡烛台点地区规划中，建筑形态控制从高度、体量、建筑立面三个层次进行，每个环节都与上面的层次紧密相关，如体量控制结合了建筑高度，而建筑立面控制又同高度和体量相联系。

建筑高度控制

蜡烛台点规划实现了交通枢纽、大型商业和就业功能的高密度的集簇发展，强化了中心位置的视觉焦点效果，确保特殊位置足够的日照，避免引发高层风险。

规划中，建筑高度类型分为四类，即低于 65 英尺的低层建筑、66～119 英尺的中等高度建筑、120 英尺限高的地标建筑、420 英尺限高的高层建筑。

地标建筑位于蜡烛台点中心的哈尼街、英格森街交点。为保持整体天际线变化，每栋高层建筑都需要同其周边的塔楼高度有显著的差异，形成超过 5% 的高度阶梯变化，同时也需要保持最小 115 英尺的水平距离。

建筑体量控制

建筑体量的控制目的在于获得有吸引力的城市形态，加强空间布局并保持景观通廊。

蜡烛台点地区同船厂地区采取了相同的“建筑高度和体量控制相结合”策略，只是具体的标准存在差异。蜡烛台点地区的规划提出，当建筑低于 40 英尺时，建筑密度可以高达 100%（同船厂地区相同）；当建筑高度为 41～65 英尺时，建筑密度控制在 75%（船厂地区为 85 英尺以下）；当建筑高度为 65 英尺以上时，建筑密度控制在 50% 以下。

对于塔楼，需要使塔楼直接落地，避免从裙房升起，这样会使其显得更加具有塔楼特有的挺拔和细长感。

本章注释

1. 蜡烛台点和船厂地区 1969 年以来的历次规划：（1）1969 年猎人点更新规划（1969 Hunters Point Redevelopment Plan）；（2）1969 年印度盆地公园更新规划（the 1969 India Basin Industrial Park Redevelopment Plan）；（3）1995 年南部海岸地区规划（the 1995 South Bayshore Area Plan）；（4）1997 年猎人点船厂更新规划（the 1997 Hunters Point Shipyard Redevelopment Plan）；（5）2006 年猎人点湾景更新规划（the 2006 Bayview Hunters Point Redevelopment Plan）。
2. 猎人点船厂第二阶段规划：2018 年 8 月执行的《猎人点船厂第二阶段——面向开发的设计》（Hunters Point Shipyard Phase 2—Design for Development），于 2018 年 8 月 17 日审批通过，审批编号是 14–2018。旧金山规划委员会于 2018 年 8 月 26 日开始负责执行，执行编号 20165。

第四部分
旧金山城市形态背后的内容

本书除解析旧金山城市形态的外在表现之外，还将思考影响旧金山城市形态后的若干内容，包括旧金山的城市文化以及推动和影响旧金山城市形态的人和社会团体。通过综合城市形态研究内容，本书形成了“旧金山城市形态密码”——试图将旧金山城市形态中最具魅力、最值得推荐、最有思考价值的部分提取出来，为各位读者展开讨论提供参考。

第十三章　旧金山的城市文化

城市精神是城市历经长期的发展所形成的共同价值观以及人们对城市愿景、利益追求、社会氛围等的独特选择。世界上的每座名城都具有各自的城市精神，我们每个人也都会认为自己生活的城市有别于任何其他城市，并总是受到所处城市的各种文化和精神的影响。

旧金山的城市精神汇集了多种复杂要素，既有对美国西部独有的开拓创新精神的体现，又有对理性主义和民主契约的追求，还有对精致细腻的城市形态细节的偏爱……

城市文化的话题是当今热点，尤其是旧金山湾区的成功引来人们思考城市精神的深层影响。社会和经济学者总结出作为西部拓荒者后裔的“开源文化”，他们观察到城市中的人们从先辈那里继承了善于促进资源更加开放流通的观念，人、思想、资本在企业、业界和学术界之间自由流动，投资者、企业家和科学家之间形成了充满活力的社会环境。这种开拓和共享的精神，引领湾区在今天网络时代走上科技创新的最前沿，迅速拉开了同其他城市的差距。旧金山其他文化特点，也在此基础上被进一步放大，包括对文化领域独立精神的长久坚持，对理性主义的倡导，对规则契约的尊重，对精致杰出细节的“皇后”城市气质和城市管理中的公众精神的追求，等等。

下文将谈到旧金山的七种突出文化，当然正如旧金山的包容精神，旧金山的文化特质应该还有很多，本书权当抛砖引玉。

开源文化

人们将旧金山这种积极合作的氛围称为“开源文化”。在城市形态方面，开源文化突出体现在人们对待自然资源、空间资源、交通网络以及城市设计等方面的态度上。第一，作为关系到人们生存的基础性资源，旧金山人对"自然资源"加倍珍惜，对海湾、生态资源、农田水利等农业基础资源进行了超出寻常的保护。旧金山人善于认识、保护和利用资源，采用了最先进的海湾水处理系统，形成了大规模、高效精致的农业产区纳帕和索纳马（北湾区）。第二，旧金山人善于对"海湾空间资源"进行整合，使之聚变成美国最高效、最集约发展的地区。在美国西部最大的海湾——旧金山湾，发展出被称为环湾发展典范的旧金山湾区城市群，依托于科研资源发展出最发达的电子信息中心"硅谷"。第三，开源共享的思想体现在湾区完整的各类基础设施系统中。高速公路形成的交通网络，根据发展的需要，总是处于优化调整过程中。各类机场分布在湾区的几乎每一座独立城市，火车和轨道网络覆盖了旧金山的大部分地区，这是加州乃至美国西部少有的。公共交通被超常地倡导强调。第四，对城市设计而言，开源文化还体现在城市形态的细部。湾区的城市设计工作走在美国西部城市的前列，不仅因为著名的 1971 年旧金山城市设计规划，这里更关注不同建筑的整合，通过整合设计不同个体的建筑物和孤立的绿地环境，创造整体高效的大规模综合环境系统。在这样的城市设计氛围下，湾区有最高的大学密度、最多的新城市主义项目以及最丰富完整的公园和郊游体系。

以中华文化为特色的多元和谐

中华文化在旧金山城市发展过程中起到突出的作用。早年远渡重洋来此劳作的中华儿女，给城市带来了勤劳谦和的文化气息。也因为中华文化的存在，相比于美国和加州其他地区，旧金山社会更加和谐，一直被倡导的自由风气正是和谐社会下的结果。

作为一座高房价、高物价的城市，旧金山的自由主义风气主要代表了中产和富裕阶层的意愿。因此，倡导为中低收入阶层建设低标准住宅的城市设计理念一直并不是主流声音，造成了如今的城市景象，如同芝加哥学派的社会分区理念描绘的：这样高雅优美的城市中心区风貌，孤立地集中在核心位置，将城市结构——中心区和周边地区、东北滨水区和南侧岸线、白人生活区同华人的唐人街和拉丁人的传教团区等划分得清清楚楚，对比鲜明。但旧金山人对于这样的，甚至带有"隔离"问题的城市格局却并不在意，也习以为常，冠之以"多元文化"的称谓，甚至以此为荣。菲尔莫尔区的街道上会多几个警察，除此之外，人们仍旧陶醉于爵士乐的节奏感中，同其他地区并无二致，甚至在艺术品位和时尚地位方面不逊于，乃至一度明显领先于旧金山中心区。类似的现象在卡斯特罗街区带有怀旧色彩的剧院和展览馆以及传教团湾区的现代壁画上也有所体现。虽然旧金山贫富差距极大，但社会整体和谐，追求和文化各异，它们汇集在一起，形成别具一格的城市魅力。

不同地区各自发展，彼此相安无事，这恰恰是旧金山的魅力。"你高贵，而我并不低贱"，两者互相欣赏，彼此包容，从而使得这里的人们虽不一定能得以同化，弥补自身的短处，但却一定能发挥自己的长处。旧金山的黑人创造的音乐艺术、华人支撑的硅谷电子信息业、白人投身的金融业等，体现出各个种族的长处，共同构成了城市最具活力的发展动力。

独立精神和时尚风气

今天，回头看 19 世纪中期旧金山那段充满艰辛的历史，城市远离东海岸的文化和经济中心，最近的大城市芝加哥居于几千千米之外，这使旧金山无从依靠和借鉴国家已有的城市特色，需要构建自身的独特品质。

正是旧金山这样的独立精神，使城市体现出一种一往无前的英雄主义气概，顽强自信地走到了时尚的最前沿。它们不依附任何大城市，也藐视城市中崎岖陡峭的用地[1]。它们来自不远万里追寻淘金梦的冒险家，并作为城市精神的一部分，一直被传承。在这些冒险家中间，能够淘到金矿的只是幸运儿，更多的人的生活依靠的则是这股勇气和无所畏惧的精神。旧金山建筑师保罗·波莱德里认为，在长期不靠外力、自力更生，战胜了崎岖的山地和孤立无援的发展窘境，获得了长久的发展后，旧金山这种勇气和无畏精神开始演变为一种“独立”精神。旧金山作为一处远离美国文化中心的区域，一直都知道自己的城市发展道路必定有别于其他城市，也必须拥有自己独立的发展愿景，坚定地“做自己”。在城市建设领域，这种独立精神突出反映在旧金山早期内聚式发展形态——拒绝大肆郊区化上，这同堪萨斯城、丹佛、盐湖城、洛杉矶和波特兰等几乎所有美国西部城市发展模式不同。旧金山直到 1928 年双峰隧道建成，才开始了日落区等地的郊区发展，比其他城市整整晚了 30 年。而且旧金山城市尺度并未随用地规模的增加而放大，仍然保持同其他西部城市相同的单中心形态，成为美国最独特的大城市。

独立精神下形成的别具一格的发展道路最终造就了新风气，引领了整个美国的时尚潮流。城市形态方面，最早的购物中心石镇购物中心、吉拉台里巧克力厂首创的适应性城市更新、索马区的工业建筑再利用等，都打造出最时尚的城市地段。

坚守传统范式基础上的创新精神

硅谷和高科技产业是今天的旧金山创新精神的证明。但这样的创新精神并非当今时代所独有，而是旧金山和湾区历来的文化特点。从旧金山城市创立之初，大量当代品牌和新事物诞生于这个同美国主流文化相隔遥远的孤立区域，如著名的创立于 1849 年掘金时代的萨克拉门托梅西百货，影响广泛的高科技公司苹果、惠普以及近年来的优步、推特等创新公司。

旧金山历史建筑和城区同时也能保留纯正的传统韵味，并被评价为“最具欧洲城市特点的美国城市”之一，拥有各类维多利亚式住宅以及带有弗吉尼亚风格的大学校园、制式格局的军营等等历史建筑类型。这里不论哪一栋传统建筑，无论功能、体量和形态，都能找到它们所归属的类型。史迪克风格住宅、西班牙传教团教堂、高炮旅的军营等，都遵守各自的形式规范，其形态特征纯正而经典。

但对待历史的严谨规范，并不妨碍旧金山未来发展的想象力。在保留严格的历史地标之外，创新做法被鼓励倡导。人们的深度交流使得建筑风格具有极大包容性，形态特征极具时尚感，更新迭代迅速。如从 2005 年以来，中心区高层建筑从玻璃体到精致化，再到表皮创新，已经经历了三个变化阶段，不断涌现的新型高层建筑形态令人目不暇接。

理性主义 / 公众精神，完美城市

阿瑟·马修斯的油画组画《城市》，悬挂在萨克拉门托加州议会大厦内，

图 388　阿瑟・马修斯绘制的《城市》

描绘了加州从过去到未来的发展。最后一张版面（图 388），用象征欧洲传统的高地和柱廊，展示了太平洋上的一座艺术和文化之城，这里复兴了古典传统，并以此超越现代商业和机器的缠绕羁绊。画家借此比喻旧金山日益成熟的保守主义的理想愿景，将人们心中未来的旧金山描绘为对西方文化圣地希腊罗马的再现，充满理性主义的图景，而理性主义一向作为整个加州从政府层面普遍认知传播的价值基础。

的确，在旧金山，欧洲特点的公众契约精神与生俱来，城市形态格局也强化了这一点。旧金山整个城市都处于双峰的俯瞰视野之下，任何不和谐的城市形态或不妥、冒进的城市建设，都会袒露在脚踏双峰高地的人们的视野之下。功过是非、好坏优劣任人评说，也无人胆敢公然挑衅公众认知。

我们姑且称之为旧金山的“双峰效应”。当然对于十分主观的“美”的话题，其中也必将充满争论。1864 年《旧金山之声》就谈到过这个城市精神，“旧金山的新奇市区令世界折服，而旧金山人的创造才能体现在一项专长上，那就是争论”，民主开放的公众精神在争论中得到发扬。

公众在旧金山城市历史上的重大事件中起到了至关重要的作用。在 1971 年旧金山城市设计规划出台后，旧金山市民出于对“曼哈顿化”的担忧，自发地进行了一次公民投票。1972 年的投票结果显示，43% 的参与者支持将城市中心区的建筑高度控制在 49 米以下，约 12 层，将中心区之外控制在 12 米以下。

旧金山公园体系的形态取向是城市公众精神的最好体现，在那些一根笔直的线划定的公园边界上散落的代表城市公众追求的医院、大学、教会、军营等，无不诉说着“公众利益高于个人利益”的价值取向。

在众多美国城市中，旧金山被认为最接近于欧洲城市，其中的原因也在于理性主义 / 公众精神对完美城市形态的追求，旧金山的城市形态正是这种城市精神引导下的必然结果。

城市形态和城市肌理的规划控制理念可概括为两种。一种是欧洲大陆地中海式，以意大利、法国、西班牙为代表，源于欧洲“视城市形态为完美无瑕的上帝杰作”的理性主义思想，对城市形态的每一细微之处都无比挑剔，形成了威尼斯和巴黎等完美的城市形态；另一种源于英国的“经验主义”思想，更关注人们站在城市主要广场街道上的景观控制，相应所形成的城市形态也显得支离破碎，缺少整体感。

美国传承了欧洲思想中的理想主义和经验主义，因此也自称为“实用主义”。各个城市的建设都基于欧洲不同的思想理念，纽约显然是英国经验主义思想的产物，城市形态缺少整体感但活力十足；旧金山则被认为是最具有欧洲特点的美国城市，其内在表现为鲜明的“理想主义”及其形成的公众精神。旧金山同时又追求所谓的“典型美国城市形态”的理想，基于有限规模的中心区以及郊区居住区的模式。活跃在其中的大量公众，为了这个理想主义城市奔波呐喊，或解囊资助，或贡献智慧。旧金山就是在这样的公众目光下，经年累月地持续建设成长，但却从不忘记最初的城市理想——有限规模和单中心，并形成了今天的完美城市。

精致婉约的“皇后”城市

旧金山独一无二的地理条件，给城市带来起伏蜿蜒的地形变化、秀丽多变的海湾岸线，相比于美国绝大多数西部城市所共有的大江大河的粗犷气质来说，旧金山显得如此小巧精致、温婉细腻。

将城市因“小尺度”而形容为具有女性“阴柔”气质可能并不恰当，但西方城市的形容词中有另一个适合的词语——“皇后”，皇后的皇冠总是献给最具有精致特点的城市。如 19 世纪的辛辛那提被冠以“西部皇后”[2]之称，来自德国的移民给辛辛那提带来的铁工业技术使城市遍布着精致的桥梁和高层建筑顶部装饰；旧金山在 20 世纪有了“太平洋皇后”的美誉，也是对城市中精致、人性化的小尺度等特色的赞美。旧金山的人们为保持城市尺度不断抗争，为控制城市体量制定大量规则，严格保留反映精致手工技术的历史工业建筑、湾区住区，对新建建筑的细部也精益求精。

细致精美给城市最直接的礼物，就是吸引了大量艺术人才和院校，并带来了高雅的城市品质。这样的细致精美更延伸到工艺和高科技、医疗等领域，遍布城市的每个行业和人们的价值喜好中。

追求精致的精神，影响了城市的方方面面。道路街道系统完整，建筑体量控制准确，每一棵行道树都经过精细修剪，规划法案文件也详细完备，甚至被认为过于繁复，只有极少律师才会在这张密不透风的法规体系中获得结果。

城市的这种精致感，在城市建设领域引发了诸多与众不同之处。如旧金山的建筑建造周期长，中心区平均每栋高层建筑的建造时间为 5 年左右，但建筑一旦建成，其拥有的生命力也更持久。城市的精致感也代表了城市建设思想的深度，诸多建设理念和城市设计做法一旦思考清楚，就产生了持久的生命力，1971 年旧金山城市设计规划历经 50 年不衰……

嬉皮士精神下游走在主流和反主流理念之间的旧金山建筑师

本地建筑师弗卢格在旧金山建筑师中绝对是“主流”，他设计了以反主流著称的同性恋社区卡斯特罗区的地标建筑卡斯特罗剧院，在卡斯特罗剧院上体现出旧金山建筑师游走于主流和非主流理念之间的突出能力。

在 100 多年来的旧金山城市建筑发展历史中，建筑师们熠熠生辉，他们从旧金山文化源泉中汲取养分，成为美国文化的一部分。可以说，旧金山是建筑师的盛会和美国重要的创新之泉。

称旧金山为“建筑师盛会”，是指旧金山的建筑师的确采取了一种“盛会”的方式，进行主流的社会交往生活。他们集会讨论、聚会交流，甚至结伴郊游和相约游泳等等。

“群体活动”正是旧金山嬉皮士文化的最突出特征。早期的弗卢格与艺术家们深入合作，1960 年代劳伦斯 · 哈普林夫妇的“海边盛会”传递了嬉皮士精神（图 389）。此后，查尔斯 · 摩尔又将这一嬉皮士精神带到耶鲁大学。他的教学倡导建筑师同业主合作，提倡崇尚自然、紧密结合环境的乌托邦精神。而历代旧金山建筑师共同追求的湾区住宅中使用装配式 DIY 制售，使用的自然木质材料等也是嬉皮士精神的体现。

图 389　1960 年代哈普林夫妇的“海边盛会”传递了嬉皮士精神

本章注释

1. 这段话引自文章《旧金山视野》（Visionary San Francisco）。
2. 西部皇后——辛辛那提：美国诗人亨利 · 华兹华斯 · 朗费罗称辛辛那提为“西部皇后城市（The Queen of the West）”。

第十四章　推动和影响旧金山城市形态的人和社会团体

旧金山优美的城市形态离不开背后杰出的人物以及颇具成效的社会团体。

在旧金山工作的建筑师和规划者不仅来自本地，更多地来自全美乃至国外，如查尔斯·摩尔、劳伦斯·哈普林、丹下健三等。规划局官员也并非凌驾于普通建筑师之上，而是与学者建筑师有密切的互动交往，他们多是学者型、专家型领导。如阿兰·雅各布斯离开规划局后去了加州大学伯克利分校，赫尔曼对艺术和精致的追求至今被旧金山的人们所铭记。

旧金山活跃着大量民间自发组织的城市规划学术团体，最具代表性的是旧金山规划和城市更新协会（SPUR）。这个1960年代由著名地产商布雷斯-泽勒巴赫、旧金山住房和规划协会联合组成的机构，一直是旧金山乃至整个湾区最有影响力的城市规划学术组织，今天已经在湾区三大中心城市旧金山、圣荷西和奥克兰设置办公室，支持了大量学术研究，并刊发了广受赞誉的杂志《都市人》。1970年代，该协会曾提出了一份影响深远的题为《高层集中发展对旧金山的影响》的报告，报告明确提出对高层建筑的高度加以控制的结论，从而直接影响了此后旧金山高层建筑的发展。

另一个城市学术组织海湾保卫者也提出了类似的结论，并认为实际上高层建筑在一个城市中给城市带来的公共服务负担，大于向市政当局缴纳税款，从而直接决定了旧金山市政府不再以招商引资为责任，转而对高层建筑的建设开始精雕细琢，开展严格的高度和功能控制。

旧金山历来支持艺术家团体活动，拥有规模庞大的私人艺术社团。早在1983年旧金山就有600多个非营利艺术组织。在旧金山艺术导则中明确了对艺术家及其组织的支持政策，以保证他们在城市中的基本生存。今天最常见的做法是鼓励历史建筑活化利用作为艺术家的工作室，为贫困的艺术家提供工作发展和创作的空间。而历史上还有更加著名的例子：1929年的经济危机造成艺术市场低迷，大量艺术家陷入了“吃不上饭”的困境。政府决定雇佣他们，以创作适合装饰公共建筑的作品。这一救济做法给旧金山留下了大量的公共艺术作品，最著名的是科伊特塔底层的建筑壁画，这面壁画从各个方面反映当时旧金山以及加州和美国的时代图景，成为城市文化的宝贵财富。

此外，各种社团组织也给旧金山城市形态演变带来深远影响。诸多社区委员会在历史风貌保护领域发挥了重要作用，著名的俄罗斯山社区抵制了1960年代末汹涌的高层建筑热潮，为保持旧金山城市格局特色产生深远影响。郊区多处经典高品质社区也出自居住在其中的建筑师、艺术家，及其主导的社区组织，如圣弗朗西斯伍德社区高雅古典的建设品位得益于许多住在这里的早期建筑界人士，包括威利斯·波尔克、伯纳德·梅贝克等。以他们为骨干的圣弗朗西斯家园协会，承担了维护和加强社区豪华景观和道路设施的监督职责。几十年来，另外两个社区组织，圣弗朗西斯伍德花园俱乐部和圣弗朗西斯伍德女子联盟则提供社交活动，并筹集资金来维护旧金山的“花园郊区”。

各类兄弟会等非专业群众组织，包括美国较普遍的共济会、秘密共济会、皮提亚斯骑士团和世界樵夫等组织为旧金山城市发展贡献良多。旧金山有美国最为广泛的兄弟会组织，这里的兄弟会组织为其成员提供了一种社区意识，对当地的文化更加了解专注，也在社会事务中贡献了更多的智慧。

民间团体并非仅限于群众活动，有时也会做出影响城市发展的重大举措，例如传教团区兄弟会推选出旧金山市长詹姆斯·桑尼·吉姆·罗尔夫，他在1911年当选为旧金山市长，此后一直在这个位置上任职到1930年。他的上任和超长任期都得益于他上任前对传教团区建设的承诺，及其背后众多工商阶层的支持。

第十五章 旧金山城市形态的“10 个密码”

最后本书通过综合概括旧金山城市形态研究内容，形成了“旧金山城市形态密码”，试图将旧金山城市形态中最具魅力、最值得推荐、最有思考价值的部分提取出来，供各位读者开展讨论。

10 个旧金山城市形态密码包括“一张实施 50 年的城市设计图和一贯如一的城市格局”“城市中的艺术和艺术化的城市”“要现代，也爱传统”“无处不在的地形”“公园广场和闹市的间隔出现”“斜向道路和扭曲网格的奥秘”“油画质感的多彩城市”“竖纹和横带”“时间因素”“铁打的地标和流水的房屋”。

一张实施 50 年的城市设计图和一贯如一的城市格局

从 1971 年旧金山城市设计规划，到 1984 年下城区规划，再到 2018 年旧金山城市设计导则，体现出旧金山当代城市设计的演变特征。从梳理整体愿景到局部深化控制，从依赖自上而下的精英智慧到更多地调动自下而上集体参与，由定性政策为主自由裁量到确定明了的定量控制，在上述转变过程中也体现出城市规划管理所需要的平衡，最典型的是即使以定性政策著称的城市设计要素中也开始出现定量指标，而以刚性定量控制为特点的区划中则大量增加了定性的政策。旧金山城市设计近 50 年的探索展现了鲜明的特色，尤其在以历史传统、自然禀赋和未来前景的深刻认识作为城市设计基础、以融入城市规划体系为构建综合规划控制手段、以各种规划实施措施作为长期规划控制保障这几个方面最具特点。

“永恒价值”贯穿在旧金山城市设计历程的始终。城市的自然、气候条件以及城市建设和景观长久以来的偏好，孕育了被旧金山城市各界共同接受的独特的美学标准。它们通过 1971 年旧金山城市设计规划传达给公众，并通过总体规划这一载体长期转述，“保持自然和城市一体的可居性，提倡小尺度和精细开发”等概念深入人心[1]，获得了城市“永恒价值”的地位，是城市规划长久以来的原则、政策。其内容令人信服，规划管理者以此约束开发建设行为，设计者据此说服投资商并保护自己对高水准设计的追求[2]。旧金山的各项城市设计工作所具有的作为“政策”的务虚属性，又决定了它更加灵活，讲求刚柔相济。如前文提到，城市设计倡导“集中的高密度中心区”，但从未有固定的城市轮廓线，而是更多地陈述几种做法的比较和优劣。具体的高度指标需要在区划和规划设计中获得，其中也能包容除了美学外的各种城市政治、经济和文化等因素，为城市设计实施过程提供一定的弹性。

城市设计很好地融入旧金山城市规划体系，对城市新开发项目起到了关键作用。保护的内容往往容易历久弥新，而新开发项目更加考验城市设计的持久生命力。旧金山新开发的审查依据是区划、城市设计要素（包括 20 个次区域规划）和设计导则，三种工作在内容和作用方面虽大相径庭，却能彼此呼应协调。旧金山规划体系多年来一直做到不断完善修正，尤其是不断拉长尺度层面，深究形态控制细节。新开发需要通过上述不同尺度层面和维度的规划技术反复校核，才能形成最终的城市形态控制定论。

城市中的艺术和艺术化的城市

城市中的艺术——旧金山重视艺术，为艺术家能在城市生活尽可能地创造条件，甚至努力救济、供养艺术家，使其能尽量留在城市中。1929 年的经济危机中，政府出资设置大量艺术创作职业，挽留住了大量艺术家，其中最具代表性的是今天留存在电报山科伊特塔底层的大量经典壁画（图 390）。此后的旧金山总体规划“艺术要素”内容提到了其中的原因：艺术家需求很小，他们的生存很容易得到满足。虽然没有提到深层理由，但旧金山发展中艺术的价值有目共睹，艺术家的创意，他们眼中深刻的洞察力，他们对生活的赞美和批判，会将人们的思绪拉入更深刻的层面。艺术家们哪怕潦倒一生，却能在灵光一闪之间，为城市带来难以估价的贡献，艺术家们流传于世的不朽作品，他们的闪光的瞬间是无价的。因此，城市对艺术家的扶持救济也必然是超值的，旧金山对艺术家的“慷慨”实际上如同这个城市成功的商业一样，透着十足的精明气质。

从旧金山 1918 年博览会开始，城市盛行美术潮流。此后旧金山市于 1932 年成立了旧金山艺术委员会，其目的是针对城市公共建筑艺术设计进行市镇设计审查。从那时起，尽管尚没有城市设计，但政府已经开始行使城市设计控制职能。此外，政府还承担了包括管理城市的艺术收藏、支持流行音乐系列音乐会、开展公共场所的艺术展和制订街头艺术家许可计划等同城市艺术相关的事务。

1980 年代，旧金山 149 号法案将美术要求写入法律，从而给城市带来了最牢固的艺术属性。法案规定，在“中心区商业用地（城市中心区范围），引入建筑师和艺术家认可的艺术作品”的原则。1986 年旧金山规划局依据 149 号法案，编制出台“艺术导引”，从“种类”“位置”“财政事务”“过程”四方面对 149 号法案的规定进行“解释和引导”。“艺术导引”对旧金山艺术品的种类、材质等进行了详细说明，也将通过建筑师设计或工业生产的物品排除出艺术品范畴之外。“艺术导引”强调艺术品的“永久放置”特征，充分保证艺术家最初的理念同建筑长久和终生共存，不可分割，且这一要求并不排斥“可

图 390　1929 年旧金山市政府资助画家维克托·阿尔瑙托夫的公共艺术作品《城市生活》（局部）

移动”的，如以悬挂方式设置的艺术品。

为落实 149 号法案中“最大可见性”原则，导则中提出了 10 条艺术品设置原则：（1）不影响公众视线和可达性；（2）保证公共安全；（3）区分室内和室外的使用模式；（4）考虑观众（行人、过往车辆中的乘客、大厦租户及雇员等）的需求；（5）与现状和规划的建筑学和自然特色紧密相关；（6）结合建筑主要功能特点；（7）结合临近地区的其他建筑特色；（8）丰富步行环境；（9）有助于艺术品所在区域的空间界定；（10）避免视觉杂乱。

同时，总体规划“艺术要素”中规定了很多十分具体明确的做法。如将退役的军事设施更新为艺术活动形式，包括将要塞公园军营和梅森堡改造为艺术家创意空间，猎人点船厂也在旧金山重建局的规划下采取类似做法。

“艺术要素”的制定增加了旧金山市公共艺术的机会，增强了城市的视觉美感，为市民提供了体验创造性表达和美的机会，为城市和社区提供了识别特色和关注点，并以旅游的形式带来了经济效益，为艺术家、艺术品制造商、发货人、供应商提供了就业机会等。

艺术化的城市——旧金山的艺术蕴含明显的多元文化，在旧金山城市艺术中反映了不同种族以及不同群体如残疾人、男女同性恋人、年轻人、老年人、富人和穷人的表达方式。正是这些不同文化表现形式的广泛性和相互作用产生了高质量艺术产品，使旧金山的艺术充满活力、实验性和挑战性，乃至于对传统艺术形式的颠覆性。

总体规划“艺术要素”中规定“当公共建筑被建造或翻新时，它们作为艺术化的建筑空间应该是首要需要考虑的因素”，包括对表演、现场 / 工作、展览、排练、会议、行政和教室空间的考虑。

“艺术要素”中认为，在新建筑中包含艺术家空间并不一定意味着增加费用，应引导人们通过改造和扩建，积极增加艺术活动场所。如通过简单地修改现有广场的平面布局，使其用作表演空间；再如在大堂区域设置画廊照明，使其成为展览空间。

要现代，也爱传统

旧金山热衷于现代文化是十分自然的，因为主要的城市建设始于 20 世纪，并无太多传统羁绊，但这并不影响旧金山对经典传统建筑和园林景观的偏爱。

在高层建筑方面，虽然旧金山市中心区内的现代主义风格高层建筑在天际线中占据了主导地位，但从数量上看，第二次世界大战前形成的大量艺术装饰派风格高层建筑占据绝对多数，且中心区内除高层建筑之外也尽是历史建筑。同时，现代建筑更多地位于各个街坊核心位置，而周边临街的高层建筑多为历史高层建筑。因此，现代主义风格和装饰艺术派风格两种建筑风格在旧金山中心区获得了平衡，现代主义体现了城市整体格局的尺度感，而装饰艺术派风格的细腻内容则为寻常更多的街景贡献了美感和宜人尺度。

在园林景观方面，旧金山既有活跃在当代景观建筑学最前沿的哈普林轮渡中心广场等现代景观，也有表现为意大利、法国等地中海欧洲风格的太平洋高地一连串公共空间。

“湾区住宅”可以说是现代和传统的结合。说它是现代建筑，其材料、尺度和细部的工艺又出自史迪克风格等传统式样；但说它是传统式样，又摆脱了以往任何一种住宅式样。一个“湾区住宅”的称谓很恰当地概括了其特征，源自旧金山当地的红杉木，被按照史迪克风格等当地木结构的工艺和尺度，在擅长古典样式住宅构件的现代工厂加工制作，并用在一栋湾区住宅中，将现代和传统融合在一起。

湾区住宅是旧金山设计文化的缩影。旧金山的城市文化培养了大量摇摆于传统和现代之间的知名建筑师，可以说这样的多元风格是整个旧金山建筑师们的群体追求。从20世纪初的伯纳德•梅贝克、威利斯•波尔克、考克斯•海德、茱莉亚・摩根，到1930—1950年代的沃特斯、伊谢里克、戴利，1960—1980年代的查尔斯•摩尔、特恩布尔、卡利斯特，再到活跃在今天湾区的丹•所罗门和科斯塔等，他们有共同的理念和形式追求，也从史迪克、安妮女王等维多利亚风格获得了比例和无尽的装饰素材以及旧金山湾区独特的社会审美和施工材料惯例等。汤默斯・弗卢格能设计维多利亚式豪宅，也能设计中心区的沙里宁风格现代摩天楼，还能设计西班牙巴洛克风格的卡斯特罗剧院。

旧金山极度多元的社会文化，建筑和住宅风格的多样化，业主需求的差异性，形成了旧金山建筑深入体现社会需求的经验及其富有创新感的崭新面貌，受到了美国当代建筑界的高度评价。查尔斯・摩尔在1967年被聘为耶鲁大学建筑学院院长，不仅是对他湾区住宅作品的肯定，更是对旧金山建筑师群体实践能力和社会需求洞察力的嘉奖。

无处不在的地形

旧金山的地形分隔区域和空间，并能针对不同地段赋予各不相同的功能——双峰的分隔使旧金山东西两侧截然不同：一边是热闹的城市和中心区，另一侧是宁静的郊区和家园。

对地形的尊重达到“无以复加”，也就成了旧金山的一大特色。网络评选出的“世界上最陡的道路”中，旧金山多条道路位居前列。旧金山中心区坡度超过30%的道路有10条，最陡的布拉德福德街的坡度达到41%，位于俄罗斯山和诺布山之间的琼斯街—联合街—菲尔波特街段的坡度也达到了29%（图391），20%以上的路段司空见惯。坡道使人们走在旧金山城市中会更加费力，增加了人们生活中的不便，消耗了人们的体力，但也获得了无与伦比的山地城市景观——身体是辛苦的，但人在画中游。

旧金山将体现地形的台地一直延伸到山顶，即使山顶公园也采取自然台

图391 琼斯街—联合街—菲尔波特街段的坡度达到了29%

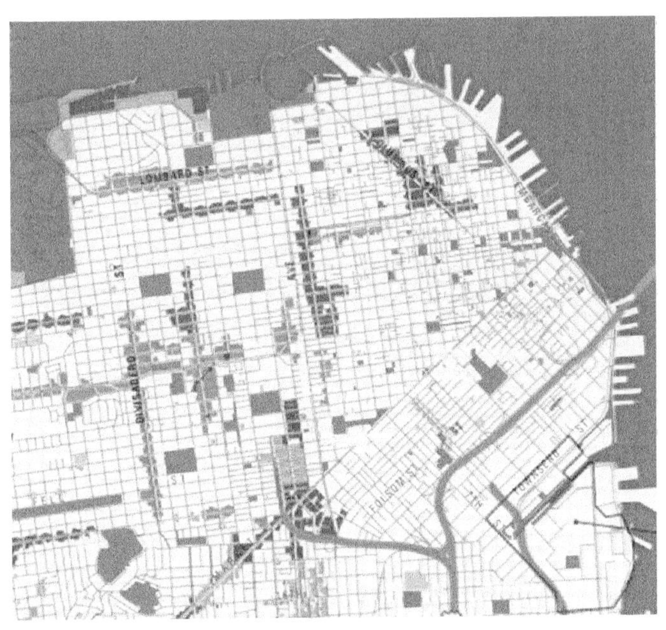

图 392　旧金山各级社区商业和公园广场间隔布置，深色为高层建筑，浅色为公共空间
图片来源：在旧金山规划局底图上自绘

地形态。如阿尔塔广场公园一直延伸到山顶的台地，将山地感受延续到了区域最高点。即使坡度再陡，也不轻易炸山开路，也因此，旧金山很少出现高耸的挡土墙，而是针对化整为零的台地，充分吸收了地中海台地的大量细腻做法。

公园广场和闹市的间隔出现

公园广场和闹市都是城市的必需功能，但如果处理不当，也会给人造成混乱和不适。

旧金山各级社区商业和公园广场间隔布置，两者相得益彰（图 392）。

前文已提到，旧金山中心区的空间结构是美国“萨凡纳模式”布局“原型”使然，其中市场街以北的中央高地表现最为显著。商业街主要是沿南北方向的哥伦布大道、泡克街、菲尔莫尔街、迪威萨德罗街以及东西方向的吉里街、伦巴第街，共同形成了“网络形态”的空间布局，而五处规模近似、形态一致的公园广场位居网格中央，分别是：山头高地的三个景观公园——阿尔塔广场公园、拉菲耶特公园、阿拉莫广场公园，以及低地平坦的两个球场——莫斯科尼球场和杰斐逊广场公园。

旧金山山地用地条件强化了公园和商业闹市的分隔，中央居住区的三处山头公园都是尊重地形的结果，哥伦布大道也是两侧电报山和俄罗斯山之间相对平坦的一条山谷道路。

这种有序的空间划分有适合的交通系统支持。旧金山中心区除市场街外的主要交通性道路多为南北走向，商业街均与南北方向的交通干道重合或相邻，如菲尔莫尔街、迪威萨德罗街兼具有商业和交通功能，而商业街泡克街与交通干道范尼斯大道相邻。因此，商业街不受公园阻断，能保持连续，直通北侧水滨。

东西方向干道则有所不同，其主要作用是串联起重要的公共设施，如医院、学校以及商业零售设施等。

斜向道路和扭曲网格的奥秘

旧金山网格街道系统中，通过一系列特殊形态道路，获得了不同的空间效果，最典型的是斜向道路和扭转网格。

斜向道路——市场街、哥伦布大道都是旧金山网格中独特的斜向道路。它们的存在使网格中有了高度识别性的空间，是天然的商业街。斜向道路与网格形成的路口，被旧金山人戏称为“(信报箱的)投信口——slot”，表示市场街和垂直道路构成的节点，是为进出银行、零售和剧场等不同功能的人们提供“出入口”，串联起了城市中所有不同的功能。

扭曲网格——扭曲网格，通过两套网格的斜向交叉，避免了垂直的“转折感”，获得了顺畅连续的“延伸感”，在有限的用地内，通过扭曲相交的道路空间获得更加开敞的空间体验。如从索马区的第四街一路向南，跨过传教团湾桥，进入新开发的传教团湾区后，道路向西南偏转了约30°，同时道路断面保持统一连续，人们行走其中很难察觉方向的转变，这一巧妙设计将传教团湾和索马区联结起来。旧金山的城市路网娴熟地运用这一手法，通过网格的微小的扭转，使旧金山有限的用地，在被河道山体分割得支离破碎的情况下，仍然保持了主要空间道路的连续感。我们将这样熟练应用扭转网格的手法，称之为“扭曲网格的奥秘”。

油画质感的多彩城市

旧金山绚丽多彩。每当晴朗天气下，夕阳时分，不论站在双峰高处，还是行驶于南侧高速公路上，抬眼望去，整个旧金山伯纳尔高地以南的山坡，如同一件油画质感般的城市“印象派”作品（图393）。

图393　油画质感的多彩城市

拉丁文化区和非洲人聚居区的人们天性热情奔放，他们将房屋刷成各不相同的鲜艳色彩，使得并不精美的房屋如同山坡上盛开的野花，不负旧金山“芳草地”的美名。

中心区也具有图画一般的多彩美感。建筑细部精美，不再是大片的色块，但又是另一种“画质风格”，可称之为旧金山油画质感城市中的“伦勃朗”风格。如最著名阿尔塔广场公园东侧的“彩绘女士”住宅，其细部变化之处都涂刷了对比色，刷在木质构件上的油漆甚至笔触都清晰可见，如同“立体的油画”一般。

在旧金山总体规划的“艺术要素”中，支持鼓励了这样的画境城市，鼓励艺术家参与城市基本建设和公共工程项目（政策 III–1.5）。该规划认为艺术家是创新者，以一种非传统的方式处理各种情况，并获得兼有创造性和经济性的成果，并认为公共工程设计中，艺术家是必不可少的一部分，标牌、街道家具、井盖和照明设备等都为艺术家贡献视觉创造提供机会。

竖纹和横带

旧金山传统上以网格街道形态为主导，不论地形如何陡峭，一套网格城市形态“以不变应万变”。街道在景观上形成通往山顶上的一根根垂直方向的“竖纹”，俄罗斯山、波托雷罗山、伯纳姆高地等中心区社区都是如此。

中城山庄社区开创了旧金山通过水平方向的布局形态，强调山体垂直变化的手法。1971 年旧金山城市设计规划将此总结为“山体上设置迂回曲折的街道，建筑与道路走向协调，众多‘横带’走向的建筑形态，如同绷带一般，将小山沿水平方向紧紧包裹起来，形成山体形态的对比”的城市设计原则（图 394）。

“竖纹”只有在旧金山中心区才会出现，是庄重规整城市形态的体现，而“横带”则是郊区和自由形态路网的体现，两种住宅布局形态的变化，造就了旧金山居住区丰富多彩的形态特色。

时间因素

旧金山优美城市形态的形成，还有“时间”的力量。城市保持了足够的耐心，保持长远的愿景，并花费了足够长的时间，一点点地将这个愿景坚定地实现。

1971 年旧金山城市设计规划确定了长达 20～30 年的实施过程，将城市设计中的各种理念和形态控制放在长时间里实施。

帕克默塞德住区的更新确定了 20～30 年的历程，既有一个思考过程，也让优秀但过时的城市形态逐渐老去，慢慢地迎来同样优秀的新住区的重生和出现。

图 394 竖纹和横带

高层建筑方面，赛尔斯弗斯大厦建成后，交通枢纽区考虑同这一制高点的协调，形成与其呼应的高点，但也同样限制了一个 10～20 年的时间进行研究。

在真实的旧金山城市发展实践中，制高点的出现间隔更长，从太平洋电话电报公司大厦到泛美金字塔，再到赛尔斯弗斯大厦，间隔都在 45～50 年。这样的长期控制，背后有最长远的眼光和最持久的耐心以及对城市形态和景观最坚定的信心。

铁打的地标和流水的房屋

市镇设计理念是美国传统城市设计思想，倡导在城市中突出公共建筑的形态，并将一系列公共建筑和地标构成完整的景观体系。旧金山市镇设计思想历史悠久，在 1930 年代设立了市镇设计委员会，此后又设立地标委员会，长期致力于打造完整的公共建筑景观体系。因此，一方面旧金山城市中的公共建筑具有很高的设计水准和景观价值，另一方面，一旦此类建筑建成后投入使用，将会是城市重要的地标，不会轻易变更。

一方面，在旧金山城市总体规划中，强调公共建筑的设计质量——“争取最高标准的公共建筑设计”。对此的解释是，公共建筑应该为城市的设计质量设定标准，这不仅是因为公共建筑对公民的重要性，而且因为如果公共设计平庸，那么在私人建筑中坚持好的设计的信心就会被动摇。

而另一方面，普通住宅建筑则在历经复杂变迁后会根据城市建设和发展定位的调整不断进行更新，不论是最早的城市中心区，还是近期的传教团湾和林孔山以及正在进行研究的猎人点都有如此表现。

当然，地标机制也预留了普通建筑向地标建筑转换的路径，更多旧金山住宅被考证出突出的文化价值，而相继被列入地标名录，从而给旧金山带来更为丰厚的建筑遗产。

本章注释

1. 由阿兰・雅各布斯和埃普雷德概括的旧金山城市设计特色：1971 年旧金山城市设计规划的核心人物，学者阿兰・雅各布斯和埃普雷德将好的城市设计特色概括为“如果没有可居性的高密度城市将会回到 19 世纪；而缺少小尺度和精细开发的公共场所也会给我们巨大、超尺度的城市”，作为一个城市的肌理，需要具有：（1）可居性的街道和邻里；（2）低密度；（3）各种活动的混合；（4）对公共空间的限定；（5）有复杂布置和形态的建筑和空间。
2. 旧金山城市设计师和建筑师在城市设计工作中的贡献：在 2018 年城市设计导则出台前，长达 5 年的编制工作中，旧金山的城市设计师和建筑师做了大量工作。旧金山规划局在文件听证会上介绍，旧金山的私人设计专业人士，建筑师、景观设计师和规划师，在这些城市设计争议中有着不同寻常的利益。通过他们的专业才能，他们能够看到潜在的设计问题，并观察公众对其的兴趣。然而同时，他们必须产生将被客户接受的建筑计划。他们批评“旧金山正在迅速地将其作为国家最美丽的城市的声誉抛诸脑后。这种趋势最终会使它变得不愉快，无论是居住还是观光”。专业的建筑师看到了公众和开发商业主在追求上的区别，也知道应该站在公众立场，但良心上和职业上的矛盾让他们感到两难，因此这些建筑师也是此次城市设计的最大支持者，他们为城市设计的出台贡献了智慧和专业知识。这些专业人士中的许多人很早就呼吁制定一个全市范围的城市设计规划，期望他们和他们的客户都能遵守。一个由这些专业人士组成的联合城市设计委员会在近 5 年的导则编制过程中展示了他们的热情，致力于改变不完善的城市设计决策的程序。

后 记

旧金山独一无二。在我国的世界地图中一直以来都保持了“圣弗朗西斯科（旧金山）”的双重称谓，这令我对大洋彼岸的这座城市充满想象。

我初次较深入地了解旧金山是在20多年前的研究生阶段，从当时台湾翻译的图书中，我接触了乔纳森•巴奈特等学者关于旧金山城市设计的诸多内容。由于生活在青岛，我感受到了青岛同旧金山有格外多的相似之处，因此，一直长时间关注旧金山，近年来又有了实地探访考察的机会。置身旧金山市中，多年前学生阶段的初始印象变为现实，感触也格外深，因此我萌发了将所到之处和所思所想记录下来的想法。今年是旧金山城市设计规划完成50周年，本书也算是对这一影响深远的城市设计的一个纪念。

当然，书中内容还很简略和感性，仅仅粗线条地勾画出旧金山整体城市形态的大致轮廓，包括城市发展的整体脉络和阶段、城市形态的整体分区和格局以及8个主要片区的过去、现在及其形态特点等。我希望本书能写出旧金山从整体到局部的地区特色，让人们了解旧金山的城市形态好在哪里，旧金山是通过怎样的城市设计获得优美的城市形态的……

相对而言，书中内容尚显宏观和粗略。因个人能力所限，不足之处敬请读者谅解。从我自己的角度来看，有关旧金山城市形态的细节、当代更新和未来发展等研究值得将来补充完善，对旧金山城市设计和区划法案等城市形态相关法规政策的解析也相对缺乏。尽管一直在做相关的研究，但由于资料过于繁杂，仅旧金山规划局网站和旧金山市图书馆可供查阅的规划成果就难以厘清，在访学的一年里我只进行了粗略的收集，也抱歉书中并无太多最新的内容。本书出版在即，进一步的工作通过论文等方式再续吧。

书中还有不少缺憾之处，最大的遗憾是回国后的写作计划因故调整——受2020年年初的疫情影响，取消了最后一次实地拍摄的计划，所以书中图片质量不足，且自己的实景照片数量有限。

最后，此次旧金山的研究工作得到了周围同事、朋友等人的无私帮助。尤其是在2018—2019年度以调查旧金山为主要目的的访学过程中，得到我的工作单位青岛理工大学诸多同事的帮助：从支持和外派我访学到获得了后续的科技处学术著作出版基金资助。感谢所有支持我的同事、朋友和学生们。感谢加州大学戴维斯分校和导师戴布·尼米尔教授，以及访学主管罗克珊·罗德里格斯女士，感谢他们为我在异国他乡的工作生活提供的各项帮助和安排。感谢东南大学出版社魏晓平老师的精心编辑和高质量专业工作。

英汉名词对译

A

A. 佩奇 • 布朗（A.Page Brown，19 世纪末建筑师）
阿古艾罗大道（Arguello Blvd）
阿康太平洋公司（Arcon-Pacific，房地产公司）
阿兰 • 雅各布斯（Allan Jacobs，前旧金山规划局局长）
阿兹特克元素（Aztec Element）
阿瑟 • 马修斯（Arthur Mathews，画家）
阿亚拉地图（Ayala M ap，最早的旧金山地图，以绘制者命名）
阿拉莫广场（Alamo Square）
阿斯伯里高地（Ashbury Heights）
阿特拉公寓（Arterra Apartment，位于传教团湾）
阿仕顿大道（Ashiton Ave）
安妮女王风格（Queen Anne Style，一种维多利亚住宅样式）
艾普尔亚德（Donald Sidney Appleyard，著名城市设计学者）
艾莉森 • 伊森伯格（Alison Isenberg，女作家，《设计中的旧金山（Designing San Francisco）》作者）
奥法雷尔街（O'Farrell Street）
奥琳达之家（Orinda House）
安札风景高地（Anza Vista Height）
阿尔塔广场公园（Alta Plaza Park）
奥林波斯山（Mount Olympus）
安东 • 拉维（Anton LaVey，宗教领袖，撒旦教会创始人）
阿勒格尼山（Mount Allegheny，美国东北部山脉，是传统美国东部和西部的分界）
阿曼德 • 维尔兰科特（Armand Vaillancourt，艺术家）
艾伦 • 特姆科（Allan Temko）
奥姆斯特德（Fredorick Law Olmsted，美国景观建筑师，被认为是景观建筑学的开创者）
奥拉弗尔 • 埃利亚松（Olafur Eliasson）
爱丽丝 • 格里菲思（Alice Griffith，猎人点用地的开发公司）

B

B. 科拉德 • 科恩（B. Colade Cohen）
巴拿马—太平洋博览会（Panama-Pacific Exposition）
巴拿马—加州博览会（Panama-California Exposition）
巴西特（Bassett，SOM 设计公司旧金山分部主要建筑师）
巴奈特（Barnett，当代城市设计学者）
巴尔博亚台地（Balboa Terrace）
鲍德温和豪威尔（Baldwin & Howell，房地产公司）
白人飞离（White Fly）
保罗 • 波莱德里（Paolo Polledri，旧金山建筑师）
“备选的”历史建筑（Potential Historic Resource）
本杰明建筑师事务所（Sternberg Benjamin Architects）
本 • 斯威格（Ben Swig，企业家）
比利羊山（Billy Goat Hill）

比尔·罗思（Bill Roth，购买吉拉台里巧克力厂的私人业主）
比利蒂斯的女儿（the Daughters of Bilitis，卡斯特罗区的女性同性恋组织）
波托雷罗山（Potrero Hill）
彼得·哈特劳布（Peter Hartlaub，《旧金山门报》记者）
布拉南街（Branan Street）
布雷斯—泽勒巴赫（Blyth-Zellerbach，著名房地产开发商）
步行化的码头区（Portwalk）
贝弗利·威利斯（Beverly Willis，旧金山女室内设计师）
贝肯公寓（Beacon Apartment）
贝里街（Berry Street）
博萨开发公司（Bosa Development Corporation）
博览会村（Exposition Village）
伯纳德·梅贝克（Bernard Maybeck）
标准建筑公司（Standard Building Company）

C
菜单式立面模式（Pattern-Book Facades）
查尔斯·摩尔（Charles Moore，建筑师）
彻驰（Church，建筑师）
次区域专题（Sub-Area）
重新区划（Rezoning）
城堡风格（Castle Style，别墅式样，多为法国风格）
切斯特·哈特曼（Chester Hartman，加州大学伯克利分校教授）
埃伯哈德·蔡德勒（Eberherd Zeidler，加拿大著名建筑师）
长体量板式建筑（Long Block Buildings）
传教团山谷（Mission Valley）
传教团区促进会（Mission Promotion Association）
传教团溪（Mission Creek）
传教团湾（Mission Bay）
传教团神奇一英里（Mission Miracle Mile）
传教团湾林荫大道（Mission Bay Boulevard）
传统的普韦布洛村落（Pueblo，印第安村落）
超神圣的赎罪教堂（Super Holy Atonement Church，卡斯特罗街区的教堂，允许同性恋者进入）
城市设计要素（Urban Design Element，城市设计作为旧金山总体规划中的一个要素）
城市格局（City Pattern）
城市美化运动（City Prettification Movement，美国20世纪初城市设计思潮）

D
大卫·博伊塞尔（David Boysel，剧院修复师）
大通中心（Chase Center，传教团湾篮球馆，现勇士队主场）
戴维森山（Mount Davidson，旧金山最高山体）
戴维森山庄园（Mount Davidson Manor）
戴维·贝克事务所（David Baker Architects，DBA）
丹·所罗门（Dan Solomon，旧金山建筑师）
丹尼尔·伯纳姆（Daniel Burnham）

丹下健三（Kenzo Tange，美国近代著名建筑师，1909 年芝加哥规划的设计者）
德 • 哈罗（de Haro，墨西哥时代政治家）
邓纳姆 • 卡里根和海德仓库（Dunham Carrigan & Hayden Warehouse，位于展示广场的建筑）
邓肯 • 麦克杜菲（Ducan McDuffie，地产开发商）
多罗丽传教团（Mission Doles，旧金山地区最早的西班牙传教团）
多帕奇高地（Dogpatch Heights，波托雷罗山向北的延续）
迪威萨德罗街（Divisadero Street）
地中海复兴风格（Mediterranean Renaissance，当代建筑和艺术风格）
迭戈 • 里维拉（Diego Rivera，墨西哥著名画家、壁画家）
电缆车（Cable Car）
镀金时代（Gilded Age，美国 1910 年后至大萧条的繁荣时期）
第一海事广场（The First Maritime Plaza）
地震棚户（Earthquake Shacks）
低收入者住宅密度奖励政策（AHBP）
东索马区（East Soma District）
《东北部滨水地区规划》（Northeastern Waterfront Plan）
多户家庭居住用地（Multi-Family Residential Land）
独立式（Detached）
杜波西（Duboce）
《都市人》杂志（Urbanist）
深冬博览会（Midwinter Exposition）

E
俄罗斯山（Russian Hill）
歌舞杂耍（Vaudeville）
厄内斯特 • J. 昆普（Ernest J. Kump，建筑师）

F
法国殖民地风格（French Colonial Style）
方山（Mesa，地貌类型）
方特神父（Father Font，建设多罗丽传教团的神父）
方特大道公寓（Font Boulevard Apartment）
反重建组织（WACO，Western Addition Community Organization）
泛海中心（Oceanwide Center）
范尼斯条例（Van Ness Role）
范尼斯大道（Van Ness Avenue）
菲尔莫尔区（Fillmore District）
菲尔莫尔中心（Filllmore Center）
分区法（Zoning）
弗里达 • 卡洛（Frida Kahlo，墨西哥女画家）
福尔索姆街（Folsom Street）
富兰克林 • 金堡（Franklin Kimball，菲尔莫尔区邻里绿地）

G
钢框架砖房（Steel-frame Brick，厂房类型）
盖勒特兄弟、卡尔和弗雷德（Gellert Brothers，Carl and Fred，标准建筑公司所有者）

哥特复兴（Gothic Renaissance，旧金山 19 世纪住宅风格）
格兰特街（Grant Street）
锅柄公园（Panhandle Park，位于金门公园东侧的长条形公园，同金门公园放在一起看像“煎锅”）
葛森•贝克（Gerson Bakar）
格雷罗街（Guerrero Street）
工业地区设计导引（Industrial Area Design Guidelines，旧金山规划文件）
工业保护区（IPZs，Industry Protection Zones）
高度限制（Height Limit，旧金山城市设计指标）
高速公路起义（Highway Revolution，1989 年后开始的拆除高速公路的行动）
瓜达卢佩—伊达尔戈条约（Treaty of Guadalupe-Hidalgo，1840 年的加州并入美国的文件）
瓜达卢普溪（Guadalupe Creek，临近圣何赛）
孤山的迪威萨德罗（Divisadero，Lone Mountain，早期旧金山南侧边界）
格雷迪•克莱（Grady Clay，城市设计评论家）
古铁雷洛广场（Guerrero Park）
购物中心集团的百货店（Emporium of the Mall Group）
公寓综合体（Condominium Complex）
公共信托（Public Trust）
共济会（Masons，兄弟会名称）
共享绿地（Green Room，猎人点设计理念）
共享水面（Water Room，猎人点设计理念）

H
哈维•米尔克（Harvey Milk，前旧金山市长）
哈特福德大厦（Hartford Building）
汉密尔顿广场公园（Hamilton Plaza Park）
海滨大牧场（Sea Ranch Condominium Complex，查尔斯•康尔设计的湾区住宅）
海特—阿斯伯里（Haight-Ashbury）
海边崖地社区（Sea Cliff）
海特曼（Heitman，大型地产公司）
荷西•华金•莫拉伽（Jose Joaquin Moraga，早期西班牙多罗丽传教团军官，海军中尉）
赫伯•凯恩（Herb Caen，作家）
亨利•多尔格（Henry Doelger）
黑豹党（Black Panther Party）
亨利•赖特（Henry Wright，规划师）
湖滨居住区（Lakeside）
何塞•卡斯特罗（Jose Castro，早期农场主）
何塞•德耶苏•诺伊（Jose de Jesus Noe，早期农场主）
环湾公园塔（Park Tower at Transbay）
黑人驱逐（Black Eviction）
侯世达（Hofstadter，生于旧金山的当代科学家）
花的力量（Flower Power，1960 年代旧金山嬉皮士运动口号）
红石山社区（Red Rock）
画境式景观（Picturesque Ladnscape，近代英国流行的设计理念）
“花园住区”（Residence Parks，旧金山当代城市居住理念）
霍恩角（Cape Horn）

黑尔兄弟（Hale Brothers）
皇室塔（Royal Towers）
胡安•巴蒂斯塔•德•安札（Juan Bautista de Anza，从图森派驻旧金山的军官）
胡安•巴蒂斯塔圆环（Juan Bautista Circle，帕克默塞德住区的中心圆形绿地，以首任军事长官命名）
胡安•曼努尔•德•阿亚拉（Juan Manuel de Ayala，早期西班牙多罗丽传教团军官，绘制了最早的旧金山地图）
环境影响报告送审稿（DEIR，Draft Environment Impa Report，由加州环境署提供）

J
金门中（Golden Gateway）
金门村（Golden Gate Village）
金银岛（Treasure Island，旧金山湾核心位置的岛屿，曾举办博览会）
金州勇士队（Golden State Warriors）
简•华纳（Jane Warner，在卡斯特罗区一带工作超过 30 年的巡警）
简•华纳广场（Jane Warner Plaza，卡斯特罗街和市场街路口广场）
加州历史资源登记册（Historical Resorse in California）
加州大学劳伦尔高地校区（UCSF Laurel Heights Campus）
加文•纽索姆（Gavin Newsom，前旧金山市长）
《加州环境质量法案》（CEQA）
加州艺术学院（CCA）
加州再生医学研究所（California Institute for Regenerative Medicine）
教堂山（Cathedral Hill）
交通中心地区（Transit Center District）
建筑学导引（Architectural Guideline）
贾里德•布鲁门菲尔德（Jared Blumenfeld，旧金山市环境部主任）
贾斯帕•奥法雷尔（Jaspar O’Farrell，早期旧金山市官员）
街坊内部通道（Mid-Block Break，简称 MBB，猎人点设计理念）
街道墙（Street Wall，猎人点等地段的城市设计理念）
杰拉德•麦丘（Gerald McCue，景观建筑师）
杰斐逊飞艇（Jefferson Airplane，旧金山代表性乐队，起源于菲尔莫尔街）
杰克逊广场（Jackson Square，最早的家具和室内设计区）
捷德（Jerde，美国商业建筑知名设计公司）
《旧金山纪实报》（San Francisco Chronicle）
《旧金山抵制报》（San Francisco Curbed）
旧金山重建局（San Francisco Redevelopment Agency）
旧金山城市提升和装饰协会（Association for the Improvement and Adornment of San Francisco）
旧金山艺术委员会（San Francisco Art Council）
《旧金山公报》（San Francisco Gazette）
旧金山规划局（Department of City Planning，San Francisco）
旧金山金融中心区（San Francisco Financial District）
旧金山城市总体规划（San Francisco General plan）
旧金山市立大学（City College of San Francisco）
《旧金山金门报》（SF GATE）
旧金山住房规划（HOME-SF）
旧金山文化遗产组织（San Francisco Heritage）

《旧金山新闻报》(San Francisco News)
旧金山港务局 (San Francisco Port Authority)
旧金山社会规划 (HopeSF Program)
旧金山都市圈交通委员会 (SFMTA，San Francisco Municipal Transportion Agency)
旧金山再开发机构 (SF Redevelopment Agency，RDA)
旧金山住房委员会 (San Francisco Housing Authority，SFHA)
旧金山规划和城市更新协会 (SPUR，旧金山湾区最知名的城市研究组织，非营利机构)
旧金山海豹突击队棒球队 (San Francisco Seals)
旧金山州立大学 (San Francisco State University)
酒馆公会 (Tavern Guild，卡斯特罗区最早的同性恋组织)
简 • 雅各布斯 (Jan Jacobs，城市批评家)
吉拉台里巧克力厂 (Ghirardelli Chocolate Factory)
吉拉台里广场 (Ghirardelli Square)
吉拉尔达大厦 (Giralda Tower)
区划奖励做法 (Bonus)
简易别墅 (Bungalow，单层独立式平房，旧金山郊区低标准住宅)
居住商业混合用地 (Residential Commercial RC，旧金山区划中的创新用地类型)
剧场广场 (Showplace Square)

K
卡斯特罗街 (Castro Street)
卡尔 • 科尔图姆 (Karl Kortum，旧金山海事博物馆馆长)
卡尔 • 亨利 (Carl Henry)
卡梅尔合伙人地产公司 (Carmel Partners Keal Estate Agency，创建于加州卡梅尔海滨的大型地产公司)
科尔尼街 (Kearny Street)
科雷街 (Clay Street)
科伊特塔 (Coit Tower)
科罗纳高地 (Corona Heights)
克理斯场公园 (Crissy Field Park)
克雷 (Clay，吉拉台里巧克力厂业主)
克里斯托弗 • 理查德 (Christopher Richard，早期地图绘图人)
克雷 • 琼斯公寓 (Clay Jones Apartment)
克莱顿大道 (Clarendon Ave)
克劳斯 • 布克斯 (Cloyce Box，地产商)
康斯托克公寓 (Comstock Apartment)
考霍洛 (Cow Hollow)
凯文 • 林奇 (Kevin Lynch，城市设计学家)
开源文化 (Open Source Culture，作家迈克尔 • 斯多波对旧金山文化的描述)
肯尼思 • 哈尔彭 (Kenneth Halpen，城市设计学者)
恺撒 • E. 查韦斯公园 (César E. Chávez Park，位于伯克利的滨水公园)
恺撒医疗集团 (Kaiser Permanente，美国最大医疗集团之一，以整合保险和医疗的模式著称)
克拉伦斯 • 斯坦 (Clarence Stein，规划师)
克里斯普街 (Crisp Street，猎人点道路)
垮掉的一代 (Beat Generation)
枯萎病 (Blight，美国城市更新政策名词)

L

拉金街（Larkin Street）
拉尔夫·斯塔克波尔（Ralph Stackpole，画家，壁画《加利福尼亚工业》作者）
拉米拉达公寓（La Mirada Apartment）
拉贡纳农场（Rancho Laguna de la Merced）
蜡烛台点（Candle Points，旧金山南部滨水岬角）
蜡烛台点加州州立休闲区（Candlestick Point State Recreation Area）
莱尔纳德·舒尔茨（Leonard Schultze，建筑师）
莱昂纳·赫尔姆斯利（Leona Helmsley，地产商）
莱纳地产公司（Lennar Corp，美国最大的地产公司之一）
劳伦斯·哈普林（Lawrence Halprin，著名景观建筑师）
朗力地图（Langley Map）
老海军（Old Navy，服装品牌）
老菲尔莫尔区（Old Fillmore）
“老雷克”球场（“Old Rec”，传教团区的棒球队主场）
勒·柯布西耶（Le Corbusier，现代主义建筑大师，瑞士人）
里奇蒙德区（Richmond District）
里格（League，墨西哥旧制长度单位）
雷蒙德—金贝尔操场（Raymond-Kimbell Playground，菲尔莫尔区公共空间）
李孟贤（Edwin M. Lee，旧金山前华人市长，城市更新倡导者）
联排房屋（Town House，源于英国的住宅类型）
联合广场（Union Square）
联邦住房管理局（FHA，Federal Housing Administration）
联邦铸币厂（U.S. Mint-San Francisco）
联合街（Union Street）
林孔山（Rincon Hill）
林孔点—南滩区（Rincon Point-South Beach）
利克里德（J.C.R.Licklider，麻省理工学院著名心理学教授，对城市意象概念的提出有贡献）
鲁斯大厦（Russ Building）
露丝·加菲（Ruth Jaffe，景观设计师）
轮渡中心（Embarcadero Center）
罗伯特·安申（Robert Anshen，建筑师）
罗伯特·E. 亨特（Robert E. Hunter，早期地产商，猎人点的建设者）
路易斯·康（Louis Kohn，美国著名建筑师）
伦巴第社区（Lombardia Community）
伦巴迪亚（Lombardia，位于俄罗斯山的争议开发项目）
绿山塔（Green Hill Tower）
里昂街大楼梯（Lyon Street Steps）
里德增建住区（Ladd’s Addition）
里克·韦尔茨（Rick Welts，勇士总裁）
罗密欧平层（Romeo Flats，20 世纪初的公寓类型）
林肯滨海高速公路（Coast-to-Coast Lincoln Highway）
猎人点（Hunters Points）
猎人点船厂（Hunters Points Shipyard）
邻里商业区（NCDs，旧金山区划中的创新用地类型）

雷德伯恩模式（Radburn Model，美国 20 世纪初最早的“人车分行”住区模式）
路外自行车道（Off-Street Bicycle Route）
隆马普利艾塔地震（Loma Prieta，1989 年的旧金山大地震）
陆润卿（Look Tin Eli，早期华人领袖）
轮渡中心项目（Embarcadero Center）

M
马丁 • 雷斯特（Martin Rist，建筑师）
马克 • 丹尼尔斯（Mark Daniels，规划师）
马德龙公寓（Madrone Apartment，传教团湾高层公寓）
马塔钦协会（Mattachine Society，卡斯特罗区最早的同性恋组织）
马里奥 • 齐安皮（Mario Ciampi，建筑师）
曼哈顿化（Manhattanized）
美国土地委员会（the U.S. Land Commission）
美国钢铁展览会（U.S. Steel’s Exhibit）
美国住房法案（National Housing Act，1934 年出台的住房法令）
美国建筑师协会（AIA）
美国历史保护建筑（Historic American Building Survey）
美国住房和家庭金融局（Housing and Home Finance Agency）
美洲塔（American Tower Corporation）
美洲银行中心（Bank of America Center）
美森堡（Fort Mason）
美景塔套房旅馆（View Tower Suites）
迈克尔 • 科贝特（Michael Corbett，建筑历史学家）
毛德 • 弗劳德（Maud Flood）
猫头鹰出版社（Owl Publishing House，台湾著名文化书籍出版社）
梅尔 • 诺维科夫（Mel Novikov，旧金山影院运营商）
蒙哥马利广场（Montgomery Square）
蒙特雷高地（Monterey Height）
蒙塔拉山（Montara Mountain，旧金山半岛西侧的高山）
门户大道（Portal Ave）
穆瑟设计公司（Mooser Firm）
摩尔人复兴风格（Moorish Renaissance，20 世纪初旧金山建筑和装饰风格）
秘密共济会（Odd Fellows）
米拉隆玛（Miraloma）
米拉马尔大道（Miramar Ave）
米泽姆设计公司（Mithun Design Company）

N
N 线地铁尤达赫段（N Judah）
南太平洋铁路公司（South Pacific Railway Company）
南滩区（South Beach）
南公园（South Park）
内克塔治疗（Nektar Therapeutics，设在传教团湾的顶级医疗集团）
农场村（Ranche Village）
纽维尔 • 默多彻（Newell Murdoch，地产开发商）

诺布山（Nob Hill）
诺布山塔（Nob Hill Tower）
诺布山公寓（Nob Hill Condominiums）
诺伊谷（Noe Valley）
诺曼 • 贝尔 • 格迪斯（Norman Bel Geddes，舞台布景和展览界大师）
诺德斯特龙（Nordstrom，美国高档百货商店）

P
帕克默塞德（Parkmerced，大型居住社区）
帕纳索高地（Parnassus Height，加州大学旧金山分校所在地）
帕克切斯特（Parkchester，纽约早期社会住区）
帕克拉布雷亚（Park La Brea，洛杉矶早期社会住区）
帕克费尔法斯特（Parkfairfax，弗吉尼亚早期社会住区 ）
帕尔曼诺伐（Parma Nuevo，意大利理想城市）
排除法案（Exclusion Acts，19 世纪旧金山针对禁止华人移民的法案）
泡特拉干道（Portola Dr）
佩德罗 • 法格斯（Pedro Fargos，1772 年西班牙探险队的领队，中尉）
隔离区条例（Ghetto Ordinance，原为犹太人区条例，19 世纪曾引入旧金山唐人街）
贫民窟清除（Slum Clearance）
皮提亚斯骑士团（Knights of Pythias，兄弟会名称）

Q
汽船点（Steamboat Point）
切斯利 • 博纳斯特尔（Chesley Bonestell，画家）
切斯特 • 哈特曼（Chester Hartman，加州大学伯克利分校城市规划系教授）
丘里格拉风格（Churrigueresque，或译为西班牙墨西哥巴洛克风格）
乔 • 莫拉（Jo Mola，艺术家）
千禧塔（Millenium Tower）
乔治 • 理查德 • 莫斯科内（George Richard Moscone，1929—1978，1976 年开始任旧金山市市长，支持同性恋运动，1978 年遇刺身亡）
轻盈构建（Etherial Component）
区划图则（Zoning Map）
前街（Front Street，旧金山中心区道路）

R
日本街（Japan Street）
日落区（Sunset District）
瑞德里克 • 纽曼家具店（Redlick Newman Furniture Store）

S
萨克拉门托三角洲（Delta Sacramento）
赛尔斯弗斯大厦（Salesforce Tower）
三地连通大桥（Triborough Bridge，纽约桥梁）
市场街南（South of Market Street）
市场街中段（Mid-Market）
优先规划项目（Priority Planning Project，市场街和奥克提亚枢纽地区规划做法）

森林土丘（Forest Knolls）
森林高地（Forest Height）
桑索姆街—巴特利街走廊地带（Sansome-Battery Corridor）
山庄（Terrace，住区类型）
设计导则（Guideline，作为旧金山设计审查的依据之一）
社区规章（Covenant，住区的“契约”）
圣华金河口（Estuary San Joaquin）
圣名耶稣教堂（Holy Name of Jesus Church）
圣弗朗西斯伍德（St. Francis Wood）
圣塔克拉拉（Santa Clara）
圣米盖尔农场（Rancho San Miguel）
圣米盖尔山（San Miguel Hill）
圣华金堡垒（San Joaquin Fort）
胜利高速公路（Victory Highway）
石镇购物中心（Stonestown Galleria）
史迪克风格（Stick Style）
世界樵夫（Woodmen of the World，兄弟会名称）
双峰（Twin Peaks）
斯特恩树林公园（Stern Grove）
斯通斯兄弟（Stones）
斯都·拉森（Stu Larsen，歌手）
斯特拉管理和岩点集团（Stellar Management and Rockpoint Group）
斯坦福·魏斯（Sanford Weiss）
斯洛特林荫大道（Sloat Boulevard）
撒旦教会（Church of Satan）
萨莉·B. 伍德布里奇（Sally B.Woodbridge，旧金山作家、建筑历史评论家）
萨特（Sutter）
苏特罗高地（Sutro Height）
苏特罗塔（Sutro Tower）
苏特罗山（Mount Sutro）
索马区（SoMa）

T

T 线地铁第三街段（T Third Street）
塔荷马街（Tehama Street）
太平洋高地（Pacific Heights）
唐人街（Chinatown）
唐·E. 波克豪德（Don E. Burkholder，建筑师）
汤默斯·弗卢格（Timothy Pflueger，旧金山著名建筑师）
汤森德街（Townsend Street）
坦布勒网站（temblor. net，旧金山新闻网站）
特拉梅尔·克罗（Trammell Crow，开发商）
特里·弗朗索瓦街（Terry Francois Street）
体验化的城市形态（Perceptual Form of the City）
图森（Tusen，亚利桑那州城市，早期西班牙殖民中心之一）
托比·哈里曼（Toby Harriman，旧金山摄影师）

托德·拉品（Todd Lappin，旧金山摄影师）
体量控制（Bulk Control）
同性恋雅皮士（Guppies，高收入者同性恋）

W
瓦莱霍线（Vallejo Line，旧金山城市边界）
湾景区（Bayview）
温德尔·吉布森建筑师事务所（Winder Gibson Architects）
维欧盖（Jean Jacques Vioget，瑞典船长，地图测绘者）
维克托·阿尔瑙托夫（Victor Arnutov，画家，壁画《城市生活》作者）
维多利亚风格（Victorian Style，19 世纪住宅风格的总称）
威利斯·波尔克（Willis Polk，旧金山著名建筑师）
威廉·格拉德斯通·麦钱特（William Gladstone Merchant，建筑师）
威廉姆·J. 鲁特中心（William J. Rutter Center，传教团湾区加州大学旧金山分校核心建筑）
沃利策古董管风琴（Wurlitzer Antique Organ）

X
西科恩研究所（Siccone Institute）
西门社区（West Portal）
西木公园（Westwood Park）
西木高地（Westwood Highland）
西班牙殖民地新成员（Neophytes，指西班牙传教团吸纳的旧金山当地印第安人）
西班牙殖民复兴风格（Spanish Colonial Renaissance）
西夫韦购物中心（Safeway Shopping Center，遍布美国的连锁超市）
西增区（Western Addition）
西部邻里项目专题网站（The Western Neighborhoods Project, http://outsidelands.org）
嬉皮士（Hippie）
熊旗反叛（Bear Flag Revolt）
小高层凸起建筑（Air Plane，当代旧金山城市设计手法）
小沙里宁（伊利尔·沙里宁，Eliel Saarinen）
新波托雷罗牧场（Potrero Nuevo）
信息革命（Dotcom Boom）
下城区（Downtown）
谢尔曼·科里（Sherman Clay）
谢伍德林地（Sherwood Forest）
沃尔特·道文·蒂格（Walter Dorwin Teague，旧金山建筑师，代表早期现代主义风格）
乡村俱乐部（Country Club，堪萨斯城的著名郊区地产项目）
悬崖商店（Cliff’ s Variety，DIY 方式的小型房屋修缮用品商店）
休森湾（Suisan Bay，位于旧金山湾北侧，圣华金三角洲）

Y
雅马萨奇（Yamasaki，美国著名日裔建筑师，典雅主义代表）
亚当·布瑞克罗（Adam Brinklow，记者）
要塞信托基金会（Credit Presidio Trust）
要塞公园（Presidio Park）
耶尔巴布埃纳（Yarba Buena，西班牙殖民者对旧金山的称谓）

约翰 • M. 彭奈特（John M. Punnett，工程师）
约翰 • 菲尔德（John Field，建筑师）
约翰 • 彭特（John Putter，加拿大城市学者）
约翰 • 帕曼（John Parman，当代旧金山城市学者）
约翰 • 波特曼（John Portman，亚特兰大建筑师，酒店设计专家）
约翰 • 波利斯（John Bolles，建筑师）
约翰 • 格伦 • 霍华德（John Galen Howard，建筑师）
约翰 • 卡尔 • 沃尼克（John Carl Warnecke，规划师）
约瑟夫 • 埃彻勒（Joseph Eichler，开发商）
印第安耶拉姆人（Yelamu，欧洲人抵达前的旧金山原住民）
印第安土坯房屋（Adobe）
艺术装饰建筑——艺术和设计大厦（IS Fine Art and Design）
伊文 • 罗斯（Evan Rose，前旧金山规划局官员，学者）
伊万 • 特韦林和安格拉 • 达娜杰娃（Ivan Tzvetin & Angela Danadjieva，两位保加利亚裔法国设计师）
伊斯特莱克风格（Eastlake Style）
隐含立面（Implied Facade，猎人点设计理念）
英格勒赛德（Ingleside，戴维森山南麓住区名称）
游艇区（Marina District）
永恒品质（Timeless Qualities，旧金山城市设计的核心理念）
渔夫街（Fisher Street）

Z
展示广场（Showplace Square）
展示广场三角地（Showplace Triangle）
州密度奖金豁免（State Density Bonus）
詹姆斯 • 费兰（James Phelan，前旧金山市市长）
詹姆斯 • 麦卡锡（James McCarthy，前旧金山城市规划总监）
詹姆斯 • 桑尼 • 吉姆 • 罗尔夫（James Sunny Jim Rolph，从传教团区走出的市长）
詹姆斯 • K. 勒夫森（James K. Levorsen，建筑师）
芝加哥商品市场（Western Merchandise Mart）
中国盆地（China Basin，旧金山滨水区，传教团湾北侧，现棒球场位置）
中城台地（Midtown Terrace）
中低层高高度（Long Blocks）
中央滨水区（Central Waterfront）
逐案修改区划的遗憾传统（Sorry Tradition of Case-by-case Rezoning，旧金山公众对城市区划频繁变更的嘲讽）
朱莉 • 马斯特林（Julie Mastrine，城市更新的反对者）
茱莉亚 • 摩根（Julia Morgan，建筑师）
住房和住房金融局（Housing and Home Finance Agency）
重型木材（Heavy Timber，厂房建筑类型）
转换区（NCTDs，旧金山区划创新的用地类型，指城市更新过程中用地性质变化的地区）
钻石高地（Diamond Height）
装饰艺术派（Art Deco）

参考文献

专著类

[1] UNGARETT L. Image of America: San Francisco's Sunset District[M]. Charleston S C: Arcadia Publishing，2004.

[2] HOOPER. Image of America: San Francisco's Mission District[M]. Charleston S C: Arcadia Publishing，2006.

[3] SMITH. Image of America: San Francisco's Glen Park and Diamond Heights [M]. Charleston S C: Arcadia Publishing，2007.

[4] OAKLEY. Image of America: San Francisco's Twin Peaks[M]. Charleston S C: Arcadia Publishing，2013.

[5] BRANDI. Image of America: San Francisco's west portal neighborhoods[M]. Charleston S C: Arcadia Publishing，2005.

[6] PROCTOR. Image of America: San Francisco's west of Twin Peaks[M]. Charleston S C: Arcadia Publishing，2006.

[7] O'BRIEN. Image of America: San Francisco's Pacific Heights and Presidio Heights [M]. Charleston S C: Arcadia Publishing，2008.

[8] OAKS. Image of America: San Francisco's Fillmore District[M]. Charleston S C: Arcadia Publishing，2005.

[9] BERNAL HISTORY PROJECT. Image of America: San Francisco's Bernal Heights[M]. Charleston S C: Arcadia Publishing，2007.

[10] LIPSKY. Image of America: San Francisco's Marina District[M]. Charleston S C: Arcadia Publishing，2004.

[11] SOUTH SAN FRANCISCO HISTORICAL SOCIETY. Image of America: south San Francisco [M]. Charleston S C: Arcadia Publishing，2004.

[12] DE JIM. Image of America: San Francisco's Castro[M]. Charleston S C: Arcadia Publishing，2003.

[13] ISENBERG. Designing San Francisco: art，land，and urban renewal in the city by the bay[M]. Princeton and Oxford: Princeton University Press，2017.

[14] PUNTER. Design guidelines in American cities: a review of design policies and guidance in five west coast cities [M]. [S. l.]: Liverpool University Press，1999.

[15] CAMERON. Above San Francisco: 50 years of aerial photography[M]. New York: Cameron+Company，2019.

[16] CAMPANELLA. Cities from the sky: an aerial portrait of America[M]. New York: Princeton Architectural Press，2001.

[17] SCOTT. The San Francisco Bay Area: a metropolis in perspective[M]. London: University of California Press，1985.

[18] FELLMANN. Human geography: landscapes of human activities[M]. New York: McGraw-Hill，2010.

[19] 哈尔彭 . 美国九个城市中心区的规划设计 [M]. 上海：上海市城市规划设计院科研情报室译并印制，1982.

[20] 巴奈特 . 都市设计概论 [M]. 2 版 . 台北：中国台湾创兴出版社有限公司，1989.

[21] 陈颖青 . 世界深度旅游：旧金山 [M]. 台北：猫头鹰出版社，1995.

[22] 博塞尔曼 . 城镇转型：解析城市设计与形态演替 [M]. 北京：中国建筑工业出版社，

2015.
[23] 斯多波，奥斯曼，凯梅尼，等 . 城市经济的崛起与衰落：来自旧金山和洛杉矶的经验教训 [M]. 南京：江苏凤凰教育出版社，2010.
[24] 彭特 . 美国城市设计指南：西海岸五城市的设计政策指引 [M]. 北京：中国建筑工业出版社，2006.
[25] 所罗门 . 全球城市的忧郁 [M]. 王今琪，李琳，唐晓虎，译 . 武汉：华中科技大学出版社，2015.
[26] 蒋彝 . 旧金山画记 [M]. 焦晓菊，译 . 上海：上海人民出版社，2019.

政府文件

[27] San Francisco Department of City Planning. The urban design plan for the comprehensive plan of San Francisco [R].1971.
[28] San Francisco Department of City Planning. San Francisco general plan [R]. 2019.
[29] San Francisco Department of City Planning. (Interim Control) Amendments to the city planning code to implement the downtown plan: as adopted by the city planning commission[R].1984.
[30] San Francisco Department of City Planning. Transit center district plan: a sub-area plan of the downtown plan[R]. 2012.
[31]San Francisco Department of City Planning. Draft environment impact report for the proposed amendments to the text of the city planning code and to the zoning map relating to residential districts and development [R]. 1977.
[32] San Francisco Department of City Planning. San Francisco comprehensive zoning ordinance [R]. 1954.
[33] San Francisco Department of City Planning. Final Report: San Francisco Downtown Zoning Study C-3 and Adjacent Districts [R]. 1966.
[34] San Francisco (Calif.) . Neighborhood commercial conservation and development[R]. 1979.
[35] San Francisco Department of City Planning. Neighborhood commercial rezoning draft Environmental impact report[R]. 1986.
[36] San Francisco Department of City Planning. Looking Back on twenty years of neighborhood commercial zoning[R]. 2009.
[37] San Francisco (Calif.) City Planning Commission. Industrial protection zone and mixed use housing zones with industrially zoned land[R]. 1999
[38] San Francisco Department of City Planning. San Francisco general plan: central waterfront area plan[R]. New plan adopted by Planning Commission Motion No. 17585 on 4/17/2008.
[39] San Francisco Department of City Planning. San Francisco general plan: introduction[R]. http://generalplan.sfplanning.org/.
[40] San Francisco Department of City Planning. The Industrial Area Design Guidelines[R].2001.

杂志论文

[41] APPLEYARD J. Toward an urban design manifesto [J]. Journal of the American Planning Association,1987,53 (1) : 112-120.